杭州名菜探秘

戴桂宝 ◇编著

ZHEJIANG UNIVERSITY PRESS
浙江大学出版社
·杭州·

图书在版编目（CIP）数据

杭州名菜探秘 / 戴桂宝编著. -- 杭州 : 浙江大学出版社, 2025.5

ISBN 978-7-308-23438-2

Ⅰ. ①杭… Ⅱ. ①戴… Ⅲ. ①菜谱—杭州—教材 Ⅳ. ①TS972.182.551

中国版本图书馆CIP数据核字(2022)第251657号

杭州名菜探秘

戴桂宝　编著

责任编辑　王元新
责任校对　徐　霞
封面设计　春天书装
出版发行　浙江大学出版社
（杭州市天目山路148号　邮政编码310007）
（网址：http://www.zjupress.com）
排　　版　杭州林智广告有限公司
印　　刷　杭州捷派印务有限公司
开　　本　787mm×1092mm　1/16
印　　张　29
字　　数　536千
版 印 次　2025年5月第1版　2025年5月第1次印刷
书　　号　ISBN 978-7-308-23438-2
定　　价　158.00元

浙江大学出版社市场运营中心联系方式：0571-88925591；http://zjdxcbs.tmall.com

序

　　杭州，襟江带湖，枕山望海，作为钱塘江流域的文化枢纽，其饮食文明如钱江潮涌，千年奔涌不息。从《梦粱录》里"杭城食店，多是效学京师人，开张亦效御厨体式"带着官气的市井烟火，到《随园食单》中"杭菜以清鲜脆嫩见长"的雅馔精烹，一部部饮食典籍如珍珠串起历史长河，既见证了杭城"东南第一佳味"的底蕴，更孕育出如今独具风情的杭州菜——这张蜚声中外的地方旅游金名片。

　　欣闻戴桂宝耗时四载，终成《杭州名菜探秘》一书，甚感振奋。忆及20世纪90年代，初识桂宝时，他已是业界瞩目的"金牌厨师"，赛场摘金夺银，后厨挥斥方遒，青年才俊之名早播业界。后他转至浙江旅游职业学院深耕职教，廿余载匠心育人，将烹饪专业打造成省内高分标杆，万千桃李如今皆成行业栋梁。今日展卷细品其新作，不禁慨叹：这哪里是一本菜谱，分明是一部流动的杭帮菜史志，一曲献给城市味觉记忆的交响曲。

　　全书分上下两篇，架构精妙。上篇以史家之笔纵贯千年，从吴越国"鱼米之乡"的物产奠基，到南宋临安"南食北烹"的风味融合，再到改革开放后"新杭菜运动"的破茧重生，桩桩件件皆有史可考，处处可见对杭菜发展规律的深刻洞察。尤其珍贵的是，书中收录近四十年一线烹饪史料——那些泛黄的赛事简报、手写的创新菜谱、前辈大师的访谈录，如同一台时光机，带我们重返杭州菜从传统向现代蜕变的现场，见证一代餐饮人如何以勺为笔，在时代画卷上勾勒出杭帮菜的崭新轮廓。下篇则聚焦技艺传承，堪称"活态菜谱博物馆"。每道经典菜肴皆附精确至克的原料配比以及工艺对比，更突破性地纳入改良创新案例，传统与现代的对话在此激发出迷人火花。

　　特别值得称道的是，七十位杭城名厨的倾力加盟：既有年逾古稀、本该含饴弄孙的退休泰斗，亦有正当盛年、镇守五星级酒店后厨的中生代精英，众人不计回报，只为一个朴素的信念——让老味道在新世代生根发芽。书中创新地采用"文字＋二维码视频"的立体呈现方式，关键步骤的慢动作解析、大师现场示范的独家影像，让读者足不出户即可领略杭帮菜的精妙刀工与火候。更见匠心的是，戴桂宝遍查馆藏老菜谱，对不同版本的菜名演变、配料差异逐一标注，甚至将首届省、市烹饪大赛的原始资料进行呈现——这份对史料的"考据癖"，恰是一位深耕行业四十载的"老餐饮人"最动人的职业操守。

　　作为浙江省餐饮行业协会会长，我始终坚信：地方菜的传承不是简单的"复刻老味道"，而是要在坚守本味的基础上，让传统与时代同频共振。此书，正是这一理念的生动实践——它既是献给杭帮菜传承人的"技艺图谱"，更是写给年轻一代的"文化情书"。在此，我谨代表协会，向所有参与此书编撰、制作的名厨、学者、幕后工作者致以诚挚敬意，更呼吁全行业同仁、饮食文化研究者及新媒体从业者，以本书为起点，共同守护这份舌尖上的文化基因，让杭州菜在新时代的浪潮中，始终保有"淡妆浓抹总相宜"的独特风韵。

浙江省餐饮行业协会会长

沈坚

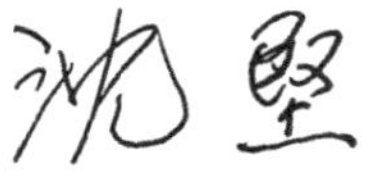

2024 年 1 月

前言

　　《杭州名菜探秘》如同一把精致的钥匙，缓缓旋开杭州菜的历史之门。书中不仅带读者追溯杭州名菜名点的起源脉络，探寻其成名背后的地理人文基因，更让那些被时光尘封的匠人故事与美食活动重新唤起人们的记忆。此外，书中毫无保留地公开经典名菜的制作过程与创新路径，为传承与弘扬杭州饮食文化铺就一条兼具传统底蕴与时代视野的清晰脉络，让读者在字里行间细品舌尖上的江南余韵，感受传统饮食文化在历史长河中的深厚积淀与当代焕新的温热脉动。

　　本书分为上下两篇。

　　上篇以简练笔触勾勒杭州餐饮自吴越、南宋二次建都，至新中国成立的历史脉络，尤聚焦改革开放后其突飞猛进的发展过程。创作初期，曾试图以宏观视角构建叙述框架，然转念思及自身深耕行业数十载，亲身参与诸多餐饮大赛与重大活动，全程见证改革开放后杭州菜的迭代跃升，更目睹无数领导、前辈与从业者为杭州菜发展倾注心血、奠基铺路，他们为杭州菜的发展立下了不可磨灭的功勋，皆为杭菜史不可或缺的注脚。故书中摒弃空泛概论，转而以详实笔触镌刻时代印记：既为杭菜前辈立传，留存其不可磨灭的功勋；亦为杭州烹饪界存录珍贵史料，让传承脉络可循，让匠心精神可鉴。

　　下篇选取 81 款杭州菜，解析制作过程，并搭配上二维码视频的立体呈现，系统解构名菜的制作精髓，丰富了名菜的传说典故 。不仅还原古法技艺的关键细节，还附以原料的选购要求和标准化鉴评体系，同时收录名厨精英的创新实践。通过具体菜式的演变轨迹，展现传统与现代碰撞的多元可能，为青年厨师提供可借鉴的创新案例。

　　创作初衷，源自对行业传承困境的深刻忧思，当口传心授的烹饪智慧逐渐让位于碎片化的数字浪潮，当早年记录杭州名菜的影像资料散佚难寻，当网络上充斥着错漏百出的名菜"伪教程"，这些乱象不仅误导从业者，更悄然消解着杭州名菜的本真内核。作为烹饪教育工作者，深感有责任以可视化新范式抢救性记录传统技法，让正宗杭州名菜突破时空壁垒，成为普惠大众的文化滋养。

内容建构上，团队践行"双轨传承"理念：一侧邀20世纪40-60年代出生的资深名厨亲授传统菜，以其毕生功力诠释技艺内核；一侧选20世纪60-80年代出生的行业精英演绎创新菜，彰显传统基因的当代转化。拍摄期间，团队围绕调味标准展开细致考据，最后以文献记载为根基，结合现代食材特性与味型变迁适度微调，并对改良处逐一标注，在守护本味精髓与适配时代口感之间寻得精妙平衡。下篇不止于菜肴的技法记录，更是一次老一辈的匠心哲思与新一代的创新活力的激荡共鸣，勾勒出杭州饮食文化"根脉清晰、枝叶常新"的传承图景。

《杭州名菜探秘》的付梓问世，凝聚着多方心血与支持。首先要感恩七十位名厨精英参与制作，他们毫无保留地分享秘技与配方，让传统技艺得以鲜活呈现。其次感谢浙江旅游职业学院的经费资助，为项目开展提供坚实后盾。第三要感谢厨艺传承工作室成员，他们三年如一日的陪伴与助力，是成书路上的温暖同行者。第四感谢摄制团队的付出及浙江大学出版社编辑王元新的打磨，让影像与文字焕发新生。最后特别感谢夫人杨金娥，她独揽家务活，为我腾出充裕的写作时间，还帮我一起翻找查阅资料。

全书上下两篇（含视频配音文字）由戴桂宝撰写，操作流程和人物简历由王玉陶等做现场笔录和收集，后经戴桂宝核实整理成稿。在撰写过程中得到金虎儿、罗林枫、冯州斌、胡忠英、祝宝钧、何也可、陈静忠、叶驰、束沛如、王泉州、王仁孝、徐建华、吕雪标、边平华、王政宏、蔡洪祥、袁长渭、贺建谊、金晓阳、董顺翔、黄晓红、姚哲峰、张建国、吴立标、周文涌、徐迅、钱锡宏、何宏、周赛、张军、尹丽华、孙叶江、厉志光、杨涛、韩永明、倪素颖、张焱、黄慧、杨扬等专家及热心人士在资料收集、信息核实等环节给予的鼎力协助，在此一并表示感谢。书中部分信息援引自纸质媒体，若存表述差异，书中已尽力多方查证并标注；酒店名称、人物信息若有疏漏，恳请读者海涵。上篇插图除标注出处外，多为作者收藏或拍摄，个别非本人拍摄的照片（含作者本人照片）因年代久远难以追溯拍摄者，在此引用并深表歉意与谢意。因个人资料收集范围与能力所限，书中难免存在遗漏或错讹，恳请读者不吝赐教，您的批评与建议是我们继续完善的动力。

再次向所有关心、支持本书出版的各界人士致以最诚挚的谢意！

戴桂宝

2024年1月于浙江旅游职业学院厨艺传承工作室

上 篇　杭州菜发展的历史成因

 下 篇　杭州菜的传承和创新

壹、杭州名菜与创新

上篇

杭州菜发展的历史成因

杭 州 名 菜 探 秘

一、认识杭州和杭州菜

杭州前有良渚文化、跨湖桥文化，后有吴越文化、南宋文化。她因有西湖、钱塘江潮而闻名，素有"人间天堂"的美誉。杭州城市的发展得益于京杭大运河和通商口岸的便利，以及自身发达的丝绸和粮食产业，历史上曾是重要的商业集散中心。后来依托沪杭等铁路线的通车以及上海在进出口贸易方面的带动，杭州的轻工业迅速发展。21世纪以来，互联网经济成为杭州新的经济增长点。现今的杭州是国务院确定的全国重点风景旅游城市，国家公布的历史文化名城，连续获得"中国最具幸福感城市"称号，还是西湖、运河、良渚古城遗址三处世界文化遗产集聚的文化高地。杭州餐饮也走在了全国的前列，获得"食在杭州""中国休闲美食之都""世界美食名城"称号。

（一）新老名菜发源地

杭州，简称"杭"，浙江省省会，地处钱塘江下游、京杭大运河南端。早在2200年前的秦朝（前221年）就设立钱唐县，后随着朝代的更替，多次更名，隋朝设州称杭；唐为钱塘；宋为临安；元为杭州路；明为杭州府，治钱塘、仁和二县。在明、清两朝的500多年中，一直以杭州府为浙江省的省城，直到辛亥革命后（1911年）废府设县为杭县，到了民国十六年（1927年）划设为市，杭州成为省辖市，杭州市这一称呼一直沿用至今。

1956年浙江首届饮食博览会评选了首批名菜。当时杭州市有上城、中城、下城、西湖、江干、拱墅6个城区，甲级、乙级饮食店主要分布在上城、中城、下城、西湖四个区。选送的参评菜肴，基本出自这四个城区的餐饮店，如知味观选送的龙井虾仁，楼外楼选送的西湖醋鱼、排南、西湖莼菜汤等，都被评为了杭州名菜。1957年撤中城区建制，并入上下二城区。到1996年，杭州市跨过了钱塘江，扩展了滨江区。2001年杭州成了有上城、下城、西湖、江干、拱墅、滨江6个城区和萧山、余杭、富阳、桐庐、临安、建德、淳安7个市辖县（市）的大杭州，但在评选新杭州名菜时，仍以城区为主，48只名菜中萧山市（当时为县级市）仅1只入选，所以杭州城区是新老名菜的发源地。

2021年杭州市又扩展为10区2县1市，全市土地面积16850平方千米，其中市区面积 8289 平方千米①，成了名副其实的大杭州，想必会迎来杭州菜发展的新时代。

（二）杭州菜的特点

杭州菜是浙菜的一个重要分支，和宁波、绍兴、温州、湖州等地方菜组成了浙菜。虽然都属于浙菜，但各地的菜也都有自己不同的特点。杭州菜的特点是什么呢？我们先看看 1956 年评比的第一批杭州名菜，这 36 只杭州名菜中，有叫化鸡、水饺鸭、西湖醋鱼、斩鱼圆、荷叶粉蒸肉、东坡肉、杭州卷鸡、油焖笋，都是些鸡鸭鱼肉和平常蔬菜，口味清淡，注重原味，"辣"没有、"麻"找不到、"甜"菜很少、不咸不浓不重。要让人记住杭州菜很难，因为它没给味蕾一个强烈刺激，就像西湖的山水那样，让人说不出哪一景色令人惊叹叫好，但它的清淡跟悠然让每一处都像一幅水墨画卷，让你感到遐逸（杭州方言，音 xiá yì，意为心情愉悦安闲、放松舒服）。杭州菜也延续这种特性，虽口味清淡，但注重食材的本味和鲜味，以这种"中正平和"的中庸形式延续至今。

杭州人老底子不吃辣，不吃麻，不吃香菜。在记忆中，唯有一款辣白菜，用点花椒和辣椒，还有在腌制品的制作过程中，或在蘸料上，用到一点花椒盐。随着城市的扩大，新杭州人的加入，辣慢慢地上了杭州人的餐桌。记得 20 世纪 80 年代末，香菜刚进入杭城，只有高端酒店才准备一点，以备不时之需，到了 90 年代，香菜风靡杭城，曾刮起一股香菜"杭儿风"。

这时期正是杭州餐饮的发展高潮，杭州厨师以顾客为导向，在本帮菜肴上汲取和融合了旁系菜肴，新派杭州菜也开始有了辣和麻、有大件和炖品，更符合现代杭州人的口味，适口为珍成了杭州厨师研制菜肴的标准。2000 年评定的 48 只新杭州名菜，虽然少了一些传统菜的影子，但也体现了杭州菜的包容和创新。随着城市的扩大和提升，杭州菜也会慢慢地在口味和特点上有所变化。当今杭州菜的特点可用四句话 32 个字概括。

1. 选料讲究，因时制宜

杭州菜特别讲究原料的选择，注重原料品质，使用的原料四季有别，根据原料的质地和需求来制作不同的菜肴。如选七孔藕用来灌糯米，制作软糯的糯米藕；九孔藕切片用糖醋汁浸渍，制作爽口的糖醋藕。再如季节不同选用笋也不同，冬天吃冬笋，春天吃春笋、毛笋，夏天吃鞭笋，秋天用笋干来丰富菜肴品种，且根

---

① 来源于杭州市人民政府官网。

据笋的品质来加工，嫩的切段，普通的切丁撕条，稍老的顶丝切片。

2.制作精致，淡雅悦目

杭州菜制作得特别精致，精美的造型、精巧的装盘，视觉淡雅而不失大气，赏心悦目又不显俗气；善于运用精湛的刀工，肉丝鸡丝根根粗细均匀，鱼圆洁白颗颗细腻饱满。杭州菜对形状和质感都非常重视，哪怕是炖一只全鸭都藏有不少窍门，以保持表皮完整不破，光洁白净；做一条西湖醋鱼，有固定的刀法，有深奥的缘由。

3.注重原味，清鲜爽嫩

杭州菜注重本色、突出本味，以清鲜爽嫩为主，口味以清淡见长。杭州菜善用普通调料加上特殊手法给原料去腥增色；从来不将原料放在水中浸泡而失去鲜味，从来不用色素来给原料增色；从来不用重口味的调料来抢夺原料的本味，而是保持原料的清鲜爽嫩。虽然杭州菜也有红烧、油焖，但以突出本味为首选。如东坡肉焖了几个小时，仍旧以突出猪肉的软糯酥香为要点；油焖笋虽多油重糖，仍以春笋的鲜嫩脆口为主，不勾芡、不加辣，咸甜适口。

4.博采众长，风味多样

杭州菜遵循兼收并蓄、博采众长、尊古不泥古、创新不离宗的理念，使得杭州菜品种繁多、风味多样。但杭州菜仍秉承着中正平和、滋味适中的原则，在众多风味中虽也有辣、有麻，但选用的辣椒多数以微甜不太辣的杭椒为主，选用花椒来制作花椒油为菜肴提味，始终保持杭州菜中庸的本色。

杭州菜的特点形成有赖于前代饮食之大成，其扬江南物产丰盛之优势，汲旁系菜肴的制作技艺，容西湖胜迹的文采风貌，形成了自己独特的菜肴特点。

（三）杭州菜的称呼

杭州菜，有人称其为杭帮菜，有人说是迷宗菜，总之非杭州厨师很难把上述概念搞清楚。现在先来说说杭帮菜。在民国时期及之前杭州菜就被称为杭帮菜。据记载，1926年（民国十五年）杭州菜馆业有"八帮公所"，八帮指本帮（杭州帮）、绍兴帮、宁波帮、京帮、徽州帮、无锡帮、广东帮和四川帮，后来八帮公所被纳入餐饮业商民协会（同业公会的前身）。民国十八年（1929年）出版的《杭州西湖游览指南》介绍的饮食店有酒馆、饭店、面馆、茶馆、酒肆、点心店六大类，有些店供应"京津菜""西餐"，大多数店注明是供应"杭帮菜"。新中国成立初期基本沿袭历史上的分工，杭州的菜馆业以经营本帮、绍兴帮、宁波帮、京帮菜为主。中华人民共和国成立后，取缔了一切封建残余，开展了禁烟、禁毒、查封妓院、取缔反动会道门和非法帮会组织行动。虽然此"帮"非彼"帮"，但杭帮菜的"帮"也随之销声匿迹。重现杭帮菜的叫法是近十余年的事，所以说杭帮菜就是杭州菜，只是叫法不同而已。

　　再来说说杭州迷宗菜。从 20 世纪 90 年代开始杭州个体餐饮发展迅速，杭州菜走出杭城，红遍全国，杭州菜的知名度得到提升，外省同行也知道杭州菜精致，杭州厨师开拓创新精神强，能融四海风格，兼八方之长。新派杭州菜与老杭州菜相比，口味新，原料新，烹饪手法新，因而从菜品上来看，时而似湘菜、时而又有点粤菜的影子。所以记者在采访时任南方大酒店总经理胡忠英时，就问及杭州菜的特点，也提到杭州菜有其他菜系的影子的问题。胡忠英对于杭州菜的博采众长、兼收并蓄、融会贯通，用"迷宗"一词来诠释。第二天各地报纸争相报道转载，迷宗菜的叫法一炮而红。南方大酒店创新制作的南方鳜鱼，以本地的原料，采用外菜系的油浸技法和中西结合的蟹粉沙司调味，是迷宗菜的最好呈现，不知缘由的人还以为杭州又有了一个新的菜系帮派，有些人蹭起了热度，自称是迷宗菜的传承人。在这里有必要声明一下，迷宗菜就是新派杭州菜，它的魅力不仅在于别出心裁的制作手法和工艺，更重要的是在对各派菜系了如指掌的基础上做出融合和改良。"迷宗"是杭州菜创新的理念，提出"迷宗"理念的胡忠英大师认为，中国各大菜系各有所长，要充分借鉴各家之优，取各家之长，为己所用。他在《无创不特——我的烹饪生涯五十年》一书中写道，迷宗是一种开拓、融合、创新的理念。

二、杭州餐饮的发展历史

杭州饮食历史悠久，在数千年历史长河中积淀了深厚的文化底蕴。原始先民可追溯到八千年（前）的跨湖桥遗址文化和五千年（前）的良渚文化时期。良渚文化时期食物已相当丰富，人们以稻谷为主食，蚕豆、芝麻、核桃都已有产，除池塘里的水产和圈养的禽畜外，还有狩猎来的野畜野禽，烹饪方法多采用蒸煮和烤制。秦汉时期初步形成以五谷为主食，以蔬菜、鱼肉为副食的结构。隋唐时期，在零星的古书中出现了鲈鱼脍、鲫鱼羹、莼菜羹等菜肴的介绍；唐末就有人喜食螃蟹，如五代时吴越王就曾用蝤蛑（梭子蟹）来接待贵宾。宋苏轼在杭为官长达五年，也给杭州留下了很多的饮食史料。他称赞说："天下酒宴之盛，未有如杭城也。"

（一）二次建都兼容并蓄

杭州菜的发展离不开杭州的历史变迁，随着杭州二次建都，杭州菜形成了南北交融的一大特色。907年钱镠创立吴越国（907—978年），建都西府，亦称"西都"（今杭州）。吴越国是五代十国时期的十国之一，强盛时拥有十三州疆域，约为现今浙江全省、江苏东南部和福建东北部。其沿海各地通商贸易发达，加之吴越国王迷信宗教，在钱塘（今杭州）四周兴建许多宗教建筑，又动用巨额资金扩建灵隐寺，同时净慈寺、昭庆寺、六通寺等寺庙，六和塔、保俶塔、雷峰塔等宗教建筑也得到修缮。灵隐寺等寺院是名满天下的古刹，钱塘江是当时的观潮胜地，带动了全国游客观光敬香和经商贸易活动，使经济有较长时期的稳定发展。同时，吴越国重视渔业开发，螃蟹已经成了一种大众的消费，众人的嗜好又促进了捕蟹业的崛起。据考，当时作为贡品的食品已有茶、酒、鹿脯、干姜、糟姜、乳香、酱瓜、枣脯、海味等十多种，吴越文人毛胜的《水族加恩簿》就记载了江瑶、蝤蛑、湖蟹、鲈鱼、鲫鱼、石首鱼、乌贼、水母、螺蛳、鳝等四十多种水产被龙王加封的故事。杭州灵隐寺僧人赞宁的《笋谱》列举了百余种笋，以及好多做法和谚语。加上在吴越国境内，位于今天的上海、苏州、福州等地和浙江各地方的原料和菜肴都进入西都（今杭州），相互影响和促进，衍生出不少新菜，仅蟹肴就不下十种。

1127 年，北宋都城东京汴梁（今开封），经历靖康之变①，北宋灭亡。同年，宋钦宗的弟弟赵构称帝为宋高宗，年号建炎。建炎三年（1129 年）宋高宗迁都临安（今杭州），历史上称为南宋（1127—1279 年）。随着宋室南迁，文化和经济重心也随之南移，皇亲国戚、官宦权臣、富商豪绅及大批百姓南移，各方商贾云集于此，人口骤增、街衢熙攘，很多汴梁人在杭州开设酒楼、食店谋生，还有蒸作面行、粉食店、馒头店、园子铺、蜜饯铺、素食店、糖食店等遍布街巷，使得杭州的地方菜肴与北方及西南各地饮食频繁交流，名菜佳肴也不断涌现。

图为南宋都城临安部分交易市场和酒楼、茶坊、饮食店名录（摘自杭帮菜博物馆展板）

南宋文学家周密在《武林旧事——高宗幸张府节次略》一文中，记述了南宋清河郡王张俊在家中宴请宋高宗皇帝一行，摆宴百桌之多，仅主桌菜点就上了 202 味（双盘、拼装的菜点按单份计算，重复更新的蜜煎咸酸脯腊不计在内）。有下酒十五盏、插食八色、劝酒果子库十番、厨劝酒十味、对食十盏……可见丰盛之极，达到后人无法企及的高度。

下酒十五盏		
第一盏	花炊鹌子	荔枝白腰子
第二盏	奶房签	三脆羹
第三盏	羊舌签	萌芽肚胘
第四盏	肫掌签	鹌子羹
第五盏	肚胘脍	鸳鸯炸肚
第六盏	沙鱼脍	炒沙鱼衬汤
第七盏	鳝鱼炒鲎	鹅肫掌汤齑
第八盏	螃蟹酿枨	奶房玉蕊羹
第九盏	鲜虾蹄子脍	南炒鳝
第十盏	洗手蟹	鲗鱼假蛤蜊
第十一盏	五珍脍	螃蟹清羹
第十二盏	鹌子水晶脍	猪肚假江鳐
第十三盏	虾枨脍	虾鱼汤齑
第十四盏	水母脍	二色茧儿羹
第十五盏	蛤蜊生	血粉羹

图为"下酒十五盏"摘自《武林旧事》，中国商业出版社，1982.8，卷第九

① 1127 年金军南下攻破北宋都城东京，掳走宋徽宗、宋钦宗以及后妃、宗室、大臣等三千多人，北宋灭亡。历史上称这一变故为靖康之变。

　　随着宫中和民间饮宴增多，坊间豪华酒楼就有 18 家，还出现了登门承办筵席的新行业——四司六局。从下图中帐设司、茶酒司、台盘司、厨司掌管的事项，就可以看到事无巨细，全权包揽，从策划邀请，到搭台布置、采购烹饪，最后收场扫尘，与现在酒店宴会和婚礼策划相加的事项相比，也有过之而不及，可见当时公私饮宴的流行和餐饮市场的繁荣程度。

四司六局

帐设司：专掌仰尘（承尘的幕布）、录压、桌帏（台布）、搭席、帘幕、屏风、书画等布置环境事务；

茶酒司：专管邀请宾客、迎送亲友、传语取复、送茶斟酒、上食等协助主家招待宾客事项；

台盘司：专管菜肴上桌及接盏、碗盘清洗等；

厨司：掌管筵席之上菜点的放料批切、烹制菜肴等，该类目或者是官绅富商自家所设，或者是酒楼食店服务上门，或者是商业行会组织操办。

果子局：负责筹办与装点时新水果、南北京果、海腊肥脬和桌盘看果等；

蜜煎（饯）局：负责采办蜜饯一类干果；

菜蔬局：负责采购异品菜蔬、时新蔬菜等；

油烛局：负责筵席时灯火照明，以及竹笼、灯台等工作；

香药局：负责提供香料，如龙涎、沉脑等与醒酒汤、药饼儿等；

排办局：负责挂画插花、凳椅桌子、拭抹及洒扫等。

　　《宋史》等文献记载了蟹酿橙、宋嫂鱼羹、群鲜羹、鳖蒸羊、水龙丸子等众多菜肴；玉灌肺糕、富贵糕、蟹黄包、月饼、年糕、春卷、粽子、馄饨等点心。这些食物琳琅满目，仅粽子馅料就有九种，一碗馄饨十只不同样，丰富和精致程度可想而知。宋代的欧阳修在《送慧勤归余杭》中描写道："南方精饮食，菌笋鄙羔羊。饭以玉粒粳，调之甘露浆。一馔费千金，百品罗成行。"

　　在这样繁荣的环境之下，南北名厨济济一堂，北方的烹饪技艺融合本地的物料和风俗，形成了"南料北烹""口味交融"的独特风格，使杭州的烹饪技艺和杭州菜在江南菜中独树一帜，达到了历史鼎盛期。

（二）明清餐饮暮色渐沉

　　明清时期是中国封建社会的衰落时期，杭州餐饮从南宋时期的辉煌顶峰向下渐行。一方面，杭州的餐饮还算丰富，原料种类充盈，已分稻谷类、蔬菜类、鱼虾类、果品类、家禽类、家畜类、野兽类、调味品类，特别是蔬菜、水产品种繁多（万历《杭州府志》记载）。在礼仪习俗上，儒道思想得到空前的强化，逐渐形成节日饮食习俗和养生理念。明代杭州道人高濂撰写的《遵生八笺》中八笺之一的《饮馔服食笺》就有三卷，其在前人经验的基础上，对饮食养生理念提出新的概念，记载有养生食谱几百种。饮食理论得到盛兴，如清代大学者朱彝尊所撰的《食宪鸿秘》是一部养生饮食文献，分上下两卷，涉及饮、饭、蔬、果、鱼、禽、卵、肉等15属，计有菜肴、面点、佐料配制三百六十余种，附录汪拂云抄本菜肴制作方法79条，内容丰富。另一位清代文人、饮食理论研究家袁枚，杭州人，所著的《随园食单》记载了菜肴、点心有326道，强调的是学习和研究饮食，必须先知而后行，并列出了20条须知，14条戒单，以及详细的海鲜单、江鲜单、特牲单等12类食单，其中的"连鱼豆腐""蜜火腿"，可谓今天的鱼头豆腐、蜜汁火方的前身。由此可以看到食品之丰富、菜肴之繁多。

图为清道光四年增刊的《随园食单》，现藏于杭帮菜博物馆。该书由杭州名厨吴国良（现定居香港）赠予胡忠英，胡忠英又以吴国良的名义无偿捐赠给杭帮菜博物馆。（照片摄于中国杭帮菜博物馆，2012年3月）

另一方面，当时等级悬殊，官宦之家食风奢靡，百姓生活清贫，市肆店家较少。这从杭州文人徐珂的《清稗类钞》一书中能窥见一二。此书虽不是饮食类专著，但涉及面广、内容丰富，在饮食篇中几乎收集了当时全国各地的饮食资料，有饮食总论、清宫御膳、名人饮食、各种宴会等，就菜肴而言，不少现今的杭州名菜当时就有，如东坡肉、素烧鹅、杭州醋鱼、八宝鸭、煨鸡、栗子炒鸡、荷叶粉蒸肉。但该书这样描述"杭州人之宴客"："杭州以繁盛著称，然在光绪初，城中无酒楼，若宴特客，必预嘱治筵之所谓酒席馆者，先日备肴馔，担送至家而烹调之。仓猝客至，仅得偕至丰乐桥之聚胜馆、三和馆两面店，河坊巷口之王顺兴、荐桥之赵长兴两饭店，进鱼头豆腐、醋搂鱼、炒肉丝、加香肉[①]等品，已自谓今日宴客矣。盖所谓酒席店者，设于僻巷，无雅座，虽能治筵，不能就餐也。光绪中叶，始有酒楼。最初者为聚丰园，肆筵设席，咄嗟立办。自是以降，踵事增华，旗亭徧城市矣。"讲的是光绪初年，在杭州若要宴请宾客，需提前通知准备，再上门烹制。如临时宴客，只好选择两家面馆和王顺兴、赵长兴两家饭店，但没有雅座。到光绪中叶，才有酒楼，最早一家为聚丰园，如要设宴可以马上就办到，此后发展得较为繁荣。文中的描述为以繁盛著称的杭州餐饮添了几分凄凉的暮气。

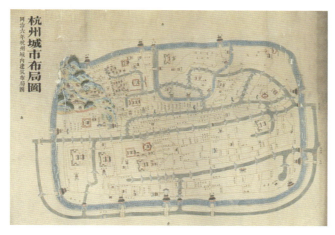

图为清同治六年的杭州城市布局图

当然文中的"繁盛著称"也有它的道理。清高宗乾隆皇帝曾六次南下，驻跸于孤山南麓的西湖行宫，他带御厨随行，访遍杭城市肆，留下了不少传说，推动了南北饮食风味的交流，还召杭州名厨朱二官入宫门烹制菜肴，所以杭州菜也随之名声大振。加之古杭城的确有些餐馆非常有名。当时杭州菜馆多数设在清河坊、望仙桥直街一带，如大井巷里著名的京都聚丰园菜馆，顾客都是达官贵人和富商大户，后搬至迎紫街（今解放街），抗战胜利后改为中国菜馆。还有同治九年（1870年）设在贡院科举考场附近（现杭高贡院校区）的杭州状元楼面菜馆，为了迎合考生求吉利图功名而取此名，历经祖孙三代，营业不衰。

（三）民国餐饮缤纷多彩

民国时期各地方菜涌入杭城，是杭州传统菜基本特点形成的重要阶段，它的形成与人们的饮食习惯是分不开的。杭州沿西湖一带，经过历代的治理开发，显得

---

① 清杭州人称咸肉为家香肉，也称加香肉和佳香肉。

更为秀丽，一些达官贵人、商贾巨头常云集于此。他们吃腻了重油的荤腥，讲究时令鲜活，所以楼外楼、五柳居等沿湖一带的酒楼，都针对性地经营一些清淡时鲜的菜肴，以河鲜和时令蔬菜为主要原料，采用氽、蒸、炒烹调技法，如莼菜汤、炝虾、本江鲫鱼、春笋步鱼、五柳鱼、火腿蚕豆，当然也有几款鲜栗炒仔鸡、鸡虾三丁等禽类菜肴，加上后来居上的西湖醋鱼、龙井虾仁等。城里酒楼的顾客是一般商人、居民和公职人员，荤菜大多以肉类腌制品和廉价的鲢鱼为主。以天香楼、德胜楼、王润兴菜馆为主的菜馆多采用烧、炸的方法，如咸件儿、东坡肉、粉蒸肉、腌笃鲜、豆豉鱼、鱼头豆腐等。这就是所谓的湖上帮和城里帮，实际上是消费对象不同所形成的区别。

当然民国时杭州远远不止这些湖上帮、城里帮菜馆和绍兴菜菜馆，还有经营宁波菜、鲁菜、京菜、素菜的菜馆。杭州名菜中的糟青鱼干、糟鸡、蛤蜊氽鲫鱼、酱鸭就是融汇了浙东宁绍风味的佳肴。据杭州厨师陈善昌说，民国初期，在杭州开馆子的多数是浙江绍兴人，加上开酱油店的、帮佣的、教书的，乃至官衙中也以绍兴人居多，所以菜肴多以绍兴口味为主，如酱鸭、糟鸡、虾油肉、鲞冻肉等菜肴。还有一些供应京菜的菜馆，也有称供应"京杭大菜"的，这里的"京"可能是泛指，指南宋京都，也可能指清朝京城。"京杭大菜"实际上是南北融合的高端杭菜，如供应高端菜肴的延龄路的宴宾楼、三义楼等。

民国时期杭州开辟了城站新市场。香讯期杭菜犹受香客欢迎。新式菜馆各呈巧制，为了满足烧香拜佛的善男信女吃素之需，除寺院供应素食以外，杭州专门供应素食的有功德林、香积林、素春斋、素香斋、素馨斋，称"二林三素"。其中尤以创建于民国九年（1920年）的功德林为最，享有素菜魁首之称。杭州名菜中的油焖笋、红烧卷鸡、栗子冬菇便是净素馆的名肴。

1929年（民国十八年），杭州西湖博览会开幕，加上沪杭、浙赣铁路相继通车，过往客商日益增多，促使饮食服务业迅速发展。据当年出版的《杭州西湖游览指南》介绍，杭城还有蝶来饭店、青年会菜馆、中央西餐社、协仁兴、福利等供应西餐的菜馆。

据1931年的《民国杭州府志》统计，当时杭州市有菜馆80家、饭店258家、面馆283家、糕团店51家、烧饼馒头店194家。民国时期至今仍在经营的酒店有楼外楼（1848年）、知味观（1913年）、新新饭店（1913年）、天香楼（1927年）、高长兴菜馆（1921年，1951年更名为杭州酒家）、羊汤饭店（1830年）等。后来皇饭儿（1934年，后称王润兴饭店）、大华饭店（1936年）等陆续开业，现今的36只杭州传统名菜当时好多已在这些菜馆有售。1937年12月，日本侵略者占领杭州，市民纷纷外逃，使得市场萧条，导致一部分店家歇业倒闭，开业者不足半数；抗战胜利后，虽有所恢复，但社会动荡，通货膨胀，餐饮市场萎靡。

（四）解放初期转型徘徊

1949 年 5 月 3 日，杭州解放，之后不久迎来中华人民共和国成立，但当时国家还是一穷二白，处在建设恢复期，粮食等副食品资源匮乏，制约了菜肴的创新发展。当时菜饭业、茶馆业均是私人企业，还有个体流动商贩，菜饭业中的中菜馆和现在的叫法不同，分为菜馆、饭店（小饭馆）、酒店三个类别，以菜馆为优，酒店最次。

第一类菜馆，以烹制规格较高的筵席酒菜和风味菜肴为主，其规模较大，设备装潢及餐具器皿高雅讲究，接待名流人士。

第二类饭店，有大有小，大的以经营经济实惠的普通酒席和大众饭菜为主，陈设一般，大吃小酌均可，顾客为一般公职人员和平民百姓。还有一种叫小饭馆，设施简陋，室内仅1—2 张方桌，门口一张长条桌，有些是卸下门板当案板，所以也叫"门板饭"[※]，上面摆放大锅饭菜，现盛现

图为 1936 年 11 月 8 日《正报》天香楼广告

图为 20 世纪 30 年代上海知味观广告（摘自梁建军主编《百年老号知味观》，浙江古籍出版社 2014 年 11 月）

吃，薄利经销，饭盛得高高尖尖的，主要顾客是车夫、搬运工等体力劳动者。例如，开在河坊街孔凤春香粉店隔壁的王润兴老店，楼下临门摆上长条桌和长板凳，卖的是大众菜，价廉味美。

第三类酒店，又称酒家、酒馆，以经营酒类、卤味、小碟为主，小酒店的台菜品种单调、低档价廉，就是小酒洇洇（杭州方言，音 mǐ，意为慢悠悠地饮酒）、五

香豆过过（杭州方言，音 gū，意为饮着酒吃菜）的地方，只有几家稍大的酒店才可能有小炒菜供应。

1955 年杭州开始粮食定量供应①，餐饮企业开始社会主义改造，1956 年私营企业基本完成公私合营，员工捧上了"铁饭碗"。1958 年在"大跃进""公社化"运动中，杭州仅存的个体户和个体摊贩实行合作商店改造，把原先"小、密、多"的便利布局，变成了"大、稀、少"的服务点，受群众欢迎的流动摊位"吃八担"※几乎绝迹。据《浙江饮食服务商业志》记载，1960 年全市服务网点比 1957 年下降 77.12%。1959 年连续三年困难时期，加上苏联撕毁合同，国民经济发生了严重困难，市场原料紧缺，粮食和副食品按计划供应，菜品质量下降，饮食业一蹶不振。

1960 年为了渡过经营难关，杭州的饮食业继续贯彻"有什么卖什么"的经营方针，一边组织和挖掘新货源，一边研究提高烹饪技术，采用"以蔬代荤""粗菜细作""以杂代主"等措施，创制物美价廉的新产品。正如前辈陈善昌回忆 20 世纪 60 年代的杭州餐饮时说，1960 年因原料严重缺乏，一段时间取消点菜和面条供应，一律提供盖浇饭，研制出海带素鳝片、糖醋藕排、胡萝卜素肉圆等菜式来满足民众的需要。到了

※门板指店铺的排门，旧时把排门卸下搭台，桌旁有三眼大灶，门板上有一盆盆的大路菜（杭州方言，指普通菜肴），如千张包、扎肉、鱼下脚、猪头肉炒油豆腐、豆芽菜等，食客坐在长凳上比肩而食。饭多用"尖米"（杭州方言，指早籼）烧制，便宜又耐饥。将饭盛满后，用布把碗包住，抓住纱布四角拎起，凌空一绞旋，饭即变成尖顶圆锥体，既满又不易落下，清代杭州人称之"旋儿饭"（不知与现在意为吃白食的"件儿饭"有啥关系）。晚上落市后拆掉台子，上上门板打烊。此经营方式出售的饭菜称"门板饭"。

1962 年才有少量的禽畜水产进入菜馆，但实行双价制，凭副食品券点菜，无券则以五倍之高的价格供应，米饭凭粮票购买。虽然 1963 年取消了副食品券，恢复平价②，但杭州餐饮市场一直处于低迷状态。1965 年因原料更加紧张，杭州停止销售名菜七年。1966 年 1 月，杭州一度实行熟食品不收粮票的平价供应（不包括年糕、荷花糕、面条、米粉）。同年，杭州有近 20 家老店改名，如奎元馆改为"工农面馆"，知味观改为"东风菜馆"，天香楼改为"解放菜馆"，蜜鲜居饮食店改为"北

① 1955 年 9 月 16 日《浙江日报》报道，杭州市从 9 月 16 日起，居民实行粮食定量供应。1961 年 2 月饮食业的粮食制品实行凭粮票供应。
② 1961 年 2 月杭州市设高价饭馆。1963 年 8 月浙江省商业厅通知全省高价饭馆退出高价商品范围。

京菜馆",多益处改为"新中华菜馆";同时连杭州名菜也改名了,如东坡肉改为"香酥焖肉",叫化童鸡改为"杭州煨鸡",宋嫂鱼羹改为"赛蟹羹",全家福改为"烩什景",等等。另外,取消端菜上桌的服务,实行自助端菜,加上名菜停售,菜品一度单调,导致行业发展滞缓。

> ※吃八担指走街串巷的流动摊贩。当时有"吃八担""用八担"之分。"吃八担"是馄饨担、白果担、菜卤豆腐担、豆浆担、酒酿担、豆腐脑担、糕米团担、糖粥担等小吃流动摊的称呼。"用八担"是皮匠、铜匠、剃头匠、修伞匠、白铁匠、补碗匠、补锅匠、箍桶匠等手工匠人流动摊的称呼。

图为杭州市餐饮店等级暨新旧店名对照。摘于《杭州市饮食业规格售价汇编》1972年6月

（五）改革开放复苏振兴

1978年,中国开始实行对内改革、对外开放的政策,也就是我们现在说的改革开放。从此物质丰富了,人们生活水平有所改善,杭州饮食业同年4月份开始恢复供应龙井虾仁、西湖醋鱼、东坡肉、吴山酥饼等10多种名菜名点。11月杭州

恢复天香楼、奎元馆等一批名店的店名[1]，浙江省外办交际处所管辖的招待所，如花港招待所、花家山招待所，改成饭店宾馆，对外开放营业，接待国际游客。浙江省机关事务管理局的招待所和戒备森严的浙江省警卫局属下的西湖宾馆、西子宾馆、柳莺宾馆相继对外开放。20世纪80年代初取消了居民购粮证，副食品供应丰富，原料供应得到了保证。杭州望湖宾馆、杭州友好饭店、国际大厦、杭州新侨饭店、杭州黄龙饭店、杭州大厦等一批星级饭店像雨后春笋似的现身于杭州。1991年1月，杭州市工商部门恢复受理个体咖啡馆、饮食、旅馆业开业申请，使杭州市区的大大小小餐馆和点心店从20世纪70年代初的235家[2]发展到1993年的665家，2000年的5200家，2003年发展为9718家（大杭州范围15489家），杭菜馆在全国30多个城市设有分店[3]，餐饮店员工数倍、数十倍地增长。

至2010年底，杭州有餐饮企业近2万家，总餐位达到140余万个，吸纳就业人员近30万人，营业额超过230亿元；有各类大小茶楼企业近1000家，茶位2.75万个，吸纳就业人员2.91万人。根据《杭州统计年鉴（2020）》统计，2019年底全市住宿餐饮业的企业法人数为1125个，其中旅游饭店531个（包括一般旅馆、民宿），餐饮业594个（包括正餐、快餐等）；个体工商注册登记个数87457户（城镇70362户），市区74834户（城镇62850户）。

随着酒店和纯餐饮企业数量成倍增长，厨师力量严重不足，企业到处觅人，20世纪90年代开始出现国企人员兼职打工现象，铁饭碗概念逐渐被打破，有些人辞职下海经商，有些人跳槽换新岗位。厨师的地位和收入也逐步提高。杭州餐饮市场的发展把杭州菜推向了创新高潮。这个时期私营餐饮企业开始设置河海鲜展示池。国企宾馆饭店也纷纷跟上改革潮流，向个体餐饮企业学习设立菜肴展示区、增加包厢。从此杭州餐饮开始企事业单位和个体股份制企业并驾齐驱。

世界中餐业联合会和红餐网联合发布了"2020年度中国餐饮品牌力百强榜"，杭州有外婆家、绿茶餐厅、知味观、楼外楼入选榜单。2022年度又是上述四家入

---

[1] 1978年4月浙江省财贸办公室发文，首批恢复龙井虾仁、西湖醋鱼、东坡肉、虾爆鳝面、素火腿、吴山酥饼等16种名菜。同年11月，杭州市第二商业局发文批复，恢复奎元馆等一批名店的店名。

[2] 根据1972年编印的《杭州市饮食业规格售价汇编》，杭州市（上城区、下城区、江干区、拱墅区、郊区和西湖园林管理系统）的餐饮店共235家。根据菜馆、面馆、饮食店和早点店等的档次分为甲级、乙级、丙级和无级别，甲级店仅有杭州酒家、知味观、奎元馆、楼外楼、天外天5家，乙级店有新会菜馆、蜜鲜居、岳湖楼、花港餐馆、九溪菜馆等39家，其余都是丙级和无级别。

[3] 1993年杭州市区有餐馆665家等数据来自在2005年杭州菜成功研讨会上杭州烹饪协会秘书长陈静忠撰的发言稿《博大精深的底蕴、创新开拓的理念——纵论新杭州菜的成因》。

选榜单，民营企业入百强，与国企平分秋色。2023年5月首版杭州米其林指南发布，共有51家餐厅首次进入米其林指南推荐榜单，其中有Ambré Ciel珀、桂语山房、解香楼、金沙厅、龙井草堂、新荣记6家一星餐厅，12家必比登推介餐厅和33家米其林指南入选餐厅。

餐饮业随着国民经济的增长而发展，历史上从来没有哪个朝代、哪个时期，像改革开放后的餐饮业那样发展得如此迅速。吃好不再是宫廷皇室、达官贵人享受的奢靡之事，而是成了千家万户老百姓的家常事。

2011年1月10日杭州从全国众多美食名城中脱颖而出，成为首个获得中国饭店协会颁发的"中国休闲美食之都"称号的城市。时任浙江省委副书记夏宝龙、中国饭店协会会长韩明、杭州市委副书记王金财出席了授牌仪式并致辞。时任市人大常委会主任王国平向大会发来贺信，时任副市长张建庭、市政协副主席朱祖德等出席。

2019年7月6日，杭州良渚古城遗址列入世界遗产目录，成为我国第55处世界遗产，是世界公认的实证中华五千年文明史的圣地，是中华五千年饮食文明史的发源地之一。祖先的餐桌记忆在良渚，从良渚文化时期的"饭稻羹鱼"起步，历经数千载的历史积淀，今天的杭州菜在传承经典的基础上，融入了更多创新元素，迎来了百花齐放的璀璨时代。

三、杭州菜的传承发展

纵观杭州历史，杭州菜的发展源于各种文明交融碰撞，加上杭州有清奇灵秀的西湖风光，众多文化遗迹是杭州菜开发的无尽源头，使得杭州菜更具有文化内涵和品位。杭州菜自南宋后，一直保持品质优胜，引领潮流，这和移民潮、包容性有关，杭州的饮食和烹饪传承了杭州博大精深的历史文脉。有人说灵秀之地必出名人，出名人的地方，必出名吃。不错！杭州历代出了不少至今都是响当当的知名大人物，有政治家、思想家孙权、钱镠、褚遂良、赵昚、赵惇、赵扩、章太炎等，民族英雄于谦、方腊等，科学家沈括、钱学森等，诗人贺知章、袁枚、龚自珍、林徽因等，以及书画家戴进、董邦达、任伯年、吴昌硕、沙孟海等。特别是袁枚，既是清朝诗人、散文家，又是一位美食家。

杭州还有诸多名人到访和任职，其中家喻户晓的是先后任"杭州市长"的白居易和苏东坡。白居易任杭州刺史不足三年，"江南忆，最忆是杭州""未能抛得杭州去，一半勾留是此湖"这些脍炙人口的诗词是白居易在杭州任期将满、即将离杭前所作。苏东坡二度来杭，第一次来杭任了三年通判，"水光潋滟晴方好，山色空蒙雨亦奇。欲把西湖比西子，淡妆浓抹总相宜"这首《饮湖上初晴后雨》就是他在那时写的。15 年后苏东坡再次受命任杭州知州，留下了"苏堤"。

当年闻名于世的李叔同（弘一法师），曾在杭州任教，画家、教育家丰子恺就是他的学生。还有，出任美国驻华大使的司徒雷登就出生在杭州耶稣堂弄，他经常光顾王润兴饭店。民国时期孙中山、蒋介石均数次来杭，多次上楼外楼酒楼用餐。1912 年 12 月 9 日，孙中山先生来杭，参加秋瑾女杰的公祭，中午到楼外楼赴宴，即席发表演说。在用餐时，他对西湖醋鱼、宋嫂鱼羹、蜜汁火方大为赞赏。品尝龙井虾仁后，他认为此菜极富特色。4 年后孙先生再次来杭，到楼外楼品尝西湖醋鱼、莼菜汤。鲁迅曾在杭州高级中学前身浙江两级师范学堂任教，也喜欢吃杭州菜。1928 年盛夏，他偕夫人许广平在楼外楼品尝西湖醋鱼、叫花子鸡等杭州名菜，很是赞赏，对其中的虾子鞭笋尤为称道。后来在上海执教时，鲁迅经常光顾上海知味观。据《鲁迅日记》记载，1932 年 7 月—1934 年 5 月，鲁迅先生曾 8 次在该店订座设宴，有几次还风趣地给大家讲述西湖醋鱼的传说。

新中国成立后我国国家领导人也常驻足西湖。毛主席常来杭州，多次入住刘庄（现西湖国宾馆）。周恩来总理曾多次陪同外国元首和国际友人来杭，仅杭州楼外楼餐馆就去了9次。这些名人效应为杭州的城市发展创造了条件，对杭州的旅游业发展乃至经济的发展都具有推动作用，餐饮业的发展也因此而受益。

杭州餐饮今天的辉煌，有名景和名人带来的效应，也离不开近几十年来各级政府的主导和推动，行业协会的积极作为，企业领导和员工上下齐心、协力创新，文人和媒体人所作的贡献，此外，与职业院校的人才培养也是分不开的。

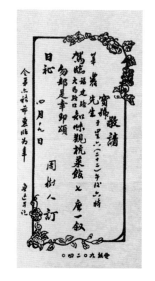

图为 20 世纪 30 年代，鲁迅（周树人）宴请姚克等人亲笔书写的知味观请柬（摘自梁建军主编《百年老号知味观》）

（一）各级政府主导推动

改革开放以来，浙江省委、省政府和杭州市委、市政府都非常重视杭州餐饮和烹饪的发展，给杭州餐饮业营造了一个能适应市场的经营体制和经营方式的环境，为杭菜的兴起、发展创造了良好的氛围。历届省委书记和市委书记亲自关心，各级政府部门主导并推动，举办"杭菜推介会"、承办美食活动、组织赛事、树立典范、推动"美食之都"的建设，给杭州餐饮界和烹饪界带来一阵阵春风。

1. 名菜工程走在前面

1956 年 3 月，浙江省饮食业公司组织部分市县饮食公司，在杭州工人文化宫举办大型饮食展览会，

图为 1956 年，浙江首届饮食博览会上丁楣轩师傅向市民做厨艺演示。（摘自 2005 年 3 月 16 日都市快报）

展出菜点 1100 余种，将部分名菜点推向社会定点展销，在此基础上，收集确定第一批名菜 66 只，其中杭州 36 只、宁波 2 只、绍兴 5 只、温州 19 只、湖州 2 只、金华 1 只、嘉兴 1 只[①]。这 36 只杭州名菜中，有水产类菜肴 12 只、畜肉类菜肴 7 只、禽类菜肴 8 只、蔬菜菌笋类菜肴 9 只。虽说菜肴中没有珍奇名贵

---

① 摘于《浙江饮食服务商业志》第 3 章，其中杭州菜 36 只，和同时评选出的杭州名点 17 只，在 1956 年印制的《杭州市名菜名点》中全部收录介绍。

原料，但基本上涵盖了当时杭州美食的高中低各个层次的精髓。

"杭州名菜"版本追踪溯源

杭州名菜的认定已有66年的历史，原始文件没办法寻找，目前寻找到有三个不同来源的版本。第一种版本，也是最早的出处，是1956年印制中国饮食业公司浙江省杭州市公司编写的《杭州市名菜名点》，菜名如下：西湖醋鱼、龍井蝦仁、东坡肉、鱼头豆腐、鹽件兒、油爆蝦、干炸响呤、火腫神仙鸭、雞火菰菜、叫化童雞、蜜汁火方、鱼头汤、番茄蝦兒锅巴、八宝童雞、油焖春笋、斩鱼元、糟鱼干、杭州酱鸭、糟雞、荷叶粉蒸肉、清蒸时鱼、南肉竹笋、排南、一品南乳焖肉、蛤蜊川鲫鱼、火腿蚕荳、栗子炒子雞、生爆鳝片、滷鸭、春笋鲥鱼、馄饨鸭子、栗子炒冬菇、糟燴边筍、火澄边筍、蝦子冬筍、红燒捲雞。

图为《杭州市名菜名点》1956年印制（由韩永明收藏提供照片）

图为《杭州菜谱》1988年2月第一版第一次印刷

第二种版本是杭州市饮食服务公司编、祝宝钧执笔编写的《杭州菜谱》，浙江科学技术出版社1988年2月第一版第一次印刷，改掉繁体字、错别字和异体字的菜名，如"鹽件兒"为"咸件儿"，"响呤"为"响铃"，"火腫"为"火踵"，"川鲫鱼"为"籴鲫鱼"，"蚕荳"为"蚕豆"，"春筍""边筍""冬筍"的"筍"为"笋"。调整了个别菜名，如"鸡火菰菜"改为"西湖菰菜汤"，"馄饨鸭子"改为"百鸟朝凤"；明了了菜肴性质"鱼头汤"为"鱼头浓汤"，"糟鱼干"为"糟青鱼干"、"南肉竹笋"为"南肉春笋"；最后还简化了个别菜名，如"一品南乳焖肉"为"一品南乳肉"，"番茄虾儿锅巴"为"番虾锅巴"。实际上这1956年版和1988年版的两本《菜谱》内容基本相同，"鹽件兒"改"咸件儿"，意思相同读音不同，但有一只"馄饨鸭子"改为"百鸟朝凤"，而不是"百鸟朝凰"感到疑惑，一般凤指鸡、凰指鸭，这里把"鸭"变"鸡"不解！但这本书是第一次正式出版的菜谱，三十多年来，已在厨界有较大影响，无论当时是出于何种考虑，我们权当"百鸟朝凤""百鸟朝凰"都是名菜便是。故在本书下篇的"菜肴还原"中还是按照1988年版的《杭州菜谱》为依据。

第三种版本是《浙江饮食服务商业志》，浙江人民出版社1991年12月第一版第一次印刷。该书上的菜名参照1956年版的《杭州市名菜名点》，除字体有变化外，"鹽件兒"已改"咸件儿"，"馄饨鸭子"没有变，"滷鸭"成"卤鸡"（鸭），我想这"鸡"肯定是打字校对失误所致。

图为《浙江饮食服务商业志》1991年12月第一版第一次印刷

1956 年浙江省认定的 36 只杭州名菜

西湖醋鱼、鱼头豆腐、鱼头浓汤、斩鱼圆、糟青鱼干、清蒸鲥鱼、蛤蜊汆鲫鱼、春笋步鱼、龙井虾仁、油爆虾、东坡肉、荷叶粉蒸肉、一品南乳肉、咸件儿、南肉春笋、蜜汁火方、排南、火腿蚕豆、叫化童鸡、八宝童鸡、糟鸡、火踵神仙鸭、杭州卤鸭、百鸟朝凤、杭州酱鸭、栗子炒仔鸡、火蒙鞭笋、虾子冬笋、糟烩鞭笋、油焖春笋、红烧卷鸡、栗子冬菇、西湖莼菜汤、番虾锅巴、干炸响铃、生爆鳝片。

（摘自杭州市饮食服务公司编、祝宝钧执笔编写的《杭州菜谱》，浙江科学技术出版社 1988 年 2 月第一版第一次印刷）

"杭州名点"版本追踪溯源

印有"17 只杭州名点"内容的书籍，目前了解有四个不同版本。

第一种也是最早的版本是中国饮食业公司浙江省杭州市公司编的《杭州市名菜名点》，1956 年印刷。其中的"杭州名点"如下：片儿川面、虾爆鳝面、西施舌、幸福双、猫耳朵、油汆馒头、松丝汤包、宁波汤糰、百果油包、八宝荷叶饭、酒酿三元、银丝捲、吴山酥油饼、八宝饭、桂花鲜果羹、冬菇炒面、中面。

图为《杭州菜谱》（修订本），2000 年 1 月第八次，和 2000 年 10 月第九次印刷封面相同

第二种版本是戴宁、杨清主编的《杭州菜谱》（修订本），浙江科学技术出版社 2000 年 1 月第八次印刷的平装本和 2000 年 1 月第三次印刷的精装本。该书中的"杭州名点"与 1956 年版对照有三处不同，多了虾仁小笼、鲜肉蒸馄饨，糯米素烧鹅，少了桂花鲜果羹、银丝卷、酒酿三圆。

第三种版本是戴宁、杨清主编的《杭州菜谱》（修订版），2000 年 10 月第九次印刷。该书中的"杭州名点"与 1956 年版对照，内容基本相同，除繁体字变简体字外，有两只点心有变化，八宝荷叶饭、八宝饭，改为荷叶八宝饭、猪油八宝饭。后来刘庆龙主编、胡荣珍执笔的《寻味江南——话说杭帮菜》，杭州出版社 2010 年 7 月出版，附录中的"杭州名点"与此版本相同。

第四种版本是董顺翔主编的《杭州传统名菜名点》，浙江人民出版社 2013 年 6 月出版。与 1956 年版对照，该书中的"杭州名点"多了虾仁小笼、鲜肉蒸馄饨，少了桂花鲜果羹、银丝卷。

1956 年浙江省认定的 17 只杭州名点

桂花鲜栗羹、幸福双、百果油包、松丝汤包、油氽馒头、银丝卷、虾爆鳝面、片儿川面、冬菇炒面、中面、猫耳朵、吴山酥油饼、荷叶八宝饭、猪油八宝饭、西施舌、宁波汤团、酒酿三元。

摘自戴宁主编、杨清副主编《杭州菜谱》（修订本），浙江科学技术出版社 1988 年 2 月第一版，2000 年 10 月第九次印刷

1956 年 3 月，省饮食业公司组织部分市县饮食公司在杭州举办大型饮食品展览会，展出菜点 1100 多种，将部分名菜点推向社会定点展销，在此基础上，收集确定第一批名菜 66 只②，其中杭州 36 只，宁波 2 只，绍兴 5 只，温州 19 只，湖州 2 只，金华 1 只，嘉兴 1 只。

上图为《浙江饮食服务商业志》第 96 页记载的有关大型饮食博览会内容；下图为 1956 年 10 月 27 日（农历九月廿四）《杭州日报》第二版刊登杭州市饮食展览会开幕新闻报道。二则活动是否是同一事件，有待后人继续探秘。

2000 年，为提高杭州的城市品位，丰富旅游内涵，扩大杭州这一古城的国际知名度，为杭州这个著名的国际旅游城市添上一抹新绿，由杭州市贸易办、杭州市旅游局、杭州饮食旅店业同业公会和《杭州日报》（《城市周刊》）主办，杭州市烹饪协会、杭州酿造总厂协办，开展了"湖羊杯"新杭州名菜评选。7 月 25—27 日在六通宾馆，来自杭州地区 50 余家宾馆饭店、餐饮企业选送的 213 只各具特色的菜品通过三天的现场呈现，专家初步选出 65 只入围菜肴，由浙江电视台教育频道播出、《钱江晚报》刊登介绍，经广大消费者参与投票推荐，最后由组委会确定蟹汁鳜鱼等 48 只新杭州名菜，由杭州市人民政府贸易办公室公布授牌。此次评选意在打响"吃在杭州"的牌子，丰富城市的文化内涵。

2000 年杭州市人民政府贸易办公室公布授牌的 48 只新杭州名菜

椒盐乳鸽、蒜香蛏鳝、明珠香芋饼、竹叶子排、莲子焖鲍鱼、浪花天香鱼、纸包鱼翅、鲍鱼扣野鸭、西湖一品煲、香包拉蛋卷、特色大王蛇、白沙红蟹、芙蓉水晶虾、钵酒焗石蚝、稻草鸭、开洋冻豆腐、翠绿大鲜鲍、砂锅鱼头王、树花炖土鸡、笋干老鸭煲、脆皮鱼、山龟煨王蛇、亨利大虾、铁板鲈鱼、鸡汁鳕鱼、武林熬鸭、蟹酿橙、香叶焗肉蟹、木瓜瑶柱盅、元鱼煨乳鸽、吴山鸭舌、过桥鲈鱼、珍珠日月贝、风味牛柳卷、西湖蟹包、双味鸡、西湖莲藕脯、松子果仁※、鳖腿刺参、钱江肉丝、金牌扣肉、蟹汁鳜鱼、八宝鸭、蛋黄青蟹、莲藕炝腰花、杭州八味、白玉遮双黄、手撕鸡。

杭州评出 48 只新名菜

将在首届中国美食节上集中展示

本报讯 杭州市人民政府贸易办公室日前公布了最终入选的48只新杭州名菜。这些名菜将在西博会首届中国美食节上集中展示。

比起1956年第一次评选出的36只杭州名菜，新杭州名菜不再浓酱重而突出清鲜爽脆的特征。档次有了明显提高，以高蛋白低脂肪的原料为主。鲍鱼、鱼翅为主料的菜就有4个，蟹为主料的有5个。像楼外楼的西湖一品煲，用刺参、鲍鱼、鹅掌等多种高档原料烹制而成，大盘价格588元，中盘价格296元。价格在几十元的名菜占了一半多。也有10多元一道的名菜，如新桃李园的开洋冻豆腐，只要12元，是一道地道的杭州家常菜。

48 只新杭州名菜名单
（以报名先后为序）

椒盐乳鸽	杭州大厦锦园
蒜香蛏鳝	蓝宝大酒店
明珠香芋饼	宏都宾馆
莲子焖鲍鱼	东方大酒店
竹叶子排	东方大酒店
浪花天香鱼	花中城大酒店
鲍鱼扣野鸭	楼外楼
纸包鱼翅	楼外楼
西湖一品煲	楼外楼
香包拉蛋卷	赞成宾馆
特色大王蛇	杭州人家大酒店
白玉遮双黄	五洋宾馆
白沙红蟹	顺风大酒店
芙蓉水晶虾	好阳光大酒店
钵酒焗石蚝	钜丰源大酒店
翠绿大鲜鲍	新花中城大酒店
稻草鸭	新花中城大酒店
开洋冻豆腐	新桃李园
树花炖土鸡	新新饭店
砂锅鱼头王	福禄寿大酒店
笋干老鸭煲	张生记大酒店
脆皮鱼	万家灯火大酒店
山龟煨王蛇	太子楼
亨利大虾	娃哈哈大酒店
铁板鲈鱼	娃哈哈大酒店
手撕鸡	红泥花园
鸡汁鳕鱼	知味观
蟹酿橙	知味观
武林熬鸭	知味观
香叶焗肉蟹	新三毛大酒店
木瓜瑶柱盅	新三毛大酒店
元鱼煨乳鸽	天外天菜馆
吴山鸭舌	城隍酒楼
过桥鲈鱼	海上明珠大酒店
珍珠日月贝	皇冠大酒店
风味牛柳卷	港航大酒店
西湖蟹包	大华饭店
双味鸡	环湖大酒店
西湖莲藕脯	山外山菜馆
松仁素果	梅地亚宾馆
鳖腿刺参	华辰大酒店
钱江肉丝	南方大酒家
金牌扣肉	南方大酒家
蟹汁鳜鱼	南方大酒家
八宝鸭	新喜乐大酒店
蛋黄青蟹	新开元大酒店
莲藕炝腰花	新开元大酒店
杭州八味	萧山国际酒店

※松子果仁，在2000年10月26日《饮食服务时报》中的"松仁素果"，在2000年10月浙江电子音像出版社出版的《新杭州名菜谱》和《首届美食节会刊》中的"金秋飘香"，均为同一只菜。在《新杭州名菜谱》中夹有3cm×5cm的小纸条中写道"说明：根据杭州市政府最后公布的'新杭州名菜'评选结果，本书第38页的'金秋飘香'更名为'松子果仁'"。

图为杭州评出48只新名菜新闻报道，均标有选送单位
（摘自2000年10月26日《饮食服务时报》）

23

2006 年评定"新杭帮菜 108 将"（详细情况见 P83）。

新杭帮菜108将

1 西湖醋鱼 楼外楼	31 三丝面疙瘩（点心） 红泥
2 宋嫂鱼羹 楼外楼	32 糯米莲藕 红泥
3 龙井虾仁 楼外楼	33 浪花天香鱼 花中城
4 番虾锅巴 楼外楼	34 金牌稻草鸭 花中城
5 叫化童鸡 楼外楼	35 碧绿大鲜鲍 花中城
6 蜜汁火方 楼外楼	36 红掌拨清波 花中城
7 虾爆鳝背 楼外楼	37 西湖莲子肉 花中城
8 干炸响铃 楼外楼	38 西湖蟹圆 花中城
9 西湖一品煲 楼外楼	39 美极虾藕角 花中城
10 杭州八宝饭（点心） 楼外楼	40 火踵鞭笋扣鲜腐竹 新开元
11 蟹酿橙 知味观	41 特色香葱鱼头 新开元
12 雪梨火方 知味观	42 咸蛋黄焗蟹 新开元
13 鸡汁鳕鱼 知味观	43 莲藕炝腰花 新开元
14 锦绣橄榄鱼 知味观	44 腊笋千层肉 新开元
15 杭州八鲜 知味观	45 瑶柱鲜带蒸萝卜 新开元
16 蟹粉鱼翅 知味观	46 香米咖喱蟹 张生记
17 杭州卤鸭 知味观	47 招牌老鸭煲 张生记
18 吴山酥油饼（点心） 知味观	48 腐汁玻璃大虾 张生记
19 鲜肉小笼（点心） 知味观	49 特色火丁甜豆 张生记
20 猫耳朵（点心） 知味观	50 毛豆煎抱腌黄鱼 张生记
21 龙井问茶 红泥	51 古法酒酿蒸鲥鱼 张生记
22 原汁墨鱼 红泥	52 铁板锡纸黄鱼肉 张生记
23 荷香砂锅肉 红泥	53 南瓜八宝饭（点心） 张生记
24 红泥砂锅鸡 红泥	54 砂锅老豆腐 娃哈哈大酒店
25 深海冰鲍 红泥	55 浓汤甲鱼 娃哈哈大酒店
26 农家酥豆 红泥	56 元宝虾 娃哈哈大酒店
27 青豆糯米 红泥	57 鲍鱼焖鸡 名人名家
28 剁椒奇鲜 红泥	58 蟹籽黄鱼卷 名人名家
29 金牌脚圈 红泥	59 海味冬瓜盅 名人名家
30 红烧鱼头王 红泥	60 一品飘香肋排 名人名家

61 金银鲜瑶柱　名人名家

62 布袋豆腐　名人名家

63 杭州酱鸭　天香楼

64 木瓜粥水浸斑鱼　天香楼

65 清汤鱼圆　天香楼

66 东坡肉　天香楼

67 香酥鸭　天香楼

68 八宝葫芦鸭　世纪喜乐酒店

69 青蟹五花肉　世纪喜乐酒店

70 杭城烩四海　世纪喜乐酒店

71 木桶馋嘴　世纪喜乐酒店

72 香煎焗大连鲍　世纪喜乐酒店

73 红膏梭子蟹蒸肉饼　哨兵海鲜

74 油淋花椒鸭　哨兵海鲜

75 香煎三毛鲚鲞　哨兵海鲜

76 咸脚爪煲河蚌肉　哨兵海鲜

77 浓汤澳洲大蚌　哨兵海鲜

78 汗蒸椒麻蟹　万家灯火

79 冰镇奶香鹅肝　万家灯火

80 澳门浓汤鸡煲翅　万家灯火

81 杭州糟鸡　知味观·味庄

82 龙虾芙蓉蛋　知味观·味庄

83 武林熬鸭　知味观·味庄

84 金牌扣肉　知味观·味庄

85 西湖雪媚娘（点心）知味观·味庄

86 精品海蜇　西湖春天

87 西湖醉膏蟹　西湖春天

88 鸡汤煨木耳　西湖春天

89 金瓜干炒粉丝　西湖春天

90 龙井茶烤虾　大华饭店

91 西湖蟹包　大华饭店

92 精品鱼头皇　山外山

93 蟹粉裙边　山外山

94 脆皮鱼尾　山外山

95 外婆神仙鸡　香樟雅苑

96 石烤梅肉　香樟雅苑

97 分水棍子鱼　严州府

98 金牌羊排　万隆酒家

99 凉拌蔬汁面（点心）　奎元馆

100 龙鳞鱼片　太子楼

101 钱江口水鱼　太子楼

102 蜜汁南瓜　太子楼

103 飘香土钵鸡　冠江楼

104 特色鱼头　冠江楼

105 越王宫廷鸭　锦绣江南

106 茅乡红烧肉　醉白楼

107 鱼鲞狮子头　醉白楼

108 锦绣金银　渔老大

　　2011 年 11 月"我最喜爱的十佳精品杭帮菜"评选活动启动，"十佳精品杭帮菜"是在 36 道老杭州名菜和 48 道新杭州名菜的基础上评选的，第一轮投票是从84 道菜肴中选取 30 道，共收到杭州乃至海外的网络选票 60 多万张；第二轮投票是 30 进 10 的 PK 赛，共收到 36 万余张选票。而"十佳家常杭帮菜"是经历了两大广场的万人海选、两场电视晋级赛后，再从网络票选中 PK 出来的。2012 年 3 月20 日"十佳精品杭帮菜""十佳家常杭帮菜"在杭帮菜博物馆开馆仪式上正式揭晓并颁奖。

十佳精品杭帮菜

龙井虾仁（知味观）、蛋黄青蟹（新开元）、东坡肉（天香楼）、莲藕炝腰花（新开元）、西湖醋鱼（楼外楼）、叫化童鸡（杭州酒家）、蟹酿橙（知味观）、笋干老鸭煲（张生记）、杭州酱鸭（天香楼）、干炸响铃（杭州酒家）。

十佳家常杭帮菜

杭三鲜、梅干菜蒸肉、葱焖鲫鱼、菠菜煎豆腐、蒸双臭、饭焐茄子、元宝肉、酱肉蒸春笋、雪菜豆瓣、鲞焐肉。

2014 年 5 月又评出 36 道新杭州名点名小吃（详细情况见 P123）。

36 道新杭州名点名小吃

油条、鲜肉小笼、春卷、葱包桧儿、油灯儿、糯米藕、糯米素烧鹅、虾肉馄饨、羊肉烧麦、喉口馒头、杭式煎包、酒香米糕、萝卜干麦糊烧、桂花糖煎饼、刺毛肉圆、塘栖粽子、细沙羊尾、昌化刀切面、桐庐锅巴、酒酿馒头、农家米果、桐庐米果、建德豆腐包、南方大包、特味大包、蔬汁凉拌面、香煎萝卜丝饼、农家玉米饼、香煎韭菜饼、红糖麻糍、新安江野菜饼、西湖雪媚娘、吴山麻薯饼、九曲红梅茶叶蛋、定胜糕、桂花年糕。

2019 年，由中国饭店协会、杭州市人民政府主办，由杭州市商务局、杭州市商贸旅游集团有限公司、杭州文化广播电视集团承办的第二十届中国（杭州）美食节、首届中国（杭州）国际美食博览会评选出十大人气创新杭帮菜。

十大人气创新杭帮菜

闷骚南瓜（杭州酒家）、新宋嫂鱼羹（湖滨 28 中餐厅）、双味响铃（中国杭帮菜博物馆）、茶香鸡（外婆家）、禅衣风味卷（杭州花中城餐饮食品集团）、虾仁爆腰花（好食堂）、片儿川黑鱼（大牌大传统菜）、国宴东坡牛扒（浙江西子宾馆）、桂花糖醋肉排（杭州柏悦酒店）、越王东坡鸡（西苑跨湖楼）。

2021 年，杭州市商务局为深入挖掘和构建以"名厨、名服务师、名菜、名礼、名店、名街"为支撑的杭帮菜品牌体系,会同杭州市市场监督管理局印发《杭州市餐饮业"六名工程"高质量发展三年行动计划》。10月杭州市商务局发文组建团队,启动"六名工程",目的是弘扬杭州传统美食文化,促进杭帮菜数智化升级,在疫情常态化防控下推动餐饮业高质量发展,以"六名工程"为支撑的杭帮菜品牌体系,擦亮杭州"世界美食名城"的金字招牌。通过三年公开征集、资格审查、专家评审、网络投票、全网公示,评定"杭帮菜大师"20名,"杭帮菜名厨"100名,"杭州餐饮名服务师"150名;评定60道以上"杭帮菜新经典名菜"和100道以上"杭帮菜创新名菜";评定20种以上杭州美食特色伴手礼;评定100家以上"杭帮菜品牌餐厅"、300家以上"杭帮菜特色餐厅"。

　　2022年6月,在第二十二届中国(杭州)美食节、第二十四届西湖国际博览会、第四届中国(杭州)国际美食博览会开幕式上,首批杭州餐饮业"六名工程"名录揭晓,其中"名菜""名礼"如下。

杭帮菜新经典名菜20道

生态鱼头、红烧羊肉、越王东坡鸡、外婆茶香鸡、枇杷土焖肉、葱烧江白条、钱王四喜鼎、江南文火小牛肉、南宋太守鸭、仓前掏羊锅、萧山萝卜干、文武猪手、塘栖板鸭、国太豆腐煲、虾仁腰花、龙门油面筋、鸡冠油蒸干张、严州干菜鸭、龙井茶酥、畲乡炒龙须。

杭帮创新菜30道

鳕鱼狮子头、蛋黄鸡翅、东坡牛肉、峰会烤羊排面包盒子、建德豆腐包、龙井虾舫、柚汁麻花鱼、芝士闷骚南瓜、黑金鲍老鸭煲、西湖十景、香溢熬鸭、杭式酥鳕鱼、里叶莲子鸡、肚包神鲜鸡、聚品萝卜丝汤圆、黄金酥羊排、腐乳鹅肝配葱油饼、豉汁鲜笋蒸东星斑、鱼头黄米粿、涮锅鲈鱼、荷香鲍仔鸭、映月鱼片、家烧嫩菱鲜莲子、昌南山牛蒡粿、酥米冲浪桂鱼、南宋桂花鳖烧羊、鲍鱼酥、红花映牛腱、花间笋满堂、康桥烧鸡。

名美食伴手礼8种

知味观定胜糕、醇远香桂花坚果藕粉、采芝斋西湖酥、法根枇杷梗、万事隆黑芝麻丸、汪记"核家喜"山核桃仁、祖名素肉、徐同泰寿司酱油。

2023 年 6 月 21 日，在第二十三届中国（杭州）美食节、首届杭帮菜美食嘉年华启动仪式上，第二批杭州餐饮业"六名工程"名录发布，其中"名菜""名礼"如下。

新杭帮名菜 20 道

绿码定胜糕、睦州鱼头皇、吴越婆留糕、八宝葫芦鸭、泉水菜浦头灼江虾、天目云雾笋、锅贴鱼片、运和红烧羊肉、焦糖鲍鱼红烧肉、鱼羊鲜饼、粽香土猪肉、石濑猪手、芝士焗土豆、传统爆双花、湘湖鱼头皇、手撕羊肉、蜂巢茶香虾、圆笼糯香骨、东坡猪软骨、外婆红烧肉。

杭州美食特色伴手礼（预制菜）8 种

清炒虾仁、糖醋里脊、杭州熏鱼、知味糯米藕、大希地整切牛排、容盛谷酱香肠、天目暖锅系列、半朵鸭。

2023 年 11 月 29 日，由杭州市商务局主办的"慧聚餐饮　领杭'味'来"杭帮菜高质量发展交流会暨 2023 年度杭州餐饮业"新六名工程"颁奖仪式在萧山宝盛宾馆 8 楼宝盛厅召开，"新六名工程"评定通过前期公开征集、资格审核、专业评审、网上公示等环节，于活动现场正式公布并颁奖。

新杭帮名菜 26 道

干炸带鱼、大三鲜、东坡牛肉、甲鱼炖水鸭、多味熏鱼、红烧肉、红烧羊肉、花胶老鸭煲、花猪肉暖锅、秀水砂锅鱼头、肚包神鲜鸡、宋嫂松叶蟹羹、鸡汁蒸钱塘米鱼、枇杷土焖肉、国太豆腐、金汤甲鱼、南乳樱桃扎肉、莼菜白玉球、钱王四喜鼎、倒立蟹、家烧大黄鱼、菜蒲头煮江虾、黑蒜烧钱塘江鳗、锅贴鱼片、糟骨头蒸膏蟹、鳕鱼狮子头。

新杭帮名点小吃 7 道

牛肉粉丝、龙井茶酥、农家玉米饼、吴越婆留糕、知味小笼、南方迷宗大包、蔬菜汁凉拌面。

杭州美食特色伴手礼（预制菜）19 种

万事隆黑芝麻丸礼盒、可莎蜜兒"一封家书"伴手礼盒、东坡茶糕礼盒、半朵鸭、西湖酥糕点伴手礼、汪记山核桃糕点礼盒、法根枇杷梗、定胜糕、南宋胡记白娘子酥、秋梅倒笃菜（千斤一坛）礼盒、祐康桂花米糕、祖名豆制品礼盒、姚生记山核桃仁、荷花酥、桂花坚果藕粉伴手礼、徐同泰寿司酱油、绿豆糕礼盒、锋味派爆汁烤肠、鲜肉榨菜饼伴手礼。

图为 2023 年 10 月 30 日在中国杭帮菜博物馆名菜、名师评定现场，左起尹丽华（杭州市餐饮旅店行业协会秘书长）、陈玮（杭州市餐饮旅店行业协会会长）、王震霄（杭州市商务局党组成员、副局长）、杨涛（杭州电视台生活频道新媒体活动部主任）、丁敏（杭州市商务局商贸运行处处长）、李峻金（杭州市商务局商贸运行处一级主任科员）

2. 多方重视组织赛事

一直被誉为"西湖第一楼"的杭州楼外楼，接待过无数名人。中华人民共和国第一任总理周恩来先后九次陪外宾来楼外楼，他提议将秀美的"西湖十景"搬上餐桌，杭州方面曾对这个提议进行过科学论证和实践，但因各种原因，一直没有落实。

第一届杭州烹饪优胜杯大赛

在改革开放的春风拂遍神州大地之时，在杭州市政府的关心下，杭州烹饪协会于 1985 年成立。1986 年协会接上级主管部门的指示，于 2 月 3 日—6 日举办"第一届杭州烹饪优胜杯大赛"，主赛场设在杭州相国井旁的天香楼，分赛场设在杭州华侨饭店。赛事分团体赛和个人赛，要求团体队的菜肴呈现西湖十景①宴，个人选手任选西湖十景中的一景，赛事将品尝西湖佳肴的情趣与游览天堂美景的兴致巧妙地结合在一起，丰富杭州美食的文化内涵。杭州餐饮人才有机会来实践周总理的提议，也算圆了周总理的夙愿。这次比赛为期四天，决出团体获奖单位和个人单项获奖选手，原省委书记铁瑛参加闭幕式并颁奖。这次西湖十景宴展示了杭州厨师对菜肴的创新能力，给后续杭州菜的发展、厨师技能的提升、花色菜肴的制作提供了导向和明灯。

图为第一届杭州烹饪优胜杯大赛评比现场（照片由董国华拍摄，祝宝钧收藏并提供），此次大赛评委由吴国良、虞开锡、杨定初、樊斌炎、姚广山、陈炳金、封月生、陈锡林、许祥林、王宪律等十六位老师傅担任。

---

① 西湖十景：是指形成于南宋时期杭州西湖中的苏堤春晓、曲院风荷、平湖秋月、断桥残雪、柳浪闻莺、花港观鱼、雷峰夕照、双峰插云、南屏晚钟、三潭印月十处景色。1984 年《杭州日报》社、杭州市园林文物管理局、浙江电视台、杭州市旅游总公司、《园林与名胜》杂志 5 单位联合发起举办新十景评选活动，评选上榜的新西湖十景有：云栖竹径、满陇桂雨、虎跑梦泉、龙井问茶、九溪烟树、吴山天风、阮墩环碧、黄龙吐翠、玉皇飞云、宝石流霞。2007 年三评西湖十景，评选结果在 2007 年 10 月第九届西湖博览会开幕式上揭晓，分别为：灵隐禅踪、六和听涛、岳墓栖霞、湖滨晴雨、钱祠表忠、万松书缘、杨堤景行、三台云水、梅坞春早、北街梦寻。

第一届杭州烹饪优胜杯大赛前三名获奖名单

团体赛（西湖十景宴）：

第 1 名 杭州市第二旅游公司（杭州市饮食服务公司）；

第 2 名 浙江省旅游总公司（浙江省旅游局）；

第 3 名 杭州市第一旅游公司（杭州市旅游局）。

个人赛项目：

冷菜：第 1 名陈晓明（楼外楼）、第 2 名方黎明（楼外楼）、第 3 名朱敏祥（天香楼）。热菜：第 1 名余杰（天香楼）、第 2 名陆礼金（大华饭店）、第 3 名吴顺初（楼外楼）。雕刻：第 1 名方黎明（楼外楼）、第 2 名屠荣生（杭州酒家）、第 3 名郑贵荣（花家山）。中点：第 1 名楼雪明（望湖宾馆）、第 2 名朱龙（大华饭店）、第 3 名胡德瑜（市旅）。西点：第 1 名季成芳（华侨饭店）、第 2 名周建新（望湖宾馆）、第 3 名王纪新（海丰西餐社）。

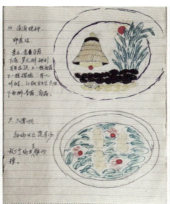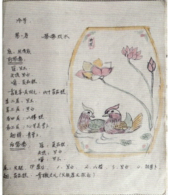

图为笔者现场记录、回家填色的比赛作品手绘本（共 51 页）。时值评选出杭州新西湖十景不久，笔者所在的浙江花港大酒店独立成队（属浙江省旅游总公司第二参赛队）。参赛队员已经摩拳擦掌地准备好作品，但因传达的指令在某个环节出错，我们的作品按新西湖十景设计，比赛前两天接通知说团体参赛队必须根据老西湖十景设计，二队取消了参赛计划，所以笔者本人和团队制作的新西湖十景宴无缘参加这次大赛，可惜笔者创作的"虎跑梦泉"没能得以展现。因禁止拍摄，自己只能背着相机穿梭在作品陈列现场手绘记录

第二届杭州烹饪优胜杯大奖赛

首届中国烹饪世界大赛浙江代表队选拔赛

1992 年 6 月，杭州市烹饪协会接到省里下达的负责组建浙江代表队参加中国烹饪世界大赛的任务后，积极联系各方组织赛事，准备通过比赛从冠亚军中产生选手，组建赴首届中国烹饪世界大赛的浙江代表队。

图为《杭州烹饪》第 32 期发布第二届杭州烹饪大赛暨中国烹饪世界大赛选拔赛结果

1992 年 7 月 2 日—3 日在杭州桃李苑酒家举行了首届中国烹饪世界大赛浙江队选拔暨第二届杭州烹饪优胜杯大奖赛，通过比赛决出团体前三名，分别是：第一名浙江省旅游局，第二名杭州市饮食服务公司，杭州市园文局和浙江省机关事务管理局并列第三名。单项第一名：冷菜王政宏、热菜茅尧雄、点心楼雪明、果蔬雕陆明；单项第二名：冷菜戴桂宝、热菜胡忠英、点心丁灶土、果蔬雕屠荣生。

图为首届中国烹饪世界大赛浙江队选拔暨第二届杭州烹饪优胜杯大奖赛评判室
（杭州市烹饪协会拍摄）

首届中国烹饪世界大赛

根据选拔赛结果，组建了中国烹饪世界大赛浙江队，总团长戴宁，副团长杨铭、柳学历，教练杨定初。个人项目由杨铭领队，组建由冷菜王政宏、戴桂宝，热菜茅尧雄、胡忠英，点心楼雪明、丁灶土、果蔬雕陆明、屠荣生八位选手组成的中国烹饪世界大赛浙江代表团。展台项目吕继棠为领队，凌美娟为副领队兼展台布置，祝宝钧为教练及总设计，冯州斌、王宪律、王仁孝、陆明、周建新、滕海荣、董顺翔、吴志平、张志明、叶彭华（电工）为浙江一队选手。选手在不同地点集中训练五次，最后一次是在九溪度假村进行为期一周的训练和作品展示。

1992年11月10日—14日在上海国际展览中心，浙江代表队参加由世界中国烹饪联合会①举办的首届中国烹饪世界大赛②，通过几天的角逐，杭州四位选手获金奖。戴桂宝的冷盘"夏荷"、胡忠英的热菜"蟹黄鱼饼"、楼雪明的点心"寿比南山"、屠荣生的雕刻"山鹰"，各获一枚金牌；王政宏、茅尧雄、丁灶土、陆明各获一枚银牌；展台项目获金奖，浙江代表队成绩优异获团体金杯。

图为获奖新闻报道（摘自1992年11月11日《浙江日报》）

---

① 世界中国烹饪联合会由我国联合日本、新加坡、马来西亚、美国、法国等18个国家和地区的中餐业同行，经国务院批准，在1991年7月正式成立。2015年12月，经世界烹饪联合会代表大会审议，国务院国资委核准，民政部审核通过，世界中国烹饪联合会正式更名为"世界中餐业联合会"。
② 首届中国烹饪世界大赛由世界中国烹饪联合会主办，上海新亚集团联营公司承办，来自中国、美国、英国、加拿大、日本、新加坡、马来西亚等地的18个代表队150余名选手参赛。比赛分为个人赛和展台赛，个人赛有热菜、冷菜、果蔬雕、点心四个项目，每位选手限参加一个项目，制作一道菜肴或点心，在搭建的玻璃房内透明操作，冷菜、果蔬雕采用作品分和现场分相结合的评判方法。展台赛为菜点且以中餐为主，现场提供4m×2m的展台，占分比例为：总体造型占50%，菜点质量占50%。

图为在首届中国烹饪世界大赛浙江队获金牌的四位杭州选手在颁奖现场合影
（左起楼雪明、戴桂宝、胡忠英、屠荣生）

第二届中国烹饪世界大赛

1996 年 6 月 11—13 日在上海举行，来自中国、美国、日本、韩国、新加坡、马来西亚、加拿大、荷兰等国家和地区的 19 支代表队参加，产生团体金奖 4 个、银奖 6 个，浙江杭州代表队荣获团体金奖，杭州南方大酒店周国伟获个人热菜项目金奖。

第二届全国烹饪技术比赛（杭州）选拔赛
第二届全国烹饪技术比赛

在改革开放大环境的推动下，杭州相关部门的领导积极作为，重视技能，支持举办多场烹饪赛事。1987 年在举行第二届全国烹饪技术比赛前夕，各相关部门打破界限，由协会牵头联合组织选拔，最后组建了一支由浙江省旅游局直属饭店选手和杭州市饮食服务公司选手组成的参赛队。因第一届全称是全国烹饪名师技术表演鉴定会[①]，没有设金银铜奖，而第二届是真正的比赛，首次设奖，又是商业部、国家旅游局、铁道部、解放军总后勤部、中华全国总工会、中直机关事务管理局、国务院机关事务管理局和中国烹饪协会等八个单位联合主办，所以省市各级部门特别重视。赛前组织选手在富阳集中训练 12 天，请陈阿达、陈锡林等杭州

---

① 1983 年 11 月浙江省派出吴国良（杭州）、陈阿达（杭州）、金次凡（温州）三位厨师，参加商业部举办的全国烹饪名师技术表演鉴定会，这是中华人民共和国成立后第一次举办烹饪赛事，虽未设金银铜奖，但是坊间认可它是"第一届全国大赛"。这次大赛只产生 10 名最佳厨师，5 名最佳点心师，12 名优秀厨师、3 名优秀点心师，浙江温州的金次凡获"优秀厨师"称号。

老一辈的厨师随队指导，还请了宁波刘真木老师参与点心指导。最终在1988年5月9日—18日在北京举办的第二届全国烹饪技术比赛上，杭州4位选手共获5枚金牌、4枚银牌和6枚铜牌，浙江队取得团体总分第一的优异成绩，获团体优胜奖杯第一名[①]，耀眼地走在了全国前列。

冯州斌（杭州花港饭店）获：金牌2枚、银牌1枚、铜牌2枚；

胡忠英（杭州酒家）获：金牌1枚、银牌1枚、铜牌2枚；

杨定初（杭州望湖宾馆）获：金牌1枚、银牌1枚、铜牌1枚

陆魁德（杭州太和园酒家）获：金牌1枚、银牌1枚、铜牌1枚。

罗玉桂（杭州华北饭店）代表南京军区参赛，也获金牌1枚。

因这次比赛一菜一牌，所以选手获奖等于菜肴获奖，杭州"东坡肉""钱江肉丝""宫灯里脊丝"等也成为顶呱呱的金牌菜肴。

1988年5月21日，浙江省副省长许行贯在表彰会上对获奖选手进行表彰：对获团体优胜奖杯第一名的选手，晋升工资一级；对获得奖牌的选手进行物质奖励，并颁发奖金。

图为选手冯州斌在第二届全国烹饪技术比赛中获得的东坡肉金牌证书

---

① 1988年5月由杨定初（杭州）、冯州斌（杭州）、胡忠英（杭州）、陆魁德（杭州）、仇云华（温州）、潘晓林（温州）六位选手组成的浙江参赛队，参加第二届全国烹饪技术大赛，共获9块金牌，取得团体总分第一的成绩，获团体优胜奖杯第一名。省政府现金奖励：金牌1000元、银牌700元、铜牌500元，个人三项全能另加1000元。

图为第二届全国烹饪技术比赛实寄纪念封（戴桂宝设计绘制）。有浙江省烹饪协会副会长赵幽芬（带队领导之一）和冯州斌、仇云华、潘晓林、杨定初、陆魁德、胡忠英六位浙江队选手签名

第三届全国烹饪技术比赛选拔赛

1993 年 3 月在第三届全国烹饪技术比赛来临之际，浙江省商业厅、浙江省旅游局、浙江省机关事务管理局、浙江省供销社、浙江省财贸工会、浙江省个体劳动者协会、浙江省烹饪协会联合发文，省市各部门组织报名、逐级选拔，最后举办浙江省旅游行业烹饪技术选拔赛，决出团体奖 2 名，个人单项第一名 4 人，以及出线选手 20 名。这些选手与浙江省商业厅、浙江省机关事务管理局等选拔出线的选手一同训练，一同参加全国比赛。

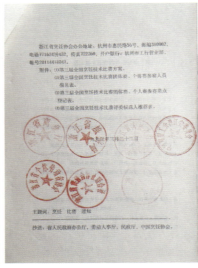

图为关于参加第三届全国烹饪技术比赛的通知（浙商饮〔1993〕6 号文件）

全省旅游行业烹饪技术大赛揭晓

全省旅游行业烹饪技术大赛经过激烈角逐，近日在杭州揭晓：省旅游局直属企业荣获团体第一名，宁波煌都大酒店王佳能获热菜第一名，杭州花港饭店戴桂宝获冷菜第一名，温州华侨饭店姚力获果蔬雕第一名，杭州望湖宾馆腾海获点心第一名。获本次烹饪赛前20名的选手将选拔参加今年第三届全国烹饪大赛。 （吕由）

图为1993年6月13日《浙江日报》报道的全省旅游行业烹饪技术大赛新闻，揭晓了单项第一名选手，杭州有冷菜第一名戴桂宝、点心第一名滕海荣（纠正"腾海"应为"滕海荣"）

厉兵秣马为大赛
浙江省旅游行业烹饪技术选拔赛结束

本报讯 为迎接全国第三届烹饪大赛，最近，浙江省旅游局在杭举行了为期两天的省旅游行业烹饪技术选拔赛，选出团体两个，个人20名，他们分别是——团体：浙江省旅游局直属企业烹饪代表队、温州市旅游局直属企业烹饪代表队。个人：宁波煌都大酒店王佳能、宁波余姚农行培训站熊彩苗、温州华侨饭店朱海、姚力、温州瓯昌饭店胡杰、徐樵光、宁波饭店吴国桂、浙江宾馆徐云锦、萧山宾馆金学祥、绍兴饭店黄文龙、何甜根、祝王青、杭州花港饭店戴桂宝、金华宾馆吴永忠、舟山旅游局庄伟嘉、桐乡桐桥大酒店张鼎洲、杭州香格里拉饭店陆民、杭州望湖宾馆鹤海泰、湖州饭店潘家林、杭州中山大酒店张煜。

由国家商业部、旅游局和中华全国烹饪代表队等9家单位联合的全国烹饪大赛，是我国饮食行业的高水平角逐和饮食文化的大检阅，它每隔四五年举行一次。本届大赛的个人赛将于9月在江苏举行，团体赛于12月在北京举行。 本报记者 夏之明

这是获团体第一名（省旅游局直属企业烹饪代表队）的展台。 夏之明 摄

图为《江南游报》（1993年6月18日）报道浙江省旅游行业烹饪技术选拔赛新闻，前20名选手参加第三届全国烹饪技术比赛（杭州有：徐云锦、金学祥、戴桂宝、陆明、滕海荣、张煜）

第三届全国烹饪技术比赛

第三届全国烹饪技术比赛[①]与第二届比赛不同，按项目设奖，每位选手限报2个项目，参加一项最多获一块奖牌，如热菜项目要求制作两只热菜，总分之和高者获奖。浙江队于1993年10月30日—11月8日在苏州国际贸易中心与同行进行比拼，最终杭州选手共获12块金牌[※]，其中戴桂宝（杭州花港饭店）、董顺翔（杭州酒家）两位选手均获冷菜、热菜双金牌。

[※]杭州选手共获12枚金牌：冷菜项目3枚由戴桂宝、董顺翔、伊建敏获得；热菜项目7枚由陆礼金、徐云锦、戴桂宝、王政宏、董顺翔、吴伟忠、金学祥获得；面点项目1枚由赵杏云获得；果蔬雕项目1枚由宣启明获得。

个人赛中成绩优异获优秀厨师称号的浙江五位选手是戴桂宝（杭州）、王政宏（杭州）、董顺翔（杭州）、杜越（温州）、朱海（温州）。

团体赛浙江湖州市烹饪协会代表队获金奖、浙江省旅游行业代表队获银奖。

① 第三届全国烹饪技术比赛，由国家国内贸易部、国家旅游局、铁道部、全国总工会、中直机关事务管理局、国务院机关事务管理局、武警部队后勤部、中国个体劳动者协会和中国烹饪协会等九个单位联合主办。比赛分为个人单项赛和团体赛两个部分，个人单项赛分别于西安、武汉、石家庄、苏州四个城市进行，有热菜、面点、冷菜和果蔬雕四个项目；团体赛于12月在北京举行，采用预制送展和现场制作相结合，展厅展览和餐馆销售相结合。

图为《杭州日报》（1993 年 11 月 9 日）关于第三届全国烹饪技术大赛获奖新闻（文中统计有误，实际上杭州选手共获 12 枚金牌，缺少之江饭店伊建敏冷菜金牌 1 枚、杭州国际大厦吴伟忠热菜金牌 1 枚、楼外楼宣启明果蔬雕金牌 1 枚。其中"孙宝兴"应为"沈宝兴"获银牌；"萧山宾馆金习强"应为"萧山宾馆金学祥"）

第四届全国烹饪技术比赛

第四届全国烹饪技术比赛[①]（杭州赛区）于 1999 年 11 月 12 日—16 日在浙江商业职业学院（德胜校区）举行，来自浙江、上海、江苏、安徽、山东、福建、江西的 711 名选手参加，共产生 220 枚金牌，浙江选手共获 49 枚金牌，其中杭州选手获 19 枚金牌[※]，之江饭店袁建国一人获冷菜和热菜 2 枚金牌，徐步荣获"最佳厨师"称号。团体赛于 12 月在北京举行，杭州饮食服务公司制作的展台获团体金奖。

※杭州选手共获 19 枚金牌，热菜项目金牌由陈永清、袁黎阳、夏建强、袁建国、严志坚、刘国铭、冯正文、许永强八人获得。冷菜项目金牌由徐步荣、张勇、赵理光、袁建国、吴东梁、黄雪林六人获得。中餐服务项目金牌由潘爱群、金晓滢、汪伟、顾成芳、蒋宏文五人获得。

① 第四届全国烹饪技术比赛由国家国内贸易局、国家旅游局、劳动和社会保障部、国家民族事务委员会、中共中央直属机关事务管理局、国务院机关事务管理局、中国财贸工会全国委员会、中国个体劳动者协会、中国烹饪协会九个部门联合主办。全国五个赛区共有 29 个省（区、市）2100 多名选手参赛。比赛项目分团体赛（北京赛区）、大众宴席赛（北京赛区）、个人赛（杭州赛区）、快餐赛（石家庄赛区）、清真赛（西安赛区）、中餐服务技能赛（武汉赛区）。

第五届全国烹饪技术比赛

第五届全国烹饪技术比赛[①]（华东赛区）于 2004 年 11 月 27 日—30 日在杭州中策职高举行。此次大赛共有来自上海、浙江、安徽、江苏、福建的 500 余名选手角逐热菜、冷拼、面点、果蔬雕和服务 5 个项目，杭州选手共获 17 枚金牌[※]。

> ※杭州选手共获 17 枚金牌，热菜项目金牌由张翼飞、周文涌、胡云丰、金忠敏四人获得。冷菜项目金牌由张勇、朱滨林、王剑云、金忠敏、何海哨、关宏六人获得。果蔬雕项目金牌由刘海波、王剑云二人获得。点心项目金牌由叶玉莺一人获得。中餐服务项目金牌由易彩萍、高玲、张玉英、高亚林四人获得。

全国烹饪技术比赛从 1983 年开始，每五年举办一次，前三次由省市政府部门组织选拔推送，从第五届开始，大赛主办方以联合会和协会为主，杭州各部门虽然淡化了赛前选拔和训练，但积极争取华东赛区设在杭州。通过竞赛和交流，涌现出一批青年技术人才，对推动杭州餐饮发展，发挥行业之间的技术交流，提高专业厨师的技术水平起到了重要作用。

首届浙江省旅游饭店烹饪大奖赛

1988 年 12 月，由浙江省旅游局、浙江省旅游总公司、杭州市旅游公司、宁波市旅游公司、温州市旅游局和浙江电视台联合主办浙江省旅游饭店服务技巧运动会，其中"首届浙江省旅游饭店烹饪大奖赛"在浙江宾馆隆重举行，主办方之一的浙江电视台作了全程追踪报道。经层层推送的选手在大赛中进行了三天紧张的角逐，产生团体奖和六位全能奖选手，杭州花港饭店戴桂宝拔得头筹获全能奖第一名，杭州望湖宾馆茅尧雄获全能奖第二名，杭州望湖宾馆吴志平获全能奖第三名，以及单项获奖选手[※]。

---

① 第五届全国烹饪技术比赛由中国商业联合会、中共中央直属机关事务管理局、国务院机关事务管理局、解放军总后勤部军需物资油料部、中国就业培训技术指导中心、中国财贸轻纺烟草工会、中华全国青年联合会、中华民族团结进步协会、中国旅游饭店业协会、中国个体劳动者协会、中国民用航空协会和中国烹饪协会等十二个部门联合主办。

※首届浙江省旅游饭店烹饪大奖赛，通过三天角逐产生三个单项奖名次、全能奖前六名和团体总分前三名。

单项奖：

冷菜项目前第三名是戴桂宝（杭州花港饭店）、吴志平（杭州望湖宾馆）、韩云美（杭州望湖宾馆）。

热菜指定项目前三名是茅尧雄（杭州望湖宾馆）、陈进杰（温州华侨饭店）、董冰厅（温州饭店）。

热菜自选项目前三名是茅尧雄（杭州望湖宾馆）、吴志平（杭州望湖宾馆）、王玉弟（温州华侨饭店）。

全能奖前六名是戴桂宝（杭州花港饭店）、茅尧雄（杭州望湖宾馆）、吴志平（杭州望湖宾馆）、季洪昌（温州华侨饭店）、陈进杰（温州华侨饭店）、陈章潮（宁波甬江饭店）。

团体总分前三名是杭州望湖宾馆、温州华侨饭店、杭州花港饭店。

图为评委对选手作品进行评判（前排左一起张延龄、陈贵荣、冯州斌、杨定初、罗林枫、金虎儿，后排左起浙江省旅游局人教处副处长朱祖惠、处长孟宪武）

图为选手戴桂宝的获奖证书

杭州市首届青工烹饪技术比武

1989 年 3 月—11 月，为提高广大青年职工的技术业务素质，杭州市乡镇企业局和团市委等单位，联合主办了全市乡镇首届青工技术操作运动会，开展对丝织、棉纺、钳工、电工、厨师等九个工种的技术比武赛事，其中在杭州市首届青工烹饪技术比武中，杭州酒家的王政宏获二级厨师第一名、楼外楼沈宝兴获白案厨师第一名、知味观赵杏云获三级面点第一名（因留存的资料太少，只获得部分数据）。

图为杭州市首届青工技术比武选手王政宏、沈宝兴的获奖证书

浙江省青年工人技术比武选拔赛

首届全国青工技能大赛

1990年9月8日，为了迎接由共青团中央、劳动部、全国总工会、机械电子部、纺织工业部、建设部和商务部联合举办的首届全国青工技能大赛，浙江省由共青团省委、省商业厅、省劳动人事厅联合组织浙江省青年工人技术比武选拔赛，通过理论和实践操作，决出前六名※，杭州有章乃华、舒志良、伊建敏、屠荣生进入前六。同年11月20日，在首届全国青工技能大赛上，杭州章乃华获亚军，并获"全国新长征突击手"称号※。

> ※首届全国青工技能大赛浙江省选拔赛，第一名周雄（温州），第二名章乃华（杭州），第三名舒志良（杭州），第四名吴献国（温州），第五名冯旭辉（温州），第六名（并列）伊建敏（杭州）、屠荣生（杭州）。
>
> ※首届全国青工技能大赛，冠军周雄（温州酒家）、亚军章乃华（杭州国际大厦），两人同时获"全国新长征突击手"称号。

浙江省"金鼎杯"烹饪技术比赛

1995年3月举办的浙江省"金鼎杯"烹饪技术比赛是浙江省第一届烹饪技能大赛。此次大赛有以下几个特点：一是由各政府主管部门联合主办；二是准备充分、发文早；三是规模大、层次高。这次大赛由浙江省商业厅、浙江省旅游局、浙江省劳动厅、浙江省供销社、浙江省机关事务管理局、浙江省军区后勤部、浙江省武警部队后勤部、浙江省财贸工会、浙江省个体劳动者协会、浙江省烹饪协会十家单位联合主办，由浙江省烹饪协会和宁波金鼎宾馆共同承办①。1994年9月就下发《关于举办浙江省"金鼎杯"烹饪技术比赛的通知》（浙商饮〔1994〕4号文件）。从发文到1995年3月20日比赛，时隔半年有余，使各地市有充足的准备时间。经层层选拔推送，赛出了浙江的水平，是浙江烹饪界的一大盛事。世界中国烹饪联合会会长姜习、中国烹饪协会会长张世尧莅临赛场，浙江省烹饪协会会长王锡琪、副会长兼秘书长鲍力军为这次烹饪比赛付出很多心血。鲍力军需为每份文件敲十枚公章，千份文件跑了十个主管部门，盖了一万枚公章。这虽是题外话，但两位正副会长为浙江（杭州）烹饪发展做出的贡献不可小觑，赛后协会还印发了《得奖作品精选集》。

---

① 1994年宁波金鼎宾馆在筹建之中，为了策划酒店开张形式，酒店总经理卢恩平委托餐饮部经理俞斌来杭找笔者，设想在酒店开业时举行一场烹饪比赛。笔者建议，如要承办比赛，索性来一场政府主办的省级大赛。后经多方沟通，决定由浙江省烹饪协会牵头，促成了浙江省"金鼎杯"烹饪技术比赛。

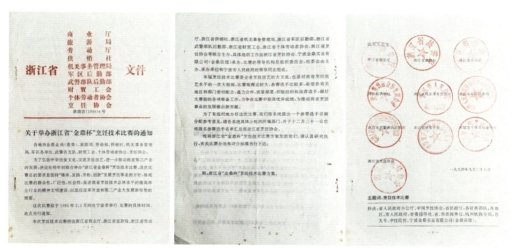

图为《关于举办浙江省"金鼎杯"烹饪技术比赛的通知》文件

这次比赛获双金牌的十二位选手※中，杭州选手有徐建华（杭州望湖宾馆）、边平华（浙江宾馆）、任振威（杭州延安饭店）、刘国铭（杭州南方大酒店）、金继军（杭州花港饭店）、金钺涛（杭州之江饭店）、王利军（杭州南方大酒店）、郑忠伟（余杭临平宾馆）八位，并荣获"全省优秀厨师"称号。

> ※浙江省"金鼎杯"烹饪技术比赛获"全省优秀厨师"称号的选手有姚国兴（湖州）、徐建华（杭州）、边平华（杭州）、任振威（杭州）、沈晓俊（湖州）、刘国铭（杭州）、金继军（杭州）、金钺涛（杭州）、王利军（杭州）、郑忠伟（杭州）、胡斌（湖州）、陈世俊（温州）。

浙江省第二届（汉通杯）烹饪技术比赛等五届比赛

继 1995 年 3 月 16 日—20 日举办浙江省"金鼎杯"烹饪技能大赛后，在时隔七年的 2002 年 5 月 17 日—19 日，浙江省烹饪协会又在宁波组织了浙江省第二届（汉通杯）烹饪技术比赛，而后有计划地每两年举办一次。2004 年 12 月 3 日—5 日浙江省第三届"五马美食林杯"烹饪技能比赛在温州举行，2006 年 12 月 5 日—7 日浙江省第四届"中凯杯"烹饪技能比赛在杭州举行，2008 年 9 月 27 日—28 日第六届全国烹饪技能竞赛（浙江赛区）暨浙江省第五届烹饪技能比赛在嘉兴举行，2010 年 11 月 18 日—21 日浙江省第六届"葡萄园杯"烹饪技能竞赛在杭州萧山举行。

图为浙江省第二届（汉通杯）烹饪技术比赛的通知

浙江省民俗风情节烹饪展台赛

1995 年 11 月由浙江省旅游局主办，杭州市食品市场、江南游报社协办的"浙江省民俗风情节烹饪展台赛"在浙江宾馆举行，这类展台形式的比赛在杭还是首次举办，来自全省的 29 支参赛队经过通宵角逐，最终有 6 支队获得一等奖。杭州花港饭店的"西湖明珠"获一等奖的第一名。

图为《浙江日报》（1995 年 11 月 21 日）有关浙江民俗风情游饮食文化周的新闻报道

全省旅游烹饪展台赛揭晓

"西湖明珠"等六件作品获一等奖

本报讯（记者 吴新）'95浙江民俗风情游饮食文化周烹饪展台比赛昨日揭晓。"西湖明珠"（杭州花港饭店）、"奔向二十一世纪"（杭州之江饭店）、"哪吒闹海"（宁波云海宾馆）、"腾飞"（杭州中山大酒店）、"喜庆烛光"（望湖宾馆）、"奔腾"（浙江宾馆）荣获一等奖；"百鸟朝凤"、"百鱼宴"等6个展台获二等奖；"满载而归"、"大禹颂"等6个展台获优胜奖。

此次比赛由省旅游局主办，杭州食品市场、《江南游》报等协办。

图为《杭州日报》（1995年11月21日）有关新闻报道。浙江省民俗风情节烹饪展台赛获得一等奖的六个展台，分别是杭州花港饭店的"西湖明珠"、杭州之江饭店的"奔向21世纪"、宁波云海宾馆的"哪吒闹海"、杭州中山大酒店的"腾飞"、杭州望湖宾馆的"喜庆烛光"、浙江宾馆的"奔腾"

图为由花港饭店戴桂宝设计主理的第一名作品——"西湖明珠"
（泡沫黄油主雕由高逐之设计并主刀，戴桂宝、王建华、金继军协助雕刻）

首届中国美食节

　　2000 年 11 月，国家国内贸易局和杭州市人民政府联合举办了首届中国美食节，这是中国餐饮文化的一次大检阅、大交流，充分展示了中国餐饮业迈向新世纪的崭新风貌。首届中国美食节组委会主任、国家国内贸易局消费司司长韩明等出席开幕式，杭州市副市长叶德范主持。在名菜名点大赛上，杭州 13 名选手组成的参赛队，于 11 月 12 日披挂上阵，和来自全国 25 个参赛队论技，最终 10 只菜肴获金牌※、2 只菜肴获银奖，名列金奖数榜首。事后才得知，名菜名点大赛和名师表演入场还需观摩门票，据说每张 50 元，4000 张门票在几分钟内即被抢购一空。

　　※首届中国美食节名菜名点大赛中杭州选手的十只金奖菜肴为：珍珠蟹粉鱼翅（徐步荣）、文丝豆腐（董顺翔）、西子风采（陆礼金）、奔马（王政宏）、情思（戴桂宝）、盼（吴顺初、陶海明）、蟹黄橄榄鱼（王欣）、牡丹虾球（杨吾明）、龙井问茶（赵杏云）、万象更新（宣杭敏）。

图为首届中国美食节在杭隆重开幕的新闻（摘自《饮食服务时报》2000 年 11 月 2 日）

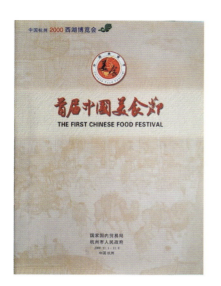

图为首届中国美食节活动册

在名菜名点大赛上
杭州烹饪大师夺得10金2银

本报讯 日前,刚刚被市政府授予首届杭州烹饪名师、大师称号的高手于11月2日披挂上阵,参加首届中国美食节名菜名点大赛,和来自25个城市各大菜系掌门大厨烹坛论技,参赛的12只菜点一举夺得10块金牌2块银牌,名列金牌榜首。

展台中间的六和塔,由之江饭店鼎力提供,它告诉人们,杭州是六朝古都,历史名城,有丰富的古迹名胜,是一座风景秀丽的旅游城市。

参赛菜点的组合更显示了大师们的独具匠心。之江饭店的珍珠蟹粉鱼翅,展现了作者的厚实功底和作品艳丽的造型;知味观文丝豆腐的精细刀工和清鲜淡雅的风格令人叹服,牡丹虾球和蟹黄橄榄鱼透出了浓浓的江南气息。冷菜和点心更是寓意深沉,大华饭店的西子风采,楼外楼和奎元馆的鹰和奔马,花港饭店的情思,寓示着杭州人为空中翱翔的老鹰、陆地奔腾的骏马在演奏着一曲奔向新世纪的交响曲。

(周世椿)

图为杭州烹饪大师夺得10金2银新闻(《饮食服务时报》2000年11月9日)

第二届中国美食节

2001年11月2日第二届中国美食节开幕,来自各个城市的268道精致美食在杭州五环喜乐城亮相,杭州市委书记王国平亲临现场和民众一起观摩。最终评出112道金牌菜点和17只金鼎大奖菜点。杭州参赛的35只菜点,有16只获金奖,杭州五环喜乐城的"八宝葫芦鸭"获金鼎大奖。在此次美食节上,在传统八大菜系基础上又评出新八大菜系※。

> ※新八大菜系:吉林的吉菜、陕西西安的秦菜、浙江杭州的杭菜、辽宁的辽菜、甘肃敦煌的敦煌菜、上海的沪菜、浙江宁波的宁波菜、山西的晋菜。

图为有关第二届中国美食节的新闻报道(摘自《杭州日报》2001年11月3日)

第三届中国美食节

2003 年 11 月 1 日第三届中国美食节开幕，连续三年的中国美食节在杭州举办，充分说明了杭州市政府高度重视餐饮业的发展，大力培育美食文化，提升杭州美食地位。

后来杭州政府部门协手协会连续举办"中国（杭州）美食节"，如 2004"中国（杭州）美食节"中的重头戏，"五丰冷食杯"首届长三角面点大赛，来自江浙沪的面点师呈献出众多面点精品，评出了团体金奖和个人金、银奖※。

> ※首届长三角面点大赛团体宴团体金奖 10 家（其中杭州 5 家）：杭州楼外楼实业有限公司、杭州太子楼酒家、杭州酒家、杭州花中城餐饮（连锁企业）有限公司、杭州万隆酒家。个人赛金奖 18 个（其中杭州 10 个）：浙江哨兵实业有限公司吴观子，杭州开元美食娱乐城蔡国庆，杭州名人名家大酒店胡华军，杭州知味观叶玉莺、蔡慧萍，浙江世贸中心大饭店王承跃，杭州红泥餐饮娱乐有限公司韩士民，杭州知味观韩琦，杭州梅苑宾馆张尤，浙江新世纪大酒店范音。银奖 18 个（其中杭州 12 个）：杭州知味观沈晓波，杭州余富楼餐饮管理公司张杰，杭州知味观俞静，浙江省工商后勤服务中心黄巧萍，杭州新三毛大酒店朱增广，杭州酒家张小勇，浙江世贸中心大饭店陈琳，杭州知味观叶蓓，浙江铁道大厦周孝东，杭州知味观马敏尔、曹敏，杭州华辰大酒店普建礼。

"食在杭州"烹饪技能大赛暨杭州市技术比武

2001 年 10 月 24 日—25 日，由杭州市旅游局、杭州市劳动局、杭州市总工会、杭州市财贸工会联合主办，"食在杭州"烹饪技能大赛暨杭州市技术比武在杭州天杭大酒店举行。经过两天的角逐，赛出团体前六名，杭州之江度假村夺得魁首，获团体总分第一名；获团体总分第二至六名的分别是黄龙饭店、星都宾馆、金马饭店、红泥餐饮娱乐有限公司、萧山国际大酒店。

图为有关"食在杭州"烹饪技能大赛新闻报道（《江南游报》2020 年 10 月 28 日）

图为"食在浙江"烹饪技能大赛颁奖大会在杭州星都宾馆举行（参加颁奖会的领导有浙江省劳动厅副厅长张同武、浙江省旅游局副局长张志仁和姚升厚、浙江省总工会邬金水、浙江省财贸工会主席章凤仙等领导，台上领奖选手为金晓阳、张勇、王剑云等

"食在浙江"烹饪技能大赛

2001 年 10 月 11 日—14 日，由浙江省旅游局、浙江省劳动和社会保障厅、浙江省财贸工会等联合主办的"食在浙江"烹饪技能大赛在杭州星都宾馆开幕。此次比赛规模大、人数多，200 多家饭店 1200 名选手踊跃报名，经选拔后的 153 名选手会聚赛场[①]。比赛分成团体赛（10 组）和个人单项赛（113 名），团体赛为宴会台面，个人单项赛中式为热菜、冷菜、点心、果蔬雕四项，西式为点心和热餐两项。每项选手均要参加占分 20% 的理论考试，个人单项总分前三名的选手授予"浙江省操作技术能手"证书。通过为期四天的赛事，在 32 名评委团的公正评判下，最终产生团体奖 6 个、个人奖 60 个，有 10 名选手获"浙江省星级饭店最佳烹调师"称号，有 20 名选手获得个人赛金牌[※]，其中杭州 9 名选手获 10 枚金牌。

[①] 杭州星都宾馆为主赛场，承担开幕式、团体赛、颁奖会。杭州中策职高为分赛场，承担个人单项赛。

图为浙江省旅游局局长纪根立（中）在局人事教育处处长阮裕仁（左一）的陪同下观摩比赛作品

图为"食在浙江"烹饪技能大赛颁奖大会在杭州星都宾馆举行（参加颁奖会的领导有浙江省劳动厅副厅长张同武、浙江省旅游局副局长张志仁和姚升厚、浙江省总工会邬金水、浙江省财贸工会主席章凤仙等领导，台上领奖选手为金晓阳、张勇、王剑云等）

※"食在浙江"烹饪技能大赛获奖情况

团体特等奖湖州浙北大酒店；团体一等奖杭州之江度假村、杭州梅苑宾馆；团体二等奖浙江金马饭店、湖州莫干山大酒店、杭州红泥餐饮娱乐有限公司。

获"浙江省星级饭店最佳烹调师"称号10人：阮国平（宁波）、董良超（宁波）、张勇（杭州）、祝黄庆（绍兴）、王剑云（杭州）、王怡（杭州）、雷平荣（湖州）、王清明（杭州）、章彪（杭州）、章筱（杭州）。

热菜金牌7人：雷平荣（湖州）、严杰（湖州）、李建强（杭州）、祝贺（嘉兴）、金伟凯（杭州）、徐明方（台州）、蒋志坚（湖州）。

冷菜金牌5人：金晓阳（杭州）、张勇（杭州）、董文兵（绍兴）、王坚（杭州）、王剑云（杭州）。

果蔬雕金牌3人：王剑云（杭州）、金晓阳（杭州）、宣叶松（绍兴）。

中式面点金牌3人：阮国平（宁波）、董良超（宁波）、祝黄庆（绍兴）。

西式烹饪金牌1人：徐迅（杭州）。

西式面点金牌1人：章筱（杭州）。

（获单项奖第一名颁发浙江省技术能手证书。）

"劲霸"杯首届杭州菜新人王大赛

2003年11月由杭州市贸易局、杭州商业资产经营（有限）公司、杭州市劳动和社会保障局、中国美食节组委会、杭菜研究会联合主办，杭州饮食旅店同业公会、杭州烹饪餐饮业协会、杭州市饭店行业协会等协办的"劲霸"杯首届杭州菜新人王大赛，以"巩固、研究、创新、发展"杭州菜为指导思想，旨在进一步弘扬杭州饮食文化，提升杭州菜品牌声誉，展示新一代年轻厨师的

※获"杭州菜新人王"荣誉称号的十名选手是：冷菜1名：陈炜（杭州新新饭店）；点心1名：袁菲（杭州知味观）；热菜8名：余克明（浙江世贸中心）、柳开安（杭州知味观）、杨国林（浙江新世纪大酒店）、裘加军（杭州东方大酒店）、吴立标（杭州赞成宾馆）、姚俊（余杭金辉大酒店）、程群（杭州新三毛大酒店）、黄有全（杭州花中城大酒店）。

风貌。96名选手通过初赛，25位选手入围总决赛，最终在11月2日进行的总决赛中，10名选手获得"杭州菜新人王"荣誉称号※。

图为"劲霸"杯首届杭州菜新人王大赛获奖证书

杭州百家食谱健康菜肴设计大赛

2012 年，为促进各餐饮企业菜品创新，丰富并提升杭州菜肴品种，满足广大消费者对健康美食的需求，推动杭州餐饮行业科学发展，进一步繁荣餐饮市场，打响杭州"中国休闲美食之都"的品牌，由杭州市贸易局主办，杭州市餐饮旅店行业协会、杭州杭菜研究会等承办的杭州百家食谱健康菜肴设计大赛举办。10 月 31 日，杭州市贸易局（杭州市粮食局）发文公布 107 道菜肴获得冷菜类奖项，64 道菜肴获得热菜类奖项（详细名单见二维码）。

杭州百家食谱健康菜肴设计大赛获奖名单

2003 年中国饭店协会会长韩明为"杭、港、台美食厨艺争霸赛"选手颁奖
（摘自《美味》总第 35 期）

杭州市旅游饭店迎G20峰会杭帮菜菜品及服务技能大赛

2016年，G20会议即将在杭召开之际，省市政府和相关部门非常重视，召集各部门落实接待相关事宜，杭州市委书记明确表示峰会餐饮将以杭帮菜为主，届时将为各国领导人准备精致可口的杭州本地特色菜肴。为迎接峰会，宣传杭州美食产品，提升杭州旅游饭店的国际化接待水平，由杭州市旅游委员会、杭州市人力资源和社会保障局、杭州市商务委员会、杭州市市场监督管理局、杭州市总工会、共青团杭州市委和都市快报联合主办"杭州市旅游饭店迎G20峰会杭帮菜菜品及服务技能大赛"。这次大赛有39家宾馆酒店、98个参赛团参加，分为杭帮菜烹饪大赛、宴席设计和服务规范技能大赛、西式（早餐）设计与制作大赛等项目，自2月份开始陆续举行。4月22日大赛成果展暨杭帮菜烹饪决赛在杭帮菜博物馆举行。大赛成果展为团体赛，参赛队需现场制作一桌由冷菜、热菜、点心组成的16道菜品，每一道菜品不仅要求食材新鲜，还要体现出"清淡适中、制作精致、节令时鲜、多元趋新"的杭帮菜特点。25名个人赛入围选手（其中冷菜9人、热菜16人），各制作规定菜一只、自选菜一只，热菜规定菜是茄汁菊花鱼、冷菜规定菜是杭州熏鱼，同时要在自选菜六小碟（三荤三素）中采用堆、叠、排、围、摆、覆六种手法，要求体现刀工，主副料配比合理，菜肴与器皿协调。最后决出个人赛前三甲和团体奖名次[※]。这次大赛既提升了各酒店的菜品和服务质量，又为各酒店打下了会议接待的坚实基础。届时以杭州美食为名片，向世界推介杭州，让杭州旅游饭店服务快速接轨国际水平，促进杭州旅游发展走上快车道。省委书记、省人大常委会主任夏宝龙，省委常委、市委书记赵一德，市长张鸿铭等参加，夏宝龙在闭幕会上致辞并与选手和评委合影。

> ※大赛成果展暨杭帮菜烹饪个人决赛结果：个人赛第一名韩永明（杭州萧山国际机场浙旅大酒店）、第二名王叶伟（杭州大华饭店）、第三名李明（浙江西子宾馆）。
>
> 浙江西子宾馆制作的"西湖盛宴"烹饪展台获杭帮菜烹饪大赛团体奖一等奖，西湖国宾馆设计的"西湖·中国园"宴会台面获宴席设计和技能规范大赛特等奖，杭州海外海皇冠大酒店制作的西式（早餐）展台获大赛特等奖。

图为省委书记夏宝龙（中）和市委书记赵一德（右一）在杭州市饮食服务集团总经理戴宁（左二）和顾问胡忠英（左一）的陪同下观摩杭帮菜菜品及服务技能大赛选手作品（照片由杭州市饮食服务集团提供）

图为杭州市旅游饭店迎G20峰会杭帮菜菜品及服务技能大赛决赛评委（左起董顺翔、张勇、王仁孝、叶杭胜、胡忠英、徐步荣、戴桂宝、沈军、王政宏）

浙江省职工烹饪职业技能大赛

浙江省职工烹饪职业技能大赛连续两年（2015年、2016年）在浙江旅游职业学院举办。其中，2016年12月27日—28日由浙江省人力资源和社会保障厅、浙江省旅游局主办的浙江省职工烹饪职业技能大赛中式烹调师为省级一类大赛，同时举行的中式面点师、西式烹调师、西式面点师三个职业（工种）比赛认定为省级二类大赛。所有参赛选手均为来自全省各地市从事相关专业的企业一线在职职工，经过层层选拔并经各地市人力社保局、省有关单位推荐进入此次大赛。一级比赛是省内级别最高的赛事，比赛以笔试和实际操作的形式分别进行，奖励丰厚，项目第一名的选手授予"浙江省首席技师"荣誉称号，颁发奖金8万元；第二至第五名的选手授予"浙江省技术能手"荣誉称号，第二名颁发奖金5万元，第三至第五名颁发奖金各2万元；前八名（35岁以下）授予"浙江省青年岗位能手"荣誉称号。这次比赛奖项少，但荣誉

> ※浙江省职工烹饪职业技能大赛（中式烹调师）：第一名韩永明（杭州萧山国际机场浙旅大酒店），第二名陈颖忠（西湖国宾馆），第三名谢光明（余姚市市级机关后勤服务公司），第四名章平（绍兴市咸亨酒店），第五名应晓彬（杭州萧山国际机场浙旅大酒店）。

高。最后在百余名选手中决出名次※，杭州选手韩永明夺得第一名，获"浙江省首席技师"荣誉称号。杭州选手陈颖忠、应晓彬分别获第二名和第五名，获"浙江省技术能手"荣誉称号。职业技能大赛为选手们专业技能水平的切磋和交流提供了平台，也为加快建设一支适应浙江经济转型升级的工匠队伍提供了契机，并进一步营造了"弘扬工匠精神、走技能成才之路"的良好氛围。

图为2016年浙江省职工烹饪职业技能大赛开幕式主席台，左起吴钧（浙江省人力资源和社会保障厅职业能力建设处副处长）、仇贻泓（浙江省人力资源和社会保障厅副厅长）、傅玮（浙江省旅游局党组副书记、副局长）、金炳雄（浙江旅游职业学院党委副书记、院长）

图为担任 2016 年浙江省职工烹饪职业技能大赛中式烹饪和中式面点项目部分评委（左起孙开雷、戴桂宝、李林生、戴永明、茅天尧、沈安钢、方勇、陈永清、李希平、金光武、范震宇、冯进、谢军、王爱明、朱成健、金苗、沈其荣、吴强、俞斌）

杭州市中式烹调师技能竞赛

2019 年 9 月 7 日，由杭州市商务局、杭州市人力资源和社会保障局、杭州市总工会、杭州市市场监督管理局等单位主办，杭州市旅贸工会、杭州市餐饮旅店行业协会、杭州杭菜研究会等单位承办的杭州市中式烹调师技能竞赛在浙江旅游职业学院举行。

图为 2019 年杭州市中式烹调师技能竞赛评委（左起张勇、王勇、方黎明、胡忠英、叶杭胜、戴桂宝、范震宇、金晓阳）

"舌尖上的杭州"厨神争霸赛（系列活动）

近几年浙江省各级政府非常重视杭州美食，从2019年起举办"舌尖上的杭州"厨神争霸赛系列活动①，已连续举办十三季。※通过每次活动，提升各企业和厨师的传承创新活力，又通过杭州电视台的新闻报道、新媒体推送、网络直播、短视频分发和餐饮消费券的发放，展示杭州名店、名厨、名菜和名食材，全方位传播杭州的美食文化。

如2019年，通过13个区县的选拔，历时三个月在各区（县）开展"舌尖上的杭州"厨神争霸赛第一季鱼头王争霸赛，总决赛于5月21日在杭州天元大厦举行，选出专业组的冠军和业余组的冠军，一道"养生鱼头"成为金牌千岛湖鱼头王。之后又举办第二季金牌老鸭煲争霸赛，最终集合了来自各区县市的54位专业厨神和民间高手，汇聚天元大厦，各展老鸭煲绝技，通过对决产生总冠军，一道"四喜火踵神仙鸭"成为金牌老鸭煲。

> ※第一季千岛湖鱼头王争霸赛，2019年5月总决赛中决出专业组冠军宋建仁，获"千岛湖鱼头王"称号，业余组冠军许能和；第二季金牌老鸭煲争霸赛，2019年12月总决赛中决出冠军曾加新、亚军姜鹬、季军郎国标；第三季"金牌鸡美味"争霸赛，2020年1月总决赛中决出冠军吴基；第四季"金牌江鲜美味"争霸赛，2020年9月总决赛中决出冠军赵小龙、亚军翟兵兵、季军聂长莹，民间组冠军陈小明；第五季"金牌羊肉美味"争霸赛，2020年11月总决赛中决出金奖凌洪根，银奖汪海瀛，铜奖周金旗、毛阳江，民间组冠军沈小琴；第六季于2022年1月通过直播，宣传杭州的名店、名厨和名菜，推介当地人文风情和美食资源，打造特殊形势下的全新美食赛事；第七季"金牌笋"美味争霸赛，2021年4月总决赛中决出金奖程平，银奖吕文群、汪海瀛；第八季"金牌虾兵蟹将"美味争霸赛，2021年11月总决赛中决出金奖徐国辉，银奖王杭波，铜奖卢泽楠、王晓龙；第九季举行"冬暖杭城 美味过年"主题行动（2022年1月）；第十季"金牌虾美味"争霸赛，2022年5月总决赛中决出金奖孙忠波，银奖张艳威、王自启，铜奖唐永红、吴家晖；第十一季"金牌宋韵美味东坡系列预制菜"争霸赛，2022年11月总决赛中决出金奖董铭华，银奖庞晓宇、应善军，铜奖孙腾、江武生；第十二季举行"冬暖杭城'预'见'味'来"美食天堂过大年活动（2023年1月）；第十三季"'余'你相约、'浙'里杭都"经典杭帮菜争霸赛，2023年3月总决赛中决出金奖方炳丁，银奖黄锦中、唐永红，铜奖王卫智、聂长莹、赵学枫。

① "舌尖上的杭州"厨神争霸赛系列活动由杭州市商务局、杭州各区的人民政府、杭州国际城市学研究中心、中国棋院杭州分院、杭州文化广播电视集团主办，杭州市文化广电旅游局、杭州市人力资源和社会保障局为支持单位，杭州电视台生活频道、杭帮菜研究院承办。

浙江省"百县千碗"豆腐、鱼头挑战赛

2023 年 1 月 7 日，浙江省"百县千碗"豆腐、鱼头挑战赛在浙江旅游职业学院火热开赛。活动由浙江省文化和旅游厅主办，浙江省餐饮行业协会、浙江旅游职业学院承办。来自浙江 11 个地市、56 家餐饮企业的选手从浙江各地带来独具特色的食材、佐料，现场烹饪制作获得"百县千碗"美食称号的 24 个豆腐菜品和 32 个鱼头菜品，用匠心厨艺激情点燃浙江"百县千碗"的人间烟火气。挑战赛采用"线上+线下""专家+大众"评选形式，比赛现场邀请专业评委，以及由媒体、美食达人组成的大众评委作为评选团，从味感、质感、观感、营养卫生与数量、文化故事五大板块，对参赛菜肴进行品尝、点评和评分。经过激烈角逐，评出浙江省"百县千碗"十佳豆腐、十佳鱼头※，杭州木郎鱼头、建德九姓鱼头、萧山境庐鱼头皇、杭州乾隆鱼头榜上有名。参加此次活动的主要嘉宾有浙江省文化和旅游厅党组书记陈广胜，浙江省文化和旅游厅副厅长、党组成员、一级巡视员许澎，浙江省餐饮行业协会会长沈坚、副会长戈掌根，以及浙江旅游职业学院领导等。

※浙江省"百县千碗"十佳豆腐：临海白水洋豆腐、桐乡菊香豆腐球、景宁豆腐娘、金华烂崧菜滚豆腐、缙云婆媳豆腐、诸暨西施豆腐、绍兴油炸臭豆腐、磐安玉山菜卤豆腐、常山球川豆腐、长兴川步国泰豆腐。

浙江省"百县千碗"十佳鱼头：杭州木郎鱼头、建德九姓鱼头、温州泽雅生态鱼头、萧山境庐鱼头皇、奉化亭下湖红烧鱼头、永康舜耕太平鱼、遂昌鱼头风炉、东阳横锦鱼头、定海红烧鲩鱼头、杭州乾隆鱼头。

"味美浙江"浙菜经典争霸赛、"味美浙江"城市地标美食评选

2023 年 4 月 8 日—9 日，由杭州市人民政府、浙江省商务厅、浙江省文化和旅游厅、浙江省市场监督管理局等单位联合举办，各设区市商务局和浙江省餐饮行业协会等单位承办，"味美浙江"浙菜经典争霸赛在杭州农发·城市厨房的大广场举行，来自浙江 11 个地市的参赛大厨们各显神通，用独特的本土风味征服评审味蕾。这次评委的组成与众不同，由专业评审团、特邀评审团和网络投票三者组成，权重分别为 60%、20% 和 20%，综合评分后产生浙菜经典五星金牌榜、浙菜经典四星金牌榜、传承奖、创新奖。杭州 957 运河家宴黄锦中制作的果香肚包鸡为五星金牌菜，杭州知味观刘永意制作的东坡肉、杭州名人名家王卫智制作的鲞味肉饼酿雪蟹为四星金牌菜。

4月20日在杭州国际博览中心举行"味美浙江"餐饮消费欢乐季启动仪式。同时发布了"味美浙江"城市地标美食榜单，全省128种地标美食上榜。杭州有18种美食榜上有名：主城区的葱包烩、定胜糕、龙井茶糕、猫耳朵、片儿川、虾爆鳝、知味小笼、南方迷宗大包，临平区的汇昌茶糕、汇昌粽，建德市的建德豆腐包、建德状元饼，桐庐县的巧口砂锅馄饨、桐庐新合索面，富阳区的龙门面筋，萧山区的萧山萝卜干，淳安县的千岛湖鱼头，临安区的斑竹寿星鸡。

各式烹饪比赛和美食活动，既弘扬了杭州传统饮食文化，又多方位、多角度地展现了杭州菜点的创新和发展，唱响了新时代杭州的魅力和活力，让越来越多的人认识杭帮菜、了解杭帮菜，记住最美的"杭州味道"。

3.职称考评改革试点

杭州市服务行业的技术职称于1978年起步[①]，根据商业部《关于在商业饮食服务部门选拔一批优秀的专门人才授予技术职称的通知》，浙江省商业厅经省财办批准授予杭州饮食服务公司思想好、水平高的10位老同志为一级以上的技术职称，其中厨师有3位（特级点心师陈锡林、特二级厨师丁楣轩、一级厨师童水林），这是首次授予的技术职称，在各行业引起强烈反响，推动了各行业职工学习业务知识和钻研技术的积极性。之后，浙江省商业厅连续开展业务技术考核工作，1980年杭州新会酒家王桂法被评为特二级厨师；1982年海丰西餐社陈阿达，杭州楼外楼餐馆许祥林、柴宝荣被评为特二级厨师；1983年杭州天香楼吴国良、陈善昌，杭州酒家陈阿毛晋升为特二级厨师；1984年杭州望湖宾馆杨定初晋升为特三级厨师。到1985年杭州才首次晋升陈阿达和许祥林为特一级厨师，同年还评出罗林枫、汤荣顺、张根星、陈惠荣、王安山（富阳县）五位为特三级厨师。通过几年的考核，商业系统涌现了一大批等级厨师，浙江省商业厅决定自1984年10月起，获一级技术职称的职工晋升工资一级，获特级以上的职工晋升工资两级。

直到1986年11月浙江省旅游局和浙江省机关事务管理局等单位才委托浙江省商业厅对其所属的宾馆饭店厨师的技术职称进行考核，具体由浙江省饮食服务公司实施办理，200余人经考试合格，由浙江省商业厅授予了三级至特三级烹调师、点

---

① 1978年前杭州没有开展过职称或等级评定，在1964年1月浙江省商业厅复函杭州市商业局，报经商业部同意，给技术精湛的专门技术人员，即杭州酒家的封月生、傅春桂和楼外楼的蒋水根三位老厨师特定的工资待遇93.5元，这也是后人崇拜的三位老前辈，传说他们是等级最高的杭州老厨师。

心师等技术职称①。

1987 年 6 月 20 日经国务院批准，劳动人事部发布了《关于实行技师聘任制的暂行规定》，对原先的等级制实行改革。1988 年 12 月，浙江省旅游局首次对在杭的旅游饭店厨师中符合条件的一级、二级厨师进行高级烹调师考核，对通过理论和实践考试的 60 位厨师颁发了"工人技术业务考核等级证书——高级烹调师"（证书由浙江省劳动人事厅制，浙江省旅游局盖钢印和红章，1989 年 1 月）。

图为 1987 年 2 月由浙江省商业厅颁发的二级证书

1989 年上半年，浙江省劳动人事厅和浙江省旅游局争取到全国第一批改革试点机会，即对在杭技术水平高、综合素质好、有影响力的厨师进行操作、理论和综合评定。首次评聘出杭州望湖宾馆的杨定初、金虎儿、陶杰、韩铎，浙江花港大

图为浙江省第一批技师合格证

酒店（当时西山片的花港饭店、花家山宾馆和浙江宾馆一度合并）的冯州斌、戴桂宝、王宪律、郑贵荣、王水木，杭州香格里拉饭店的高尔祥、周吉林、顾坚卫 12 名技师，并颁发技术合格证。

1989 年下半年，在 12 名技师的基础上又推荐评聘出中式烹饪：杨定初（杭州望湖宾馆）、金虎儿（杭州望湖宾馆）、冯州斌（浙江花港大酒店），西式烹饪：周吉林（杭州香格里拉饭店），中式面点：胡德瑜（杭州友好饭店）等 5 名高级技师。

1989 年 12 月 15 日，全国首批高级技师颁证大会在北京人民大会堂召开，全

---

① 当时考证都是通过选手的技能展示和临场发挥来反映其真实水平，尤为注重公平公正。值得一说的是，在 1978—1988 年杭州的考证机构由浙江省商业厅直管，当时负责考核部门工作的刘伟民严肃对待每场赛事，严格把控考场规则。据冯州斌等老一辈说，考试菜肴公布后，选手和选手之间在制作时，中间用板隔开，以防选手抄袭制作。我于 1986 年在米市巷招待所考二级证书时，不仅每场的原料不同、菜肴不同，而且待考的选手在封闭的会议室等待入场，入场前夕是不知道实操内容的。

国人大副委员长、中华全国总工会主席倪志福和劳动部部长阮崇武都作了讲话，充分肯定了这次高级技师评聘试点工作，浙江5名高级技师和来自全国各行业的高级技师※共211名参加了会议，并获劳动部印章的证书。当日在中南海又受到国务院总理李鹏的接见并合影留念，李鹏总理说：祖国的现代化建设要依靠工人阶级，改革开放治理工作也必须依靠工人阶级，企业发展不仅需要工人有高度的政治觉悟，还要有精湛的技术，技师制度的建立有助于工人向提高专业技术方向努力，高级技师是各行各业工人的带头人，他希望大家为社会主义建设做出新的贡献。

这五名高级技师回杭后，受到浙江省政府、杭州市政府和单位的各级奖金奖励和工资晋升，大大提高了厨师的地位，既使浙江的厨师评聘工作走在全国的前列，又给年轻厨师指明了目标和方向。

※1989年4月，劳动部会同电子工业部、航空航天工业部、轻工业部、国家旅游局、中国人民银行启动技师评聘工作。经过严格考核，各地评聘出高级技师211名，参加同年12月份北京的颁证大会。其中烹饪行业高级技师12名（上海3名、杭州5名、厦门1名、辽宁3名）。

图为全国第一批（1989年）高级技师合格证

从此厨师等级逐步转为五级制。将原八级制（特一级、特二级、特三级、一级、二级、三级、四级、五级），改成五级制（高级技师、技师、高级烹调师、中级烹调师、初级烹调师）。

1991年9月，商业部、劳动部联合组织全国商业系统举办全国高级技师评聘，也是劳动部第二次评聘，浙江选送杭州饮食服务公司陈善昌、王仁孝两位名厨赴北京参加，他们均获得全国第二批高级技师证书。

图为全国第二批（1991年）高级技师合格证

但因五级制在1989年刚启动，基础薄、体量小，后来陆续开展技师以下等级的鉴定和评审，高级技师评聘工作迟迟没组织。直到1999年5月，浙江省劳动厅和浙江省旅游局才再次组织全省范围的高级技师评审，在杭州皇冠大酒店对来自全省的考生，通过专业技能的现场呈现和评审团评审，在8月由浙江省劳动厅发文批复，向全省44位同志颁发了高级技师资格证。杭州市饮食服务公司等单位有胡忠英、胡正林、叶杭胜、吴伟国；浙江省机关事务管理局有陆礼金、徐步荣、袁建国；浙江省警卫局有张建雄；浙江省旅游局有戴桂宝、侯庆州、张祥雄、徐云锦、吴庆州、顾坚卫、王宪律；烹饪学校有伍大伟、李玉崴。

图为浙江省劳动厅
浙劳复［1999］58号文件

戴桂宝在考场制作"寿"，被《都市快报》记者抓拍报道（1999年5月20日）

烹饪大师"皇冠"论剑

昨天，来自全省各地的46名烹饪大师聚集杭州皇冠大酒店，参加由省旅游局、省劳动厅主办的烹饪高级技师作品演示比武。他们各自使出看家本领，冷盘热盘，精雕细琢，手法多样，让人眼界大开。瞧，这位厨师用墨鱼、火腿等原料做成了一个大大的"寿"字，献给建国50周年。

实习生 周涛 摄

在劳动部推行新等级制时，商业部的旧等级考试还在进行，社会上的厨师总认为特级厨师叫得响。所以劳动部门一度在紫红色高级技术等级证书中的工种（专业）栏上写特一级烹调师、特二级烹调师，这些就是 20 世纪 90 年代到 21 世纪初的产物。

过了若干年（大约 20 世纪初）证书又有了变化，仍由国家统一印制，封面根据等级分不同颜色，但在高级技师

图为第二批高级技师合格证
（国家劳动部统一印证、浙江省劳动厅发证）

后面加了括号，如高级技师（一级）、技师（二级）、高级烹调师（三级）、中级烹调师（四级）、初级烹调师（五级）等。证书都录入电脑，可上网查询。

2022 年 3 月，浙江省人力资源和社会保障厅根据《人力资源社会保障部关于改革完善技能人才评价制度的意见》（人社部发〔2019〕90 号）的要求，提出深化技能人才评价制度改革意见。在现有的学徒工、初级工、中级工、高级工、技师、高级技师的基础上，增设特级技师和首席技师，率先在制造业企业推行职业技能等级"新八级工"制度。相信不久后将普及现代服务业，中青年厨师有望晋升到特级技师、首席技师，享受副高、正高待遇。

4.名师工程紧随其后

杭州市政府、浙江省各厅局的领导注重名师培养，大力弘扬工匠精神，激励广大青年走技能成才之路，打造一支业务精湛、爱岗敬业、朝气蓬勃的技术队伍，领航技术人才的队伍发展。

评定大师名师

2000 年 3 月，国家国内贸易局率先授予全国 55 名"中国烹饪大师"称号※，杭州市人民政府紧随其后，在 2000 年首届中国美食节即将来临之际，委托杭州市烹饪协会牵头，首次进行了杭州烹饪大师、名师评选活动，邀请专家严格按照SB/T 10328—1999 行业标准对参评厨师进行评选。9 月在杭州之江饭店，来自杭州的候选人进行实际操作演示，根据作品和业绩，经专家委员会和评定小组评定，评出首批杭州烹饪大师 14 名和杭州烹饪名师 23 名※，由杭州市人民政府贸易办颁发证书和匾额，并出版了《极品杭州菜——杭州烹饪大师名师作品精选》。

※中国烹饪大师——2000年3月20日，经全国饮食服务业标准化技术委员会和全国各省、自治区、直辖市饮食服务行业主管部门初审推荐，依据国家国内贸易局颁布的《中国烹饪、摄影、美发美容名师大师评定条件》(SB/T 10328—1999)标准，全国评定首批中国烹饪大师55名、中国烹饪名师48名。获此荣誉的浙江厨师有胡忠英（杭州）、王仁孝（杭州）、陈效良（宁波）三人，大师荣誉证书由国家国内贸易局颁发。之后由中国烹饪协会和中国饭店协会开展认定工作。大家都以国内贸易部颁发证书的为第一批，依据国家国内贸易局标准，2001年和2002年由中国商业联合会和中国烹饪协会联合颁发第二批和第三批中国烹饪大师荣誉证书，杭州有陈善昌、杨定初、冯州斌、徐步荣、章乃华5人获此荣誉。2002年6月中国饭店协会也授予第二批中国烹饪大师称号，全国共评了67名中国烹饪大师，杭州有叶杭胜、王政宏、董顺翔、赵杏云、张建雄、戴桂宝、屠荣生、胡正林、吴顺初、方黎明、许关根，共11人获此荣誉。

图为国家国内贸易局首次颁发的中国烹饪大师证书（2000年3月30日）

图为杭州市37名烹饪高手被评为烹饪名师大师的新闻（《中国商报》2000年10月27日）

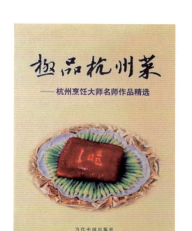

图为戴宁主编的《极品杭州菜——
杭州烹饪大师名师作品精选》

※首批杭州烹饪大师14名：徐步荣、董顺翔、王政宏、戴桂宝、胡正林、许关根、张建雄、陆礼金、边志平、叶杭胜、吴顺初、金虎儿、冯州斌、赵杏云。

杭州烹饪名师23名：王欣、杨吾明、刘杏英、严志坚、王丰、张亚鸣、王柏泉、汪德标、高斌、罗卫东、陈晓东、陶海明、方黎明、徐云锦、蒋金根、张建平、童国强、于关星、孟锦成、沈宝兴、宣杭敏、李新、张振玉。

　　2001年10月，为了进一步弘扬饮食文化，推动技术创新，拉动服务消费，实施品牌战略，提升烹饪水平，发展餐饮业，由浙江省经济贸易委员会主办，浙江省烹饪协会承办的浙江省首届烹饪大师、名师认定活动，共评出浙江烹饪大师33人（其中杭州13人）※、浙江烹饪名师50人（其中杭州11人）※。10月28日在杭州雷迪森酒店召开认定会，出席认定会的有浙江省副省长叶荣宝，原浙江省省委书记铁瑛，以及浙江省经贸厅、浙江省劳动厅、浙江省旅游局等领导，铁瑛和叶荣宝先后在认定会上讲话。

图为浙江省首届烹饪大师、名师认定公告（《浙江日报》2021年11月2日）

　　※浙江烹饪大师33人，其中杭州有胡忠英、王仁孝、陈善昌、杨定初、章乃华、徐步荣、冯州斌、戴桂宝、董顺翔、王政宏、吴顺初、何祥根、束沛如13人。

　　※浙江烹饪名师50人，其中杭州有陶海明、宣启明、沈宝兴、裴顺泉、蒋金根、王晓波、郑忠伟、胡大亮、黄世伟、陈国良、陈寅红11人。

2002 年 2 月，浙江省旅游局、中国财贸工会浙江省委员会和浙江省旅游协会联合评定浙江省旅游行业烹饪大师，授予杨定初等 21 人为浙江省旅游行业烹饪特级大师（其中杭州 14 人）※，授予金继军等 39 人为浙江省旅游行业烹饪高级大师（其中杭州 22 人）※，授予王坚等 49 人为浙江省旅游行业烹饪大师（其中杭州 11 人）※。浙江省旅游局局长纪根立非常重视，亲自督促出版由大师名师制作的菜肴的汇集——《食在浙江》，并为此书写序。

> ※浙江省旅游行业特级烹饪大师全省 21 人，其中杭州有杨定初、金虎儿、顾坚卫、冯州斌、戴桂宝、高尔强、王宪律、许关根、徐云锦、舒志良、侯庆州、陈永青、袁建国、张祥雄 14 人。
>
> ※浙江省旅游行业高级烹饪大师全省 39 人，其中杭州有金继军、钱指南、边平华、李玉崴、贾人卫、金晓阳、洪钧伟、伍大伟、王阿五、范震宇、郑忠伟、王斌、裘顺泉、杨利达、应小青、沈宏、李红卫、沈军、魏宁、施仁土、李柏华 21 人，以及当时在外地工作的黄祖鸿 1 人。
>
> ※浙江省旅游行业烹饪大师全省 49 人，其中杭州有王坚、华晓栋、唐一斌、曹云翔、来文龙、俞长虹、姜峰、王剑云、叶国民、吴国方 10 人，以及当时在外地工作的顾俊 1 人。

图为《关于授予杨定初等"浙江省旅游行业烹饪大师"称号的决定》

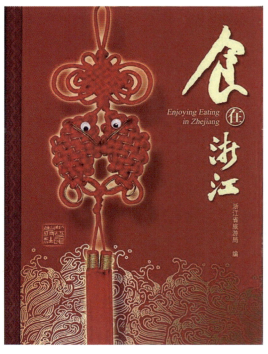

图为浙江省旅游局编，戴桂宝、祝亚主编的《食在浙江》（浙江人民出版社，2003 年 11 月）

2003 年，杭州市贸易局和杭州烹饪协会公布第二批杭州烹饪大师名单※，2005年又公布第三批杭州烹饪大师名单※。

> ※第二批杭州烹饪大师 39 名：蒋金根、江放、沈军、宣启明、陶海明、沈宝兴、邵鑫法、陈晓东、王华祥、沈志龙、何创伟、盛林、王晓军、王志刚、裘顺泉、潘光辉、钱鹏、沈琦琛、黄红武、郦初良、徐龙发、吴东良、吴立标、朱国萍、陈国良、周文涌、许莲英、沈晨、裘永林、沈耀鸣、王丰、朱健儿、赵敏华、张剑文、陈善昌、杨定初、方黎明、胡朝生、陈子平。

> ※第三批杭州烹饪大师 39 名：辛祥荣、夏建祥、何其乐、冯正文、董伟龙、胡云丰、陈炜、方正、郭庆、姜继孝、陈永青、余克明、汪国群、张锦朗、冯威、李军、沈绍楠、相良、项家贵、王国祥、施信华、祁云、陈明、胡红卫、陈建俊、夏柏红、陈永平、俞斌、黄世伟、邵文豹、金盛杰、应彪、张晓光、吴雷猛、丁松寿、周剑波、俞惠、沈小玲、陈源。

以上几次都是在政府部门的主导下组织评选，并由政府部门颁发证书，充分说明了各级政府对餐饮行业的重视和对厨师的关怀，在一定程度上为广大的厨师树立了标杆，培养了厨师积极向上的工作态度，提升了厨师敬业爱岗、刻苦专研的正能量。后来因多种原因，大师评定工作暂缓①，但各级部门的大师工作室建设项目不在此列，仍在有序评选建设。

2021 年政府启动"六名工程"，由杭州市商务局、杭州市市场监督管理局组织，连续三年评出杭帮菜大师、杭帮菜名厨※。

> ※2021 年"名厨"30 人：
> 杭帮菜大师 10 人：屠荣生、伊建敏、方卓子、孙叶江、余小建、叶维加、李畅、王剑云、谢波、陈利江。
> 杭帮菜名厨 20 人：韩琦、余世志、严小华、周国民、张永、宋建仁、盛钟飞、陈何胜、陆建红、张佳、黄刚臣、叶玉莺、孙坚定、吴文财、王建荣、项荣军、章彪、曹敏、吴景平、汤永味。

---

① 后来全国各地在评定大师时，逐渐放宽评定标准，大师人数越评越多，导致各级大师泛滥，还有的甚至在大师基础上，再冠以注册、资深等。2016 年 12 月，民政部对中国陶瓷工业等三家协会作出警告的行政处罚，叫停"大师"等评定，仅保留"中国工艺美术大师"和"全国工程勘察设计大师"两项。

※2022 年"名厨"35 人：

杭帮菜大师 5 人：张勇、朱启金、宋建仁、陆建红、吴俊霖。

杭帮菜名师 30 人：尉晓俊、赵建林、缪其中、戚兴良、辛杭军、郑红峰、谢濠荣、王长伟、桂海敏、王文伟、李娜、徐月光、周炎辉、叶蓓、盛耀鸣、翁建康、杨剑铭、孙丁礼、何杰、芦新刚、洪烈、降永文、应善军、李寿林、孔益荣、董文军、金忠敏、葛东风、俞国军、吴佳伟。

※2023 年"名厨"42 人：

杭帮菜大师 12 人：王拥军、王剑云、叶杭胜、朱启金、伊建敏、刘国铭、孙叶江、余小建、沈军、宋建仁、张勇、董顺翔。

杭帮菜名师 30 人：王建荣、方文龙、方卓子、方高明、厉军、叶维加、刘海波、汤永味、孙坚定、吴文财、吴立标、余世志、张永、陆建红、陈永青、陈浏锋、周国民、郑红峰、赵再江、赵建林、胡传刚、施乾方、夏建强、高征钢、黄雪林、戚兴良、盛钟飞、韩琦、裘加军、廖德忠。

2023 年对往年已入围"六名"工程名录的单位（个人）可二次申报。此次被评定为杭帮菜"名店""名街""名礼""名厨""名服务师""名菜"的，分别给予最高不超过 30 万元、50 万元、10 万元、5 万元、2 万元、3 万元的一次性奖励。

选树技能人才

为进一步加强高技能人才培养，激发技术工人的荣誉感和自豪感，弘扬技能伟大、劳动光荣的良好社会风尚，2011 年浙江省人力资源和社会保障厅和浙江省财政厅等部门开始组织评选"浙江省首席技师"，至今已评选 5 次[①]，其中杭州名厨中获此荣誉的有戴桂宝、谢军和韩永明。

---

① 获"浙江省首席技师"荣誉称号，由浙江省人力资源和社会保障厅开始组织评选，由省财政厅直接奖励 5 万元人民币。其中厨师获此荣誉的有：第一批（2011 年 50 名）有潘晓林（温州）、戴永明（宁波）2 名，第二批（2013 年 50 名）有戴桂宝（杭州）、钱勇（宁波）2 名，第三批（2015 年 49 名）有茅天尧（绍兴）、叶仲辉（温州）2 名，第四批（2019 年 45 名）有刘根华（金华）、谢军（杭州）、杨晓蝶（宁波）3 名，加上比赛获奖晋升的韩永明（杭州）1 名。

图为浙江省首席技师荣誉证书（第二批戴桂宝、第四批谢军）

※杭州市技能大师工作室建设项目，自2012年开始每年评定，由财政局发放5万元/个项目建设资金，建设期为三年，其中烹饪类相关项目（包括重新认定）有33个：

第一批（2012年）共认定15个，中式烹调胡忠英。

第二批（2013年）共认定15个，无烹调项目。

第三批（2014年）共认定10个，无烹调项目。

第四批（2015年）共认定10个，中式烹调伊建敏、叶杭胜。第五批（2016年）共认定10个，中式烹调孙叶江、中式糕点李法根。

第六批（2017年）共认定35个，中式烹调董顺翔、王益春。

第七批（2018年）共认定35个，中式烹调韩政、吴立标。

第八批（2019年）新认定25个，中式烹调陈利江、高征钢、张家建，中式面点韩琦；重新认定8个，中式烹调伊建敏。

第九批（2020年）新认定25个，中式烹调王剑云、吴俊、戚雄文、陈永青、汪海瀛，糕点面包烘焙冯纬，西式面点易际光；重新认定29个，中式烹调孙叶江，中式糕点李法根。

第十批（2021年）新认定25个，中式烹调陈何胜、宋建仁、王拥军，点心制作王光潮；重新认定33个，中式烹调董顺翔、王益春。

第十一批（2022年）新认定25个，中式烹调刘国铭、王正峰、姚彩祥、罗卫东；重新认定30个，中式烹调吴立标。

2013年开始评选杭州市首席技师，每两年一次，每次20名。其中中式烹调师相关工种共有10名，2013年第一届有杭州饮食服务公司夏建强、浙江赞成宾馆叶杭胜、桐庐七里人家餐饮公司郦初良3名；2015年第二届有杭州伊家鲜餐饮公司伊建敏1名；2017年第三届有杭州饮食服务集团王政宏1名；2019年第四届有杭州望食文化创意有限公司易际光（西式面点师）、杭州市食品酿造公司冯纬（糕点、面包烘焙工）2名；2021年第五届有杭州铂丽大饭店有限公司王剑云1名；2023年第六届有杭州跨湖楼餐饮有限公司孙叶江、杭州吉匠食品科技有限公司张陈贵（西式面点师）2名。

浙江省人力资源和社会保障厅、浙江省财政厅联合发文《关于建立浙江省技能大师工作室的通知》（浙人社发〔2011〕206号），要求在全省建立浙江省技能大师工作室，通过浙江省技能大师工作室，创新企业高技能人才研修平台，进一步发挥高技能人才在技术攻关、技术创新、技术交流、传授技艺和实现绝技绝活代际传承的积极作用，增强企业创新能力和核心竞争力，推动我省现代产业体系建设和企业转型升级。自2012年开始，浙江省人力资源和社会保障厅和杭州市人力资源和社会保障局，每年组织专家对申请的技能大师工作室进行评审，至2022年获浙江省技能大师工作室建设项目的杭州厨师有8个[※]；获杭州市技能大师工作室建设项目的杭州厨师新建28个，重建6个。

> [※] 浙江省技能大师工作室建设项目自2012年开始每年评定，由财政厅发放10万元/个项目建设资金，建设期为三年。其中烹饪类相关项目有：胡忠英（2013年）、谢军（2014年）、沈军（2018年）、金晓阳（2018年）、屠杭平（2020年）、孙叶江（2021年）、朱启金（2021年）、方星（2021年）。

在全国倡导和弘扬工匠精神社会风尚下，杭州市政府引导全市广大职工以"工匠"为榜样，钻研技术，精益求精，追求极致，爱岗敬业。2017年，杭州市政府办公厅组织开展首届"杭州工匠"认定工作。经推荐选拔和公示，并报杭州市政府同意，30名同志被认定为首届"杭州工匠"，20名同志获得"杭州工匠"提名奖。之后每年认定一次，至今已产生七批"杭州工匠"[※]。

浙江省总工会也从2017年开始选树"浙江工匠"活动，2017—2019年连续三年每年100人获"浙江工匠"称号[※]。2021年2月10日，中共浙江省委办公厅、浙江省人民政府办公厅印发《关于实施新时代浙江工匠培育工程的意见》的通知。2021年4月1日，中共浙江省委人才工作领导小组办公室、浙江省人力资源和社会保障厅、浙江省财政厅、浙江省总工会、共青团浙江省委员会印发关于

※2017年第一届"杭州工匠"30名，厨师王政宏（杭州饮食服务集团有限公司）入选；"杭州工匠"提名奖20名，厨师方卓子（杭州酒家）入选。2018年第二届"杭州工匠"30名，厨师董顺翔（杭州知味观味庄餐饮有限公司）入选；"杭州工匠"提名奖9名，厨师张勇（杭州大华饭店）入选。2019年第三届"杭州工匠"30名，厨师章金顺（杭州跨湖楼餐饮有限公司）入选。2020年第四届"杭州工匠"30名，无厨师入选。2021年第五届"杭州工匠"30名，厨师王剑云（杭州雷迪森铂丽大饭店）入选。2022年第六届"杭州工匠"30名，厨师陈何胜（杭州知味观味庄餐饮有限公司）、汪玉建（杭州菜噢食品有限公司）入选。2023年第七届"杭州工匠"60名，厨师陈永青（杭州饮食服务集团有限公司）、郑云海（杭州悦羽餐饮管理服务有限公司）入选；"杭州工匠"提名奖10名，厨师有戚兴良（杭州开元森泊酒店有限公司）入选。

图为"杭州工匠"证书（第一届王政宏、第二届董顺翔、第三届章金顺、第五届王剑云）

《新时代浙江工匠遴选管理办法》的通知，明确了面向高技能人才设立的培养支持项目，从高到低分为浙江大工匠、浙江杰出工匠、浙江工匠、浙江青年工匠4个层次的项目。2021年新的一批"浙江工匠"活动由浙江省人力资源和社会保障厅、浙江省财政厅、浙江总工会和共青团浙江省委员会联合开展遴选活动，4月公布了2021年"浙江工匠"培养项目人员600名※，"浙江青年工匠"1950名；2022年又公布了"浙江工匠"培养项目人员600人※，"浙江青年工匠"961人；2023年将"浙江青年工匠"项目整合纳入"浙江工匠"项目，计划遴选"浙江工匠"600人左右，其中40周岁及以下入选者不少于50%。

> ※浙江省总工会主办的2017年"浙江工匠"评选，共评出100人，无杭州厨师入选。2018年"浙江工匠"100人，杭州厨师屠杭平（杭州萧山国际机场蝶来大酒店）入选。2019年"浙江工匠"100人，杭州厨师董顺翔（杭州知味观味庄餐饮有限公司）入选。
>
> ※浙江省人力资源和社会保障厅和浙江省总工会联合发文，公布2021年"浙江工匠"培养项目600人入选，其中杭州厨师（包括烹调师、点心师、烹饪教师）有董顺翔、王政宏、章金顺、朱江南、王剑云、裘永林、叶玉莺、高宜铣、张忠渭、方星、张军、谢军、张守双、金晓阳、张勇、沈军、项荣军17名。
>
> ※浙江省人力资源和社会保障厅和浙江省总工会联合发文，公布2022年"浙江工匠"培养项目600人入选，其中杭州厨师（包括烹调师、点心师、烹饪教师）有陈利江、孙叶江、汪玉建、王益春、宋建仁、周国民、朱启金、陈建俊、赵刚9名。

树立名厨典范

各级政府和单位不仅仅在评比选拔上对烹饪行业有所倾斜，在名厨的典范上也有所推崇和弘扬。比如，前辈封月生1974年从公司退休，1979年杭州市饮食服务公司成立顾问组以来，他一直担任技术顾问、技术顾问组饮食组组长，尽心培训厨师、编写菜谱、坐镇赛事。为了表彰封月生等从厨60年，在1992年10月5日老人节之际，浙江省商业厅、杭州市饮食服务公司为封月生、陈锡林、傅春桂、姜松龄（服务）、许锡林（服务）五位80岁高龄的师傅举行庆功祝寿大会，为他们颁发"一代名师"铜质铭牌，并印制《一代名师》业绩册，号召同行学习老前辈的崇高思想、敬业精神和高超的专业技艺。

图为笔者在祝宝钧老师家翻到《一代名师》业绩册，如获至宝（照片由姚筱宏拍摄）

图为杭州市饮食服务公司印制的《一代名师》业绩册和庆功祝寿大会现场录像光碟（由祝宝钧收藏并提供）

  2017 年正好是名厨胡忠英 70 岁，也是他从厨 50 周年，他被杭州市商务委评为杭帮菜领军人物。12 月 6 日他生日那天，杭州市饮食服务集团在中国杭帮菜博物馆隆重举办了"胡忠英大师厨师生涯 50 年感恩会"，浙江省委原书记、全国人大环境与资源保护委员会副主任夏宝龙发来贺信，杭州市人大常委会副主任张建庭致辞，中国饭店协会会长韩明讲话。会上，杭州饮食服务集团总经理戴宁在欢迎致词中说：胡大师作为杭帮菜的一代宗师，作为厨师职业的中国工匠，值得我们敬仰、宣传和学习的，就是他的那颗心，一颗对党和人民事业的忠心，一颗诚信待客、认真做菜的良心，一颗对烹饪技艺追求卓越的恒心，一颗宁静致远、胸怀博大的爱心。希望我们的厨师们，要拥有这样的心，要锤炼这样的心，承工匠精神，创烹饪事业，在新的时代做出新的贡献！

图为在"胡忠英大师厨师生涯 50 年感恩会"上，胡大师夫妇和前来参会的领导、
嘉宾及徒弟们的合影（胡忠英提供）

　　无独有偶，同年 12 月 21 日正是浙江旅游职业学院教师戴桂宝 60 周岁生日，在此退休之日，学院举行了隆重的薪火传承活动。学院领导王昆欣、金炳雄、陈宝珠、王忠林、陆文、王方莅临祝贺。活动上，党委书记王昆欣与戴桂宝一起为"戴桂宝大师厨艺传承工作室"揭牌，院长金炳雄为戴桂宝颁发了名誉教授聘书。7 位烹饪系年轻教师从戴桂宝手中点燃了传承之火，年轻教师们又为 14 位烹饪系优秀学子点燃薪火，预示着薪火传承，绵延不绝。

图为浙江旅游职业学院党委书记王昆欣为戴桂宝大师厨艺传承工作室揭牌（由金晓阳提供）

浙江旅游职业学院党委书记王昆欣在致辞中表示：戴桂宝是我院的优秀教师，在校工作的十几年间，创造了多项学院第一，第一位获得省级表彰的教师，第一位获全国黄炎培职业教育奖的教师，也是我院第一位烹饪大师。十七年前，戴桂宝放弃酒店的高薪职位来到我院烹饪系工作，带着其他教师潜心培养学生，以德为重，以技为长，以工匠精神传承烹饪技艺，为烹饪系的发展做出了极大的贡献。王昆欣希望戴桂宝在新起点上，把精湛的厨艺、高尚的厨德、精深的专业技能一代代传承下去，让薪火相传，源远流长。

图为浙江旅游职业学院三代传承人手捧薪火大合影
（前排左起吴忠春、华蕾、程礼安、戴桂宝、戴国伟、王玉宝、吴强、金继军）

图为浙江旅游职业学院党委书记王昆欣、院长金炳雄、党委副书记陈宝珠、副院长王忠林、陆文、王方和戴桂宝以及参加薪火传承活动师生的合影（由金晓阳提供）

（二）行业部门积极作为

在浙江省烹饪协会、杭州市烹饪协会、杭州市饮食旅店业同业公会、杭菜研究会和浙江省职业技能鉴定中心，有一批投身于烹饪事业的热心人士，以及各协会会长、秘书长，鉴定中心主任等，积极为行业服务，为行业在岗人员服务，为推动行业的发展不辞辛劳默默奉献，在此不能长篇论述，仅举几个早期的事例。

1.制定冷菜标准

杭州市烹饪协会1985年9月成立，1986年组织了"杭州第一届烹饪优胜杯大赛"，1992年组织了"杭州第二届烹饪大赛暨世界大赛选拔赛"。特别值得一提的是，1989年3月初，杭州市烹饪协会与杭州市饮食服务公司技术组一起，邀请在杭的企事业酒店的专家，研究制定冷菜制作标准，便于今后在教学指导和考核鉴评中能有一个规范的统一标准，对常用的总盆、围碟的制作手法进行总结归纳，并作多次讨论修改，三个月后《冷盘、围碟拼摆基础规范标准》修改定稿，使冷菜小碟的六种手法、基础双拼、高三拼、荷花总盘、什锦总盘有了拼摆要求和标准尺寸，史无前例地在全国开创了冷菜制作标准化。参与这次任务的有协会秘书长孙茂隆、副秘书长吕继棠，专家封月生、陈锡林、陈善昌、杨定初、陆礼金、冯州斌、胡忠英、陆魁德等全程制作，戴桂宝、董顺翔、吴志平、蒋反帝等协助制作，祝宝钧负责资料收集和文字整理，江放负责拍摄。杭州菜肴标准化进程走在了全国的前列，后来全国考核鉴定用的"堆、叠、

图为《冷盘、围碟拼摆基础规范标准》
（杭烹字［1989］第12号）
（文件中参与人员有遗漏）

图为专家对"冷菜标准"进行研究讨论，
左起陈锡林、孙茂隆、胡忠英
（照片来自杭州烹饪协会分发给参与人员的影集）

排、围、覆（扣）、摆"六种手法就来自这一标准，可惜当时仅以文件形式印发，没有正式出版。

图为 1990 年 2 月 26 日杭州市烹饪协会先进工作者表彰大会合影
（前排左起丁灶土、傅培根、陶杰、张延龄、封月生、孙茂隆、陈善昌、胡德瑜、吕继棠、冯州斌、陆礼金）

2.制作影片视频

  1982 年，杭州市饮食服务公司和浙江电影制片厂联合拍摄的电影纪录片《杭州名菜》，着重介绍杭州传统名菜和创新菜，如"西湖醋鱼""东坡肉""金玉满堂"等。1986 年由浙江省饮食服务公司和北京影像公司联合录制《华夏菜系——江南无处不飘香》系列电视片，融风光、名菜、名店、名厨为一体，重点反映"浙江菜系"的杭州、绍兴、宁波、温州，以及嘉兴、湖州等地的特色点心。

  1988 年 4 月，浙江省劳动服务公司和浙江省电化教育馆录制《菜点烹调技艺》，请浙江名厨制作传统名菜名点，杭州有封月生、蒋水根、陈阿毛、陈善昌、许祥

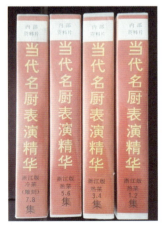

图为宁波广播电视制片公司制作的《当代名厨表演精华》（浙江）录像片（1993 年 8 月）

林、束沛如、胡忠英、陆魁德、丁灶土、莫金生等参与拍摄。1989年8月，杭州市饮食服务公司和深圳（沙头角）广播电视公司联合摄制《美食天堂》，以故事形式反映了杭州美食的博大精深。1993年8月，由热衷于烹饪事业的制片人俞斌（宁波）协同浙江省烹饪协会和宁波广播电视制片公司，组织拍摄《当代名厨表演精华》（浙江）录像片8集，杭州有陈善昌、杨定初、冯州斌、胡忠英、戴桂宝、屠荣生、夏春江参与拍摄，精心制作了一批富有创新性的新颖花式拼盘和杭州菜肴，该录像片被全国许多烹饪职业院校用作教学片，为弘扬浙菜（杭州菜）文化和推动烹饪教育发展方面贡献卓越。

1991年，杭州电视台和杭州市饮食服务公司拍摄录制《点心跟我做》，由丁灶土、王仁孝、赵杏云、刘建云参与制作杭州名点小吃，为面点从业者和爱好者提供服务。2000年，浙江省旅游局联合中央电视台和云南电视台拍摄《食在浙江》，介绍了杭州楼外楼、知味观、胡庆余堂药膳馆等，进一步扩大了杭州的美食知名度。另外，2013年5月，中央电视台播出的《食在八方5——浙菜》等，为弘扬传承杭州菜文化起到了一定的作用。

3.规范鉴定培训

1994年，浙江省职业技能鉴定中心[①]和杭州市职业技能鉴定中心先后成立，1994年12月和1998年4月浙江省职业技能鉴定中心先后举办"中式烹调师职业技能鉴定考评员资格培训班"，分别对来自全省的156位和111位高等级厨师进行培训，培养了一大批考评员、高级考评员，提高了考评队伍的综合素质。根据浙江省劳动厅《关于印发〈浙江省职业技能鉴定实施办法〉的通知》（浙劳培〔1994〕215号），对杭州市及全省范围内的厨师进行职业技能鉴定。自1994年开

图为浙江省职业技能鉴定中心组织编写的《中式烹调师（初级、中级、高级）鉴定考试指南》（由罗林枫、李玉崴、杨定初、章乃华、胡忠英、王仁孝、戴桂宝、陈明之编写，罗林枫、李玉崴主编，陈善昌、金虎儿、徐步荣审稿）

① 浙江省职业技能鉴定中心成立于1994年，隶属于浙江省劳动和社会保障厅，负责组织协调全省职业技能鉴定工作，参与职业技能鉴定相关政策规定的制定工作，负责职业技能鉴定国家题库浙江省分库的运行管理，编制国家题库以外的全省统一题库，负责培训考核考评员，组织开展职业技能鉴定等工作。前三任负责人由陈小克主任、鲍国荣主任、辛忠权副主任等担任。后更名为浙江省技能人才评价管理服务中心，对全省技能人才评价管理服务机构的业务进行指导，承担全省技能人才评价质量督导的辅助工作，以及全省专项职业能力考核规范备案辅助工作，主任由陈国送、刘长春先后担任。

始，浙江省职业技能鉴定中心就开始组织知名厨师及相关人员，编写考试指南和试题库，后来又在国家职业资格培训教程的基础上编写了一批浙江省职业技能鉴定考试指南和鉴定教材，通过职业技能鉴定考前培训，提高了专业厨师队伍的理论水平和综合技术能力。

图为由浙江省劳动和社会保障厅、浙江省职业技能鉴定中心组织编写的《中式烹调师（技师、高级技师）培训鉴定教材》《中式烹调师（初、中级）鉴定考试指南》《中式烹调师（高级/三级）鉴定考试指南》（范震宇主编）

4.创办报纸杂志

1985 年，杭州市烹饪协会创办会刊《杭州烹饪》；1994 年，杭州市饮食服务公司创办《饮食服务时报》；1999 年 4 月，浙菜研究会①创办期刊《浙菜研究通讯》；2000 年，浙菜研究会和民间人士朱聃合作创办期刊《美味》（主编朱聃）；2008 年，杭州市餐饮旅店行业协会创办期刊《天堂美食》（主编方正英/尹丽华）；2012 年 8 月，浙江省餐饮行业协会创办期刊《浙江餐饮》（主编何也可）；2014 年 9 月，中国杭帮菜博物馆创办期刊《杭州美食》（主编应雪林/赵敏）。这些刊物为浙江杭州等地区的厨师提供了一个文化交流和学习的平台。

---

① 1999 年 3 月，浙菜研究会成立，名誉会长：铁瑛（原浙江省省委书记），会长：王锡琪。

图为《杭州烹饪》（1986 年创刊）

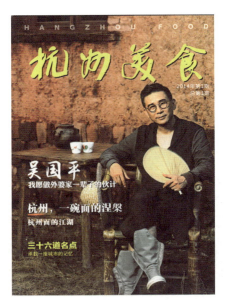

图为《杭州美食》期刊（2014 年创刊）

图为《浙菜研究通讯》（1999 年 4 月创刊）

图为《美味》期刊（双刊号，2000 年创刊）

当然还有众多企业创办的报刊，如开元酒店集团的《开元旅业报》、跨湖楼的《跨湖楼餐饮名厨专委会季度刊》、张生记酒店的《张生记》、红泥餐饮的《红泥报》、阳光大酒店的《阳光》等，都是一份份记录时事、推广美食、交流学习的好资料。

5.组建研究机构

2000 年，中国饭店协会"中国菜创新研究院"成立大会在杭州召开，院部设在杭州，由胡忠英任院长、王仁孝任秘书长，聘任了 47 位研究员，来自全国各省（区、市）名厨两百余位学员，定期举行活动，扩大了交流合作，为杭州菜乃至全国菜肴的技术创新起到了一定的推动作用。

图为中国饭店协会会长韩明（右一）和中国某创新研究院院长胡忠英（左二）为"中国菜创新研究院"揭牌
（照片由祝宝钧拍摄）

　　2001 年 11 月 1 日，在第二届中国美食节开幕式上，浙江省委常委、杭州市委
书记王国平为"杭菜研究会"揭牌。2002 年 3 月 22 日，在杭州仁和饭店召开杭菜
研究会成立大会，王国平担任名誉会长，吴德隆担任会长，胡忠英担任常务副会
长，陈静忠担任秘书长。随后邀请专家学者进行杭菜理论研究，成立理论研究中
心，举办培训班，出刊《杭州菜通讯》，刊登相关杭菜理论研究文章，介绍杭菜发
展和创新动态。

　　2001 年 3 月 22 日—29 日，浙江省烹饪协
会承办了中国烹饪协会和中国烹饪交流中心主
办的杭州名菜示范研修班，来自北京、天津、
重庆、吉林等 11 个省（区、市）的 40 名学员
来杭参加学习，杭州的陈善昌、杨定初、冯州
斌、胡忠英、王仁孝、戴桂宝、董顺翔、章乃
华八位名厨为研修班学员授课，讲述杭州菜的
历史与发展、理论与实践，展示杭州菜底蕴。
2002 年，浙江省烹饪协会汇编完成《浙江烹饪
文集》。

图为杭州市委书记王国平为"杭菜研究会"
揭牌（摘自《美食》2002 年总第 15 期）

杭帮菜峰会在杭举行

本报讯（记者梁庆华 通讯员卢荫衔）"论剑要在华山，论菜必到西湖"，近日杭帮菜成功研讨会在浙江杭州举行。

杭州市贸易局局长吴德隆、杭州餐饮服务有限公司总经理戴宁、杭菜研究会副会长胡忠英、浙江省旅游学院酒店管理学院戴桂宝院长以及杭州知味观、杭州酒家、红泥、张生记、新新饭店等餐馆的经营者在会上发言。与会代表还参观了天香楼、知味观味庄杨公堤湖畔酒家、张生记大酒店。

他们的主要论点是杭帮菜是成功的，目前正在向多元化、多层次、现代化方向发展，现状和前景都是光明的，是值得研究的经济现象。对杭帮菜的研究要跳出单纯研究菜肴的小圈子，要从市场经济、经营理念、人才培养、社会文化、打造城市名品诸方面着手。进一步促进杭州餐饮经济的全面繁荣。

研讨会由《中国烹饪》杂志社、中国食文化研究会、杭州烹饪协会、杭菜研究会等单位联合举办。

图为杭帮菜峰会在杭举行报道（《中国食品报》2005年2月26日）
（纠正"戴桂宝院长"应为"常务副院长戴桂宝"）

2004年11月，杭州市烹饪协会主办首届烹饪大（名）师联谊沙龙活动，以杭州菜发展为中心话题。2005年2月，杭州市烹饪协会和杭菜研究会联合《中国烹饪》杂志社、中国食文化研究会共同举办杭菜成功研讨会。2007年3月，杭州烹饪餐饮业协会组织编写的一部记录杭州地区餐饮业界优秀厨艺工作者成长经历的典籍《杭州厨师名录》问世。

6.组织新颖赛事

2006年，由中华全国工商业联合会等主办，杭州市人民政府等承办的杭州世界休闲博览会召开之际，4月21日—23日杭菜研究会、杭州餐饮行业协会、《中国烹饪》杂志社联合主办"食神争霸赛"，并将其作为博览会的亮点内容之一。通过三天的比拼，层层筛选，最后产生极品菜和创意菜，杭州知味观林巍获得食神大奖。

图为"食神争霸赛"评委对作品进行评判（左起潘丽、戴桂宝、叶杭胜、陈静忠）

2006年，首届国际休闲博览会在杭州举行，因此杭帮菜在国内外的声誉也随之日益高涨，为了展示杭帮菜发展的新成就，提升杭帮菜的地位，由杭州饮食旅店业同业公会和杭州日报《城市周刊》联合举办"杭帮菜108将武林大会"。这次武林大会，全市新老杭帮主流菜馆及普通的烹饪爱好者，共送来500多道海选菜，从中选出了205道菜品，在《杭州日报·城市周刊》上刊登评选，经过两个多月的比拼和读者投票，但因选出的高票菜肴如鱼头、虾仁、酱鸭、鲫鱼等有重复，故又通过现场对决、专家组定夺，最终选出了108个杭帮菜新贵（名单详见P24），并整理出版了《新杭帮菜108将》一书。"这108个菜肴既有传统名菜也有新式杭菜，体现了本帮菜的质地和力量，其中使用的杭州元素极大地焕发了杭帮菜的精气神，钱塘江的鱼、西湖的藕、秋天的桂子、春天的笋，以及南宋王朝留下的宫廷菜谱，这些与杭州息息相关的元素被用进杭帮菜，使杭帮菜在世人面前越发呈现出独特的风采。"（摘自杭州市餐饮旅店行业同业公会会长沈关忠为《新杭帮菜108将》所作序）

图为《杭州日报》（2006年9月15日）"杭帮菜108将金榜菜单"。《新杭帮菜108将》一书与此报有几处不同：一是"瑶柱鲜带蒸萝卜"，报为"蒸"，书为"煮"；二是"飘香土钵鸡"，报纸用"飘香"冠名，书中用"冠江"冠名。另外，"荷香沙锅肉""红泥沙锅鸡""沙锅老豆腐"三只菜，报和书均误用"沙"，应为"砂"

杭州市素食厨艺活动

2009 年 6 月，由杭州市佛教协会主办的首届素食厨艺活动在法喜讲寺盛大举行。此次活动以"和谐、健康、生态、环保"为主题，由释光泉会长亲自主持。活动吸引了来自十三家寺庙和二家居士素食餐厅的数十名选手踊跃参与。经过激烈的角逐，大赛最终评选出了一、二、三等奖，其中灵隐寺、杨歧寺荣获一等奖。这次活动极大地提升了杭州素食的整体品味，为杭州素食文化的发展注入了新的活力。

自 2016 年起，杭州陆续举办了多届素食文化节。在这些文化节上，杭州市民有机会品尝到各式各样的素食，近距离感受素食文化的独特魅力，进一步推动了素食文化在杭州的传播与发展。

2023 首届杭州市创新菜大赛

"精致杭菜 味飨四海"2023 首届杭州市创新菜大赛是杭州市厨艺协会成立以来首次承接政府部门主办的赛事①，6 月 20 日在浙江旅游职业学院举行。此次创新菜大赛特点明显，

> ※杭帮菜厨艺金匠
> 创新热菜组：陈浏锋、金超、方毅；
> 创新冷菜组：刘萍萍、金小明、陈志威；
> 创新点心组：贾影、贾辉、张小燕。

近 80 位大厨，采用传统改良、南北交融、中西合璧等方法，创新出一批符合潮流、穿越古今的新颖菜肴。最后评出金奖、银奖、铜奖，每一单项前三名选手被授予"杭帮菜厨艺金匠"荣誉称号※。

7.设立厨师节日

中国厨师节的前身是"全国十二城市厨师联谊节"，该节于 1991 年 10 月在济南首次举行。由济南、天津、福州、重庆、杭州※、上海、广州、南昌、合肥、成都、长沙、西安等 12 个城市的民间团体和组织自发联合举办。其宗旨和目的是通过厨师

> ※1995 年 12 月，"第五届全国厨师联谊节（杭州）"在浙江体育馆举办，杭州名厨为来自全国的厨师展示绝技绝活。菜肴作品在坝子桥西的杭州电视台展示，数百只来自全国各地的菜肴，为杭州厨师提供了交流和学习的机会。

联谊节的举办，弘扬中华饮食文化，加强全国各地餐饮企业技术交流，营造尊重厨师、崇尚创新的良好气氛，鼓励厨师为我国餐饮行业的发展不断努力奋斗。1998

---

① "精致杭菜 味飨四海"——2023 首届杭州市创新菜大赛由杭州市商务局主办，杭州市厨艺协会、浙江旅游职业学院厨艺学院联合承办。

年 10 月，在上海举办厨师联谊节时，12 城市代表提议，在第九届举办时，更名为"中国厨师节"。2003 年，"中国厨师节"被正式列入国务院批准的餐饮业振兴计划中的重大活动之一。2004 年，经我国有关部门申请，联合国非政府组织同意，将每年 10 月 20 日正式定为"世界厨师日"。

图为 2015 年 9 月时任浙江省委书记夏宝龙亲临第五届浙江厨师节，考察指导浙江大师的作品（前排左二起钱锡宏、章凤仙、夏宝龙、胡忠英、周日星，照片由钱锡宏提供）

　　首届浙江厨师节是在浙江省餐饮行业协会①会长章凤仙的提议和争取下，获上级部门的批复同意，于 2011 年 9 月 21 日与第二届中国浙江（国际）餐饮产业博览会一并举办，展示中国地方菜和特色美食，宣传表彰浙菜名厨。以后每年举行一次，每届厨师节省委领导亲临并作讲话，不仅给厨师提供了交流学习的机会，而且大大提升了厨师的自豪感和凝聚力。

图为 2017 年 10 月，在第十八届中国（杭州）美食节上表彰杭帮菜卓越人物，杭州市餐饮旅店行业协会会长沈关忠、杭州市焙烤食品糖制品行业协会会长徐建明为杭帮菜卓越人物颁奖

① 1988 年 2 月，浙江省烹饪协会成立，首任会长王锡琪；2003 年更名为浙江省餐饮行业协会，第二任会长章凤仙，现任会长沈坚。

8. 首推"光盘"行动

2013 年，反对铺张浪费的"光盘行动"在杭州推行，倡导绿色生活，弘扬勤俭节约的传统美德，"适量点菜""剩菜打包"成为杭城餐饮服务人员和消费者的共同习惯，杭州人通过"文明餐桌"树立典型示范，引领全国文明风尚。2020 年 8 月 11 日，习近平主席作出重要指示强调，坚决制止餐饮浪费行为，切实培养节约习惯，在全社会营造浪费可耻、节约为荣的氛围。8 月 12 日，杭州市餐饮旅店行业协会[①]紧急向广大餐饮企业及消费者发出倡议：让我们从自己做起，从现在做起，以实际行动制止餐饮浪费行为，切实培养节约习惯，共同为弘扬中华民族勤俭节约的优良传统做出贡献。"厉行节约、拒绝浪费""光盘行动、文明餐桌""节俭惜福、拒绝浪费"等标语，再次出现在各大餐饮企业和食堂内，有些企业推出半份菜，有些提供免费打包盒等。2021 年 4 月 29 日，十三届全国人大常委会第二十八次会议表决通过《中华人民共和国反食品浪费法》，自公布之日起施行。

（三）文人媒体社会情怀

1. 遗存的文化瑰宝

杭州地处钱塘江流域，历史悠长厚重，资源充足，食品丰富，大自然为这座城市留下了许多宝贵的遗迹与馈赠，历代文人先辈们也为杭州留下了不少珍贵的典籍，对杭州菜的发展起到了至关重要的作用。如北宋陶穀的《清异录》、赞宁的《笋谱》、傅肱的《蟹谱》，南宋耐得翁的《都城纪胜》、潜说友的《咸淳临安志》、吴自牧的《梦粱录》、林洪的《山家清供》、周密的《武林旧事》、西湖老人的《西湖老人繁胜录》，明代高濂的《遵生八笺》、清代李渔的《闲情偶记》、袁枚的《随园食单》、施鸿保的《乡味杂咏》、夏曾传的《随园食单补证》、徐珂的《清稗类钞》等，有关杭州饮食的书籍存世不下数十部。这些典籍为杭州饮食的后续发展打下了坚实的基础，特别是清代袁枚的《随园食单》一书，是一本比较完整、影响较大的专著，直到今天仍然具有一定的历史价值和参考价值。《随园食单》还被译成多国文字出版。据说，1924 年，《随园食单》被名叫 Pan King（笔名）的译成了法文。1956 年，英国汉学家亚瑟·韦利（Anthar Waley）用英文撰写了 *Yuan Mei:*

---

① 2008 年 4 月，杭州市餐饮旅店行业协会在市委、市政府"新建一批、整合一批、提升一批"的重要指示下，由杭州市烹饪餐饮业协会（会长戴宁，原杭州烹饪协会，成立于 1985 年）、杭州饮食旅店业同业公会（首任会长陈静忠、第二任会长沈关忠，成立于 1990 年）组合而成，与杭州杭菜研究会合署办公，首任会长沈关忠，现任会长陈玮。2021 年在各级部门的关心下，杭州烹饪协会再次成立，后更名为杭州厨艺协会，会长徐迅。

Eighteenth Century Chinese Poet《袁枚中国 18 世纪的一位诗人》一书，由伦敦乔治艾伦与昂温出版有限公司出版，其中翻译了《随园食单》的五个片断。1979年，日本青木正儿翻译的日文版《随园食单》在东京岩波书店出版。2015 年，韩国培华女子大学教授、韩中饮食文化研究所所长申桂淑翻译的韩文版《随园食单》在韩国教文社出版。2018 年，一位生于新加坡、在北美长大的科学家译者Sean J.S.Chen，将《随园食单》以中英双语形式出版，2019 年用全英文再版。

图为 1979 年出版的日文版《随园食单》

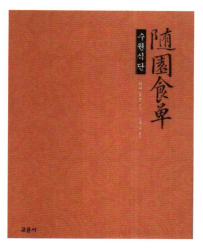

图为 2015 年出版的韩文版《随园食单》

2.当代文人的贡献

改革开放后，随着杭州食品市场逐渐丰富繁荣，人民生活水平得以提高，加上图书市场的开放、多媒体的发展，杭州文人及媒体人经常撰写杭州美食相关文章相关内容发表于各报纸杂志，电视媒体也经常播放美食类节目。现在网友们利用自媒体发推文、发视频，外加各种APP的推出，也加快了美食的传播速度。但纸质的书籍还是能给后人提供一些严谨的参考价值，能为后人学习烹饪提供宝贵的资料，能为杭州菜的传承和发展做出不可磨灭的贡献。

下面列举一些杭州人（新杭州人）编写的有关饮食文化和烹饪技术书籍。

大型典籍类：

徐海荣主编的《中国饮食史》（六卷），华夏出版社 1999 年 10 月出版；林正秋著的《杭州饮食史》，浙江人民出版社 2011 年 9 月出版；还有一批杭州人参加编写的大型典籍，如吕继棠参编的《中国烹饪百科全书》，中国大百科全书出版社 1992年 4 月出版；陈学智主编，赵荣光、何宏、戴桂宝、周鸿承参编的《中国烹饪文化

大典》，浙江大学出版社 2011 年 11 月出版；等等。

文化研究类：

赵荣光著《满汉全集源流考述》昆仑出版社 2003 年 4 月出版，赵荣光著《中国饮食文化研究》东美出版社（香港）2003 年 9 月出版，杭州杭菜研究会编《杭菜文化研究文集》当代中国出版社 2007 年 3 月出版，俞为洁著《饭稻衣麻——良渚人的衣食文化》浙江摄影出版社 2007 年 10 月出版，政协杭州市上城区委员会委、傅伯星、宋宪章编著《品味南宋饮食文化》西泠印社出版社 2012 年 12 月出版，王国平总主编、王珍、郭建生著《西溪的美食文化》浙江人民出版社 2017 年 3 月出版，周鸿承著《一个城市的味觉遗香——杭州饮食文化的遗产研究》浙江古籍出版社 2018 年 6 月出版，徐吉军著《宋代衣食住行》中华书局 2018 年 10 月出版，王国平总主编、王露、施梦尧著《西溪食经》浙江科学技术出版社 2020 年 6 月出版，金晓阳、周鸿承著《浙江饮食文化遗产研究》上海交通大学出版社 2021 年 8 月出版，浙江商业职业技术学院、浙江省之江饮食文化研究院编《浙江饮食文化产业发展报告》浙江大学出版社 2022 年 4 月出版，王国平总主编、何宏编《杭帮菜文献集成第 4 册：杭州饮食古籍文献》杭州出版社 2022 年 12 月出版，等等。

名人杂谈类：

卢荫衔著《炉边食话》人民日报出版社 2004 年 4 月出版，宋宪章编著《名人美食记趣》第二军医大学出版社 2004 年 6 月出版，龚玉和、龚励著《知味江南》上海锦绣文章出版社 2009 年 8 月出版，宋宪章著《江南美食养生谭》浙江大学出版社 2010 年 1 月出版，王珩著《国宴》浙江文艺出版社 2021 年 4 月出版，王珩著《家宴》浙江文艺出版社 2023 年 10 月出版，等等。

传记推广类：

戴宁主编《极品杭州菜——杭州烹饪大师名师作品精选》当代中国出版社 2001 年 11 月出版，戴桂宝、祝亚主编《食在浙江》浙江人民出版社 2003 年 11 月出版，王锡琪、鲍力军主编《浙菜精品——浙江烹饪大师名师作品选》浙江科技出版社 2002 年 5 月出版，杨柳总主编、杨定初编著《中国烹饪大师作品精粹·杨定初》青岛出版社 2005 年 2 月出版，杭州烹饪餐饮业协会编、戴宁主编、徐伟执行编委《杭州厨师名录》中国劳动社会保障出版社 2007 年 3 月出版，胡忠英著《无创不特——我的烹饪生涯五十年》中国商业出版社 2017 年 9 月出版，孙璧庆主编《匠心独具：杭帮名厨风采录》浙江摄影出版社 2018 年 10 月出版，等等。

菜点食谱类：

罗玉桂、倪宗耀编著《中国食用菌菜谱》浙江科学技术出版社 1986 年 8 月出版，金次凡、祝宝钧《小餐馆菜谱与烹调技艺》浙江科学技术出版社 1987 年 4 月出版，祝宝钧主编《家庭菜点大观》浙江科学技术出版社 1990 年 9 月出版，贾人卫主编《天天菜单》浙江摄影出版社 1993 年 3 月出版，陈善昌、祝宝钧编著《巧制蔬菜 135》浙江科学技术出版社 1993 年 10 月出版，鲍力军、章乃华、祝宝钧编著《浙菜》华夏出版社 1997 年 1 月出版，戴国强、杨清《中华菜谱》浙江人民出版社 1998 年 6 月出版，陈善昌、祝宝钧编著《巧制肉菜 135》浙江科学技术出版社 1998 年 9 月出版，《浙菜精华》编委会编著《浙菜精华》浙江科技出版社 1999 年 3 月出版，创新浙菜编委会编著《创新浙菜》浙江科技出版社 2000 年 11 月出版，王锡琪、鲍力军主编《浙江新菜——浙江省第二届"汉通杯"烹饪技术比赛作品选》浙江科技出版社 2002 年 9 月出版，周文涌编著《土菜馆》浙江科学技术出版社 2005 年 3 月出版，杭州杭菜研究会编、吴德隆等编纂《长三角面点精品》杭州杭菜研究会（印制）2005 年 4 月出版，何传俊主编《食用菌营养与菜谱》浙江科学技术出版社 2006 年 10 月出版，林峰主编、费建庆、戴桂宝副主编《浙江农家乐特色菜谱》浙江人民出版社 2009 年 7 月出版，戴宁主编《廿四节令菜谱》浙江人民出版社 2013 年 6 月出版，韩利平编著《中式面点王》译林出版社 2014 年 6 月出版，食美浙江编辑委员会主编《食美浙江：中国浙菜·乡土美食》红旗出版社 2014 年 6 月出版，王丰、徐永民著《养生食膳》西安交通大学出版社 2016 年 6 月出版，刘晨主编《浙江名菜制作与创新》中国商业出版社 2021 年 12 月出版，王国平总主编，王露、王艳著《江南食事》杭州出版社 2022 年 3 月出版，何宏编著《寻味二十四节气》中国旅游出版社 2022 年 4 月出版，浙江省农业农村厅组编《浙里农家特色小吃》浙江科学技术出版社 2022 年 6 月出版，等等。

技术教材类：

赵荣光、谢定源著《饮食文化概论》中国轻工业出版社 2000 年 6 月出版，范震宇主编《面点技术》中国劳动社会保障出版社 2001 年 7 月出版，范震宇编《烹饪原料加工基本技能》中国劳动社会保障出版社 2005 年 8 月出版，王圣果、戴桂宝主编《烹饪学基础》浙江大学出版社 2005 年 9 月出版，王小敏、贾人卫主编《中国烹饪概论》旅游教育出版社 2005 年 9 月出版，刘海波主编《精编食品雕刻赏析与技艺》江西科学技术出版社 2006 年 7 月出版，周文涌、张大中主编《食品雕刻技艺》高等教育出版社 2007 年 8 月出版，李鑫主编《烹调基础》浙江科学技术出版社 2008 年 7 月出版，刘海波、戴桂宝主编《精品食雕艺术》杭州出版社 2008 年 6 月出版，范震宇主编，副主编刘晨《职业技能考试指南：中式烹调师（技师高级技师）》浙江科学技术出版社 2009 年 4 月出版，戴桂宝、王圣果主编《烹饪学》浙江大学出版社 2011 年 6 月出版，范震宇主编，李鑫、王丰副主编《职业资格培训鉴定教材：中式烹调师（技师、高级技师）》浙江科学技术出版社 2012 年 6 月出版，钟奇主编，徐迅、屠杭平副主编《西餐工艺实训教程》浙江工商大学出版社 2013 年 8 月出版，戴桂宝、金晓阳编著《烹饪工艺学》北京大学出版社 2014 年 2 月出版，应小青、钟奇副主编《西点工艺》浙江工商大学出版社 2014 年 12 月出版，程礼安主编《冷菜制作》浙江大学出版社 2017 年 1 月出版，李鑫主编、陈明之副主编《烹饪知识》浙江科学技术出版社 2017 年 1 月出版，吴忠春主编，金晓阳、郑力副主编《食品雕刻与围边工艺》浙江大学出版社 2017 年 9 月出版，厉志光、陈慧娜主编《中式烹饪实训教程》中国轻工业出版社 2017 年 10 月出版，张建国主编、周文涌执行主编《中式热菜制作技艺》北京师范大学出版社 2017 年 11 月出版，以及李鑫主编《美食中国》（西班牙语、罗马尼亚语、波斯语）和《中国味道》（英语）浙江科学技术出版社 2017 年 9 月出版，等等。

　　笔者在藏书中整理出以"杭州""西湖"等命名的杭州菜点制作和饮食文化的书籍，一是为了方便大家查阅和学习，二是为了感谢这些撰书的当代作者（大部分为杭州作者）为弘扬杭州菜点、为发展杭州菜做出的贡献。

以"杭州""西湖"等命名的有关杭州菜点制作和饮食文化的书籍

书名	编（著）者	出版时间	出版情况
《杭州市名菜名点》	中国饮食业公司浙江省杭州市公司	1956 年	（未出版）
《杭州菜谱》	杭州市饮食服务公司	1977 年	（未出版）
《杭州菜点传说》	杭州市饮食公司（主编），乌克（编写）	1980 年	杭州市饮食公司印行（未出版）
《杭州菜谱》	杭州市饮食服务公司（编）祝宝钧（执笔）	1988 年 2 月	浙江科学技术出版社
《中国杭州八卦楼仿宋菜》	徐海龙、张恩胜（编著）	1988 年 5 月	中国食品出版社
《江南名菜名点图谱·杭州菜》	杭州市杭州大厦、上海市银河宾馆（编），赵仁荣、楼金炎（主编）	2000 年 5 月	上海科学技术文献出版社

书名	编（著）者	出版时间	出版情况
《杭州菜谱》（修订本）	戴宁（主编）、杨清（副主编）	2000 年 1 月（修订）	浙江科学技术出版社
《杭州大众菜点》	徐步荣（编著）	2000 年 8 月	安徽科技出版社
《天堂美食——杭州菜精华》	戴宁（主编）、杨清（副主编）	2000 年 9 月	浙江科学技术出版社
《我是大厨师——新编杭州菜》	《我是大厨师》编委会（编）	2000 年 8 月	浙江电子音像出版社
《我是大厨师——新杭州名菜》	《我是大厨师》编委会（编）	2000 年 10 月	浙江电子音像出版社
《新杭州名菜》	杭州饮食旅店业同业公会	2000 年 11 月	浙江摄影出版社
《上海杭州菜》	王骏、黄定琪（编著）	2001 年 6 月	百家出版社
《时新杭州菜》	赵建芳（编著）	2003 年 1 月	农村读物出版社
《杭州名小吃》	王圣果、许金根（编）	2003 年 3 月	中原农民出版社
《杭州家常菜 300 例》	《杭州家常菜 300 例》编写组（编）	2003 年 5 月	上海科学技术文献出版社
《杭州菜——青年金厨大奖赛精品》	杭州饮食旅店业同业公会（编）	2003 年 10 月	浙江摄影出版社
《时尚杭州特色菜》	浙江东方大酒店（编），王宏（主编）	2004 年 3 月	福建科学技术出版社
《钱塘江美食——杭州菜》	杭州富阳伊甸假日酒店（编）汪德标（主编）	2005 年 7 月	中国纺织出版社
《吃遍杭州——沿着名人的足迹》	安峰（著）	2005 年 7 月	上海远东出版社
《杭州名菜名点百例趣谈》	吴仙松（编著）	2006 年 11 月	浙江科学技术出版社
《新杭帮菜 108 将》	杭州日报《城市周刊》、杭州市饮食旅店业同业公会（编）	2007 年 5 月	杭州出版社
《杭州名菜》	杭州市餐饮旅店行业协会、杭州杭菜研究会（编），祝宝钧（执行主编）	2009 年	（未出版）
《寻味江南·话说杭帮菜》	刘庆龙（主编），胡荣珍（执行主编）	2010 年 7 月	杭州出版社
《民国杭州饮食》	何宏（著）	2012 年 11 月	杭州出版社
《杭州味道》	杭州市旅游委员会（编）	2011 年 12 月	浙江人民美术出版社
《杭州南宋菜谱》	胡忠英（主编）	2013 年 6 月	浙江人民出版社
《杭州传统名菜名点》	董顺翔（主编）	2013 年 6 月	浙江人民出版社
《寻味江南·杭州乡土菜》	刘庆龙（主编），郑永标（执行主编）	2014 年 5 月	杭州出版社

书名	编（著）者	出版时间	出版情况
《经典杭帮家常菜》	犀文图书（编）	2014 年 9 月	重庆出版社
《寻味江南·杭州小食记》	高国飞（主编），郑永标（执行主编）	2016 年 1 月	浙江摄影出版社
《食美杭州》	杨清、冯颖平（著）	2016 年 6 月	红旗出版社
《寻味江南·杭州素食》	刘晓明（主编），郑永标（执行主编）	2017 年 1 月	浙江摄影出版社
《回味 杭州菜》	陈纪临、方晓岚（著）	2017 年 8 月	（香港）万里机构出版有限公司
《盛宴 醉西湖》	朱启金（主编）	2018 年 1 月	中国纺织出版社
《杭州宋代食料史》	俞为洁（著）	2018 年 1 月	社会科学文献出版社
《老底子的杭州味道：春夏秋冬杭帮菜》	溢齿留香（著）	2018 年 2 月	浙江科学技术出版社
《漫画杭帮菜》	杭帮菜研究院、蔡志忠（编绘），何宏等（执行主编）	2019 年 5 月	杭州出版社
《杭州食神·漫画杭帮菜》	杭帮菜研究院蔡志忠（编绘）	2019 年 5 月	山东人民出版社
《别说你会做杭帮菜：杭州家常菜谱 5888 例》	杭帮菜研究院（编），周鸿承等（执行主编）	2019 年 5 月	杭州出版社
《走向世界的"杭州味道"》	孙璧庆（主编），郑永标（执行主编）	2019 年 6 月	浙江摄影出版社
《国宴——至味在西湖》	姜晟颖（著）	2020 年 6 月	天津科学技术出版社
《教学菜——杭州菜》	卢红华（主编）	2021 年 8 月	中国劳动社会保障出版社
《落胃杭帮菜》	陈华胜（著）	2022 年 1 月	杭州出版社
《百县千碗 西湖味道》	杭州西湖国宾馆、浙江西子宾馆、杭州西湖柳莺里酒店（编），沈军（主编）	2023 年 3 月	浙江人民美术出版社
《这里是杭州美食》	林琳（著）	2023 年 5 月	浙江文艺出版社
《食在杭州：亚洲精选菜品 5000 道》	杭州市商务局、杭州市国际城市研究中心（杭帮菜研究院）、杭州电视台生活频道、杭州市厨艺协会、浙江旅游职业学院（编），徐迅、王涛、韩永明（执行主编）	2023 年 9 月	杭州市商务局出品（未出版）

　　当然还有很多不是纯杭州菜内容，是写大杭州的饮食文化和美食菜点的书籍，以及介绍企业文化和菜肴的书籍。

有关大杭州地方菜饮食文化和美食菜点的书籍

书名	编（著）者	出版时间	出版情况
《中国名菜·钱塘风味》	冉先德、瞿弦音（主编）	1997 年 10 月	中国大地出版社
《新杭州美食地图——百家食谱》	沈关忠（主编）	2005 年 9 月	浙江科学技术出版社
《桐江美食》	周保尔、郦初良（主编）	2006 年 9 月	人民日报出版社
《杭州临安百笋宴》	临安市贸易局许兴旺	2009 年	临安市贸易局印制（未出版）
《钱塘江饮食》	王国平（总主编），张科（著）	2014 年 10 月	杭州出版社
《品味塘栖》	王国平（总主编），丰国需（著）	2015 年 3 月	浙江古籍出版社
《漫话上泗美食文化》	杭州市西湖区转塘街道编著，应志良（主编）	2015 年 9 月	浙江摄影出版社
《富阳美食》	富阳区餐饮美食行业协会（编）	2015 年	富阳区餐饮美食行业协会编印（未出版）
《萧山菜谱》	陈灿荣、朱志刚（主编），李蓓玲、吴荣（执行主编）	2016 年 7 月	中国美术学院出版社
《吃在塘栖》	王国平（总主编），丰国需（著）	2016 年 11 月	浙江古籍出版社
《千岛湖百鱼百味》	徐龙发（主编）	2016 年 12 月	浙江人民出版社
《余杭美食》	杭州市余杭区政协文史和教文卫体委员会（编），陈云水（主编），金国强（执行主编）	2016 年 12 月	杭州出版社
《桐庐味道》	方志凯、吴荣士（主编），周保尔（执行主编）	2018 年 10 月	杭州出版社
《淳安传统美食卷》	淳安县文化广电新闻出版局（编）	2018 年 12 月	浙江摄影出版社
《知味富春》	孙婕妤（著）	2020 年 9 月	杭州出版社
《寻味萧山》	王国平（总主编），马毓敏（著）	2021 年 11 月	杭州出版社
《寻味——富阳传统美食》	政协杭州市富阳区委员会（编）	2022 年 1 月	中国美术学院出版社
《2022 年·杭州年度食谱》	杭州市商务局、杭州市文化广电旅游局、杭州市餐饮旅店行业协会（编）	2023 年 1 月	（未出版）
《寻味临安》	杭州市临安区餐饮行业协会、杭州市临安区作家协会（编）	2021 年 5 月	（未出版）

有关介绍杭州名街和名店的书籍

书名	编（著）者	出版时间	出版情况
《吃在杭州》	戴国强（主编）	1990 年 5 月	浙江人民出版社
《中国杭州楼外楼》	林正秋、沈关忠（主编），张渭林、陈汉民（副主编）	1993 年 11 月	浙江摄影出版社
《名人笔下的楼外楼》	沈关忠、张渭林（主编）	1999 年 3 月	中国商业出版社
《杭州楼外楼名菜谱》	沈关忠、张渭林（主编）	2000 年 10 月	浙江科学技术出版社
《新开元佳馔谱——杭州新开元大酒店名菜名点精选》	汤小兔（主编）	2002 年 11 月	国际文化出版公司出版
《杭州食色》	邹滢颖（编）	2005 年 2 月	浙江摄影出版社
《新杭州美食地图》	沈关忠（编）	2005 年 9 月	浙江科学技术出版
《楼外楼》	王国平（总主编），沈关忠、张渭林（主编）	2005 年 10 月	杭州出版社
《品味楼外楼》楼外楼创办 160 周年丛书	沈关忠（主编），胡向东（副主编），张渭林（执行主编）	2008 年	杭州楼外楼实业有限公司印制（未出版）
《杭州老字号系列丛书·美食篇》	吴德隆（丛书主编），宋宪章（著）	2008 年 5 月	浙江大学出版社
《百年新新》	徐步荣（主编）	2008 年 11 月	中国美术学院出版社
《全杭州吃喝玩乐情报书》	《玩乐疯》编辑部（编著）	2009 年 11 月	中国铁道出版社
《至味杭州——百年老号知味观》	戴宁（主编）	2013 年 10 月	当代中国出版社
《百年老号知味观》	梁建军（主编），韩利平（执行主编）	2014 年 11 月	浙江古籍出版社
《吃玩在杭州》	吕放（主编）	2008 年 11 月	浙江科学技术出版社
《杭州名菜四语宝典》	杭州市餐饮旅店行业协会沈关忠（主编），祝宝钧（执行主编）	2011 年 6 月	杭州出版社
《吃透你了，杭州》	Mr.Q（著）	2011 年 8 月	山东美术出版社
《杭州胜利河大兜路美食街区》	俞东来、许明（主编）	2011 年 9 月	中国书籍出版社
《吃玩在杭州》（第二版）	赵力行、吕放（主编）	2015 年 3 月	浙江科学技术出版社
《吃定你了，杭州！》	胡狸（著）	2015 年 10 月	青岛出版社

书名	编（著）者	出版时间	出版情况
《知味观菜谱》	孟亚波（编著）	2017 年 10 月	浙江古籍出版社
《史说楼外楼》	徐立望、张群（编著）	2018 年 9 月	浙江人民出版社
《知味观：闻香知是江南味》	王国平（总主编），王艳、王露（编著）	2020 年 12 月	杭州出版社
《奎元馆：江南面王冠天下》	王国平（总主编），王艳、王露（编著）	2020 年 12 月	杭州出版社
《江南食事》	王国平（总主编），王露、王艳（著）	2022 年 3 月	杭州出版社
《龙井佳味》	张勇（著）	2022 年	十八棵（老龙井）御茶园印制（未出版）
《楼外楼宋韵新滋味》	司马一民、凌雁（编著）	2022 年 5 月	杭州出版社
《食在杭州：美食特色餐厅 500 家》	《食在杭州：美食特色餐厅 500 家》编委会（编）	2023 年	杭州市商务局（未出版）

还有众多有关杭州饮食文化和杭州菜研究的报告及论文，这里就不一一列举了。

最值得一提的是《杭州菜点传说》一书，由杭州市饮食服务公司技术顾问组主编，乌克编写。虽说这是一本没有出版的小册子，但好多同行都有这本书，可能大家不知道编写人乌克是何许人，其实他是老媒体人，1951 年 8 月考入《当代日报》（《杭州日报》的前身）的吕继棠（1929 年 12 月—2020 年 9 月），曾一度担任杭州烹饪协会秘书长。他一生与书为伴，编审著述。还有一位就是杭州市饮食服务公司的祝宝钧，他执笔编写的《杭州菜谱》添印多次，他不仅自己著书二十余本，不少别人主编的书中也有他的身影。当然还有学识渊博、著作等身的两位教授——杭州师范大学林正秋和浙江工商大学赵荣光，他们给我们留下许多杭州饮食史料，杭州菜得以弘扬和发展与这些专家学者不遗余力地留下宝贵资料是分不开的。

图为乌克（吕继棠）编写的《杭州菜点传说》

（四）名厨名宴传承创新

古往今来杭州名厨辈出，对杭州菜的发展和烹调技艺的提升做出了重要贡献。杭州市贸易局局长吴德隆在《极品杭州菜——杭州烹饪大师名师作品精选》的序中写道："厨师可谓是餐饮业的工程师、科技创新人才，杭州餐饮业的发展，厨师功不可没。"

1.名厨辈出

宋孝宗时，钱塘门外的宋五嫂，算得上是一位民间女高手，她制作的"宋嫂鱼羹"至今让人无法忘怀；南宋宫中的女厨师，称为"尚食刘娘子"，是历史上第一位宫廷女御厨；清朝袁枚笔下的王小余，肯定算得上是一位烹饪高手；由杭州织造推荐的朱二官，入宫给乾隆皇帝烧菜，也肯定是位杭州名厨；民国的名厨良庖吴立昌用鲜茶作配料，创制的龙井虾仁一直流传至今；20世纪二三十年代楼外楼的名厨阿毛师傅擅长醋鱼带柄※的一鱼二吃，被文人墨客所津津乐道。说到当代厨师，那最厉害的要算韩阿富了。1953年12月，毛主席来到杭州视察住在西湖边上的刘庄，杭州楼外楼厨师韩阿富被派去刘庄协助为主席烧菜，一天烧西湖醋鱼给主席吃，被主席称赞。1954年5月，韩阿富奉命调到中南海，为毛主席掌勺，一烧就是20多年，其间经常烧杭州名菜荷叶粉蒸肉和叫化鸡给主席吃。（载《百年潮》2020年第7期）

> ※醋鱼带柄（羹），带柄即脍（kuài），一盘是烧好的醋鱼，一盘是生食的鱼片。《清稗类钞》说："醋鱼带柄，西湖酒家食品，有所谓醋鱼带柄者。醋鱼脍成进献时，别有一篑之所盛者，随之以上。盖以鲩鱼切为小片，不加酱油，惟以麻油、酒、盐、姜、葱和之而食，亦曰鱼生。呼之曰柄者，与醋鱼有连带关系也。"红学家俞平伯居住在俞楼时，常到附近楼外楼吃"醋鱼带柄"。他在《略谈杭州北京的饮食》一文中说："大鱼之外，另有一碟鱼生，即所谓'柄'。虽是附属品，盖有来历……尝疑带柄（冰）是设脍遗风之仅存者，脍字亦作（鲙），生鱼也。"

还有西子宾馆的韩宝林，1954年被选调到浙江交际处工作，在50年的职业生涯中，曾为毛泽东、周恩来、朱德等国家领导人和尼克松、蓬皮杜、西哈努克、铁托等外国元首烧菜，仅为毛主席服务就达39次。西湖国宾馆杨定初，早年在餐厅走廊里，还挂着杨师傅身着白色工作衣和尼克松总统握手的照片。大华饭店的陆礼金，接待过很多中央领导，周恩来总理等首长到杭州大部分时间入住大华饭店，每次都是陆师傅为他们烧菜，有两次首长住花家山宾馆时也派陆师傅去掌勺。

以前一批老宾馆、老招待所，肩负着国家领导人和外国元首的接待任务，内部的名厨少不了。如花港饭店的叶海源、钱修雄，花家山宾馆的慰金水、樊斌炎、陆孝毛，还有杭州华侨饭店的傅春桂[※]、胡阿炳、金鹤锋、蒋水火、林定奎、徐长根，新新饭店的沈燕庭，大华饭店的张纪法，杭州饭店的沈宝康、韩德泉、韩阿元、曹长夫、程锡元、姚广山、张松林、蒋家对，以及西餐房的杨阿裕和西点房的张延龄等。

> ※ 傅春桂，1959年由杭州酒家调至杭州华侨饭店，1982年退休，次年被杭州市饮食服务公司聘为技术顾问。

图为杭州市饮食服务公司领导（后排）和技术顾问组成员（前排），前排左起蒋松林（服务员）、丁楣轩、封月生、蒋水根、傅春桂、陈锡林、许锡林（服务员），后排左起李春荣、陈静忠、谢玉泉、张迺威、李荣贵、孙茂隆（拍摄年份不详，笔者于2012年翻拍自中国杭帮菜博物馆展板）

杭州市饮食服务公司技术顾问组丁楣轩、封月生、蒋水根、陈锡林等一批前辈，退休后还为培养技术人才不遗余力。如蒋水根，都说他是烧西湖醋鱼第一人，因为以前烧西湖醋鱼，为了增加色泽亮光，芡勾好了要加猪油（当时没有提炼过的纯净油）。但在冬天用猪油盘边要起冻发白，蒋水根他想问个究竟，而师傅们却说以前一直是这样烧的。蒋水根不满意这样的回答，悄悄地进行不加油的试验，发现在勾芡时不能久滚，否则就会失去光泽，待芡汁有气泡立刻起锅，就能保持芡的光泽。1956年评上杭州名菜的西湖醋鱼就是楼外楼烹制的，1960年5月经浙江商业系统选拔，蒋水根出席了在北京召开的全国财贸部门的技术革新大会，为大家表演了制作杭州名菜西湖醋鱼。当然，还有获得全国劳模、省劳模和全国五一勋章等十次全国和省市荣誉的名厨陈善昌，以及楼外楼的李定坤、金庆根、柴宝荣和山外山的徐子川等名厨。

天香楼菜馆的吴国良和海丰西餐社的陈阿达在1983年11月商业部举办的全国烹饪名师集体鉴定会上，表演了制作杭州名菜西湖醋鱼、叫化童鸡等菜肴，和温州酒家金次凡一起创作的拼盘"双喜临门"获集体冷菜创作工艺奖。还有精于刀工的丁楣轩（杭州酒家）、擅于冷菜的许祥林（楼外楼）都是我们敬重的老前辈。

名厨冯州斌、胡忠英在第二届全国烹饪技术比赛上制作的"东坡肉""宫灯里脊丝""钱江肉丝"夺得金牌，他们爱岗敬业、以诚待人，是德艺双馨的学习榜样。

杭州名厨数不胜数，知味观的赵杏云、楼外楼的吴顺初分别被评为浙江省和杭州市非物质文化遗产传承人，他们有杭帮菜点制作的丰富知识和精湛技艺，承载和传递杭帮菜点的制作，是非物质文化遗产活态传承的代表性人物。

图为赵杏云、吴顺初分别被评为浙江省和杭州市非物质文化遗产项目代表性传承人

这一批老前辈有手把手教过笔者的，有和笔者相互认识的，有笔者崇拜的，也有笔者素未谋面的，但都值得我们敬重。本书提到的或未提及的师傅，大家作为徒弟和学生都应当给他们树碑立传。

2.艰苦学厨

厨师出名后受人尊敬和崇拜，但学厨的艰辛路程，只有他们自己知道。特别是在80年前，学习资料严重缺乏，要学技能大多是靠拜师学艺，加上长期实践获得，都靠"手当秤、嘴验味、眼观色"的古老方法面对面传授，因此各店的风味不同，各店技艺高低悬殊。大店招新人要经过"三年学徒、四年半作"的长期磨炼，才能正式上灶烹调，这三四年时间基本学习自己师傅的手艺，如要在环节中有变化或创新也是师傅说了算，如要学习其他师傅的技术，只能偷偷地学。下面是一段采访金虎儿师傅的对话，从中能感受到金虎儿对老一辈的怀念和崇敬，也能窥视当时做学徒的艰苦情景。

戴桂宝：金师傅请您与大家谈谈在楼外楼学厨的事。

大师对话

金虎儿：1963年我进楼外楼学厨，先拜师当学徒，书记、经理做介绍人，签师徒合同，师父一份，我们一份，饭店还留一份。那时候不是打印的，都是（蜡纸）刻好的，图章盖好，介绍人（图章）、师父金庆根（图章）、徒弟金虎儿（图章）都要盖好，各自留一份。我们师父第一个徒弟是许祥林，第二个是我，后头一个就是董金木。我进楼外楼的时候，当时有三个老师傅：蒋水根、李定坤和我的师父金庆根，他们都是我的老前辈。蒋水根专烧西湖醋鱼，最早领导来时都是他烧的，后来是柴宝荣烧，柴宝荣师傅实际上是李定坤的徒弟，墩头和冷菜向李师傅学，炉子上他是跟蒋水根学的。中央领导来、重要外宾和首长来，西湖醋鱼都是柴宝荣烧的，包括后来周总理来过几次，1973年陪蓬皮杜（法国总统）来时，基本上柴宝荣上炉子比较多。那辰光（杭州方言，意为那时候）定人烧菜，他在烧的辰光我们学徒快要满师了。

戴桂宝：你在楼外楼做了多少年？

金虎儿：楼外楼做了将近二十年。

戴桂宝：望湖宾馆呢？

金虎儿：望湖宾馆是二十多年。在楼外楼的时候，这几位老师傅对我们的要求还是比较高的，特别是技术上。卸腿子、斩排骨、剔肥膘，先做墩头，墩头做一年多之后，随后上炉子，做炉子先孵小灶。

戴桂宝：孵小灶，跟现在打荷有一点类似。

金虎儿：实际上就是打荷。我们那个辰光烧煤的，三只炉子，两只炮台，烧个老倌（杭州方言，意为那个人）他啥都不管的，烧出就算，你打荷要分菜，糖醋排骨、四样荤素、三鲜、什锦，还有杂七杂八，你还不好弄错嘞！还有浆菜，我们那个辰光糖里脊、排骨都是现来现浆的，除五一、国庆节一圎一圎炸好的，平时现来现浆的，你生粉、面粉都要预先备好，那个辰光小灶台铺瓷砖的，墩头工作台板是木头拼起来的，多少简陋嘞！先学炉子给柴宝荣孵小灶，刷锅子、分菜，夹儿不能送错……当时三个老师傅还是对我们要求比较高的，所以技术上进步明显。

陆礼金师傅也说：学徒期间干杂七杂八的杂活，生炉子、捅煤炉，两年后师傅看他还勤快，才逐步教他做菜，但多数还是要靠自己偷偷地学。

改革开放前西泠饭店、花港饭店、花家山宾馆等酒店，都是大门口有军人站岗的保密招待所，笔者1978年被分配至浙江省外事办公室，当时这些内部宾馆招待所才刚刚转成对外开放接待外宾的高端酒店。我们一批新人经过集中培训，下分至杭州饭店、花港饭店、花家山宾馆、浙江宾馆（待开业）等各家酒店，笔者与另外七位新人被分配到花港饭店工作，先去洗杂（粗加

> ※笔者第一年工资19元/月、第二年工资24元/月、第三年工资27元/月。第四年学徒期结束后一级工资每月35元，另加1.9元饭贴、理发卫生补助1元，1982年开始有了副食品补贴每月5元。

工）间工作半月，之后餐饮科分别指定师傅带我们。笔者和师弟朱旋林二人，幸运地被指定跟冯州斌师傅学习，在学徒期间大家又轮换去洗杂间一个月，还要轮着拉煤、搬砖。前三年是学徒工，工资19元起步，第四年一级工基本工资提高到35元※，从工资中就能见证现在的生活已有翻天覆地的变化。

图为1982年的杭州花港饭店主楼。原是1954年建造的海员工会疗养院，后为花港招待所，1978年改为旅游涉外饭店。1979年进行了改造扩建，1982年又扩建成一座富有特色的"杭州风味厅"。20世纪80年代花港饭店为全国旅游先进单位，全国学北京建国饭店，浙江学杭州花港饭店

20世纪80年代，学习资料缺乏，不像现在图书多、网上图片视频多，当时有几张可作范本的年历卡已如获至宝，学菜只能靠老师傅教，以及看老师傅手里的笔记本，笔者很幸运地得到了一本杭州市饮食服务公司内部发行的《杭州菜谱》，后来花了六角钱托人买了一本《烹调技术》（中国商业出版社，1981年版）。为了雕孔雀和摆老虎、熊猫总盘，只能在微薄的工资中拿出一角钱赶去动物园观看，拍几张照片。1983年，笔者用家里的积蓄买了一台相机，但苦于胶卷太贵，一卷

胶卷加冲印费40多元，而一个月的工资还没这么多，所以只能在重要场合、有创新作品时拍一下。1986年，延安路杭州照相馆橱窗里陈列出一张侧面的蝴蝶照片，大家争相赶去观摩学习。当时资料贫乏、交流少，“松子全鱼”“桃花全鸡”“千层豆腐”“莲蓬豆腐”“灌儿鱼焆”，就是当时的花色创新菜。

在这样的环境之下，经验丰富的老师傅是每家酒店的宝，学徒们都围着老师傅转，期盼工作时能多被指点一二。就这样老前辈们手把手地一批批传授、一代代培养，才使杭州菜肴得以传承，加上20世纪六七十年代浙江商业学校和杭州商业技工学校培养了第一批专业人才，才有后来的一批杭菜顶梁柱。

3. 创新如潮

后来市场开放，食品原料逐渐丰富，厨师的创作势头与日剧增，各酒店相继开展技术创新竞赛。纵观历史长河，菜肴经历漫长的传承，但从未出现像改革开放以后的创新势头。特别是1986年杭州第一届烹饪技术优胜杯大赛，促进了厨师的创新创作热情，菜肴创新成为新的势头。在政府和协会的各级比赛活动中，不断涌现出新的创新菜肴，逼真的动物、花卉、山水等造型的花色拼盘，精美的象形仿真菜点，惟妙惟肖的食品雕刻，市面供应的菜点造型和装饰得到了前所未有的发展。

在首届中国烹饪世界大赛上戴桂宝制作的“夏荷”轰动作品展示厅，全国第三届烹饪技术比赛中戴桂宝制作的“秋韵”、董顺翔制作的“宁馨”，这些由荷花、喇叭花、百合花组成的，无垫底支撑的立体花式拼盘诞生，是全国冷菜造型跨越式的创新，全国各地的厨师争相来杭学习。之后又有张勇、刘海波等后起之秀，给杭州的花式冷盘和雕刻注入了新的生机。

图为首届中国烹饪世界大赛金牌作品戴桂宝制作的“夏荷”
（翻拍于杭州烹饪协会制作的《世赛选拔赛作品影集》，1992年7月）

　　20世纪90年代的技能赛活动开始以主题宴席、菜台设计等展台形式呈现，因台面设计要错落有致，需要有雕饰点缀，使得食品雕刻工艺兴起，黄油雕、泡沫雕也一度流行，王剑云成了雕刻明星。进入21世纪，后起之秀刘海波进入了行业视线，带动了众多厨师学习食品雕刻的兴趣，使杭州的食品雕刻发展跨入了高峰期。20世纪80年代的菜肴围边是番茄片、菜松，90年代成了萝卜花、大刀花、鲜花，后来一度出现澄面、糖浆、巧克力酱做盘饰，现在又回归到用可食原料点缀装饰。台面造型也是如此，开始用瓜果雕、后来用黄油雕、泡沫雕，也曾一度用糖艺、鲜花，而现在用面塑、草皮为多，这也是厨师创新和时代进步的表现。

　　在第三届全国烹饪技术大赛上，杭州厨师制作的展台只得了银牌，没能取得金奖，成了好多杭州厨师心中的遗憾。1995年的浙江民俗风情宴上杭州厨师各显身手，在错落有致、风格迥异的宴会台面上，展示了赋予创新思维的精致菜肴，六名一等奖中杭州展台就占了五名。各种创新的摆台形式，第一次进入厨师的视线，给大家提供了学习交流的机会。后来1999年杭州饮食服务公司队制作的展台，在第四届全国烹饪技术比赛获得金奖，证明杭州厨师展台制作的能力和水平在全国同行中处于前列。

　　2016年9月G20杭州峰会※中，精致的杭州美食给各国元首留下了深刻印象，杭州厨师用实力向世界交了一份满意的答卷，一批做出重大贡献的核心厨师还受到了各级政府的嘉奖。如西子宾馆的朱启金等受到浙江省省委、省政府的嘉奖，西湖国宾馆的董晔辉、施乾方等受到杭州市委、市政府的嘉奖。特别是31米长的主宴会台，新秀吴忠春受邀

> ※G20峰会是一个国际经济合作论坛，G20杭州峰会是二十国集团领导人第十一次峰会。二十国集团由美国、英国、日本、法国、德国、加拿大、意大利、俄罗斯、澳大利亚、中国、巴西、阿根廷、墨西哥、韩国、印度尼西亚、印度、沙特阿拉伯、南非、土耳其共19个国家及欧盟组成。

参与制作，主宴会台以西湖景色为元素，用拱桥曲桥、亭台榭廊造景，用鸳鸯、鸽子点缀，组合成一幅西湖山水长卷，吸引了各国领导人的目光。

　　技能比武和菜肴创新是杭州餐饮企事业单位厨师的工作常态。20世纪80年代的杭州花港饭店在总经理刘洪芳的关心下每季小搞、年底大搞创新比武，饭店菜肴品质和菜肴创新在行业出了名。90年代初杭州个体餐饮起步，"大富豪""天天渔港"相继诞生，而每一家店都有自己的传奇故事。到了后来又有一批以"新"字冠名的餐饮出现，如新开元、新阳光、新三毛等，成了杭城餐饮新天地。世纪交替之际又迎来了餐饮航母，如张生记、金色阳光、红泥、喜乐、喜乐城。超万

平方米的店面，一个大厅可容纳两三千人同时就餐，厨师、服务员哪块不是动辄三四百人。现在的名人名家、花中城仍在杭城挑大梁，外婆家、新白鹿的发展促进了杭州菜和杭州菜经营模式的创新，这些个体餐饮的发展加速了杭州菜肴的创新进度，并吸引了一大批事业单位和国企的厨师加入个体大军，与杭州菜一起走向全国各地。跨入 21 世纪后，杨公堤南端的知味观味庄、紫萱解香楼、西湖国宾馆都成为菜肴品质高、创新能力强的酒店。

图为由朱启金、吴忠春等设计制作的 G20 杭州峰会 31 米长主宴会台面现场场景
（照片由吴忠春提供）

　　要说规模最大的创新活动，是陈妙林开创的杭州开元旅业集团。自 1995 年以来，杭州开元旅业集团每年举行技能比武[1]，吸引了来自全省各地甚至周边省份的厨师前来观摩学习，不仅促进了集团内部厨师的整体技能水平的提高，一些新颖的创新菜和仿真菜肴，也成为全国厨界仿效的范例。还有杭州饮食服务集团有限公司一年一度的职工技能比武[2]、杭州跨湖楼酒店集团一年一度的技术比武[3]等，这些常搞比赛的企业，不仅仅是给员工创造了一个可以提升技能、展示自我的机会，倡导勇于拼搏的工匠精神，增进了企业的凝聚力；同时促进了酒店自身菜肴质量和服务质量的提升，也带动了杭城及周边厨师的技能提升。

[1]　杭州开元酒店集团，前身是浙江开元酒店股份公司，成立于 1988 年，技术比武可追溯到 1988 年萧山宾馆，每年大规模的比武延续至今。
[2]　杭州饮食服务集团有限公司，1956 年成立杭州饮食公司，1984 年 11 月更名为杭州第二旅游公司，1986 年 9 月与杭州服务公司合并更名为杭州饮食服务公司，2002 年 4 月成立杭州饮食服务集团。自 20 世纪 90 年代就开始不定期地进行内部比武，集团公司成立后一年一度的比武从未间断。
[3]　杭州跨湖楼酒店集团有限公司，前身是杭州跨湖楼餐饮有限公司，2009 年 12 月 18 日成立，大规模技术比武自 2017 年起，每年比武延续至今。

图为 G20 主宴会台面中由吴忠春雕刻的鸳鸯、和平鸽（吴忠春提供照片）

图为杭州市委、市政府和浙江省委警卫局为在 G20 杭州峰会做出贡献的厨师颁发的证书

图为开元旅业集团技能比武评分现场（2015 年 7 月 19 日）。左起邹益明（开元旅业集团副总裁）、陈妙强（开元酒店集团总经理）、陈灿荣（开元旅业集团总裁）、戴桂宝（照片由开元旅业集团提供）

图为行业协会领导莅临杭州跨湖楼酒店集团的技术比武赛场（2021年12月4日）。左起沈坚（浙江省餐饮行业协会会长）、陈玮（杭州市餐饮旅店行业协会会长）、钱锡宏（浙江省餐饮行业协会秘书长）、俞柏鸿（媒体资深名嘴）、尹丽华（杭州市餐饮旅店行业协会秘书长）

图为第六届跨湖楼酒店集团的技术比武，评委正在对选手作品作公正评判。
左起何晨（都市快报美食记者）、胡忠英、王仁孝、戴桂宝

4. 名宴呈现

20世纪八九十年代刚刚对外开放，大批国外游客和我国港澳台同胞来杭旅游，加上杭州的经济发展也加速了杭州宾馆和餐饮业的发展，使得杭州餐饮蒸蒸日上，各酒店针对性推出不少风味主题宴，为来自不同群体的需求设计宴席、提供美味佳肴和优雅的服务，如南宋宫廷宴、古都风味宴、乾隆御宴、满汉全席宴、袁枚

宴、东坡宴、民国文人宴、领袖宴、西湖十景宴、新西湖全宴、西湖船宴、红泥唐诗宴、良渚文化宴、运河全宴、运河风情宴、西溪寻味宴、西溪田园宴、生肖文化宴、富春山居素食宴、钱塘家宴等，丰富了餐饮市场，满足了消费人群。

要说价格高、规格又高的宴会，是杭州南方大酒店1993年11月举办的满汉全席和2001年3月举办的仿宋寿宴，每次3桌，每桌6万元，单次售价高达18万元，这两场宴会均由该店总经理胡忠英设计主理。如仿宋寿宴追求的是原汁原味宋菜，有官燕鸡面（燕窝）、丹凤朝阳（雀膪鸡脑）、紫气东来（虫草鹿胎）、甲第增辉（鱼翅）、诗卷长流（蟹黄茭白）、乌龙绞柱（海参）、一鹤冲天（炉焙鸡）、肘底藏花（羊腿）、神驼骏足（驼蹄）、福如东海（黄鱼）等，每一道菜点，务求色、香、味、形兼备，不落俗套。宴毕，全国媒体争相报道转载，轰动业界。

图为2012年9月在杭帮菜博物馆为日本客人主理6桌"袁枚宴请十三女弟子宴"，该袁枚宴菜单由杭州酒家总经理胡忠英根据袁枚十三女弟子请业图挖掘设计，每桌6万元，共计36万元（菜单由胡忠英收藏并提供照片）

图为汪庄的领袖宴菜单册（图片由张建雄提供）。汪庄原系安徽茶商、汪裕泰茶庄庄主汪自新建于1927年的别业，现为浙江西子宾馆，一直以接待国家领导和国外元首为主。领袖宴为名厨韩宝林和宾馆副总张建雄根据历年的接待菜单和亲身经历设计推出

图为杭州风味厅的南宋宫廷宴菜单册。杭州风味
厅为杭州花港饭店的独立餐厅，南宋宫廷宴在
1992年由风味厅经理戴桂宝主理推出

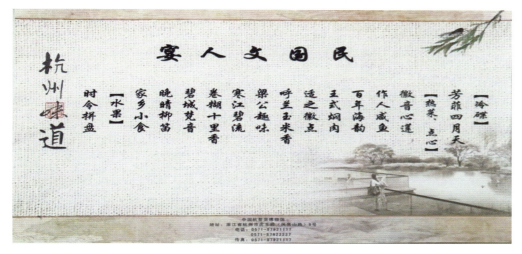

图为"杭州味道"的民国文人宴菜单。杭州味道为杭帮菜博物馆的一个餐厅，民国文人宴由杭帮菜博物馆餐
饮文化有限公司总经理杨清于2014年挖掘设计

　　要说一次推出桌数多、制作人数多的宴会，要数1992年6月浙江省旅游局组织厨师团队参加1992年中国友好观光年美食节，全省20位厨师服务员组成团队进京汇报表演，在北京民族饭店推出杭州风味宴、南宋宫廷风味宴、江南百鱼宴和浙江风味宴。这是一次杭州菜大规模进京的美食活动，七天的日常供应，吸引了一批国家领导人和知名人士前来品尝，得到大家的赞誉。

图为 1992 年中国友好观光年美食节进京汇报团成员和《浙江日报》记者应舍法（后排中）、北京民族饭店厨师长合影。进京汇报团成员：浙江省旅游局人事教育处处长阮裕仁带队（右一），杭州望湖宾馆杨定初、袁建国、茅尧雄、楼雪明、吴志平、周建新、王福英，杭州香格里拉饭店顾坚卫，杭州花港饭店戴桂宝、邵文辉，杭州花家山宾馆张祥雄，浙江宾馆王利耀，杭州黄龙饭店李勇星，杭州华侨饭店潘有孝，杭州大厦吴伟国，杭州友好饭店赵梅莉（服务），温州华侨饭店季洪昌，宁波饭店吴国柱，舟山海天楼酒店王毛银，浙江萧山宾馆夏春江

　　要说制作跨度最长的宴席，要数现在的浙江旅游职业学院戴桂宝、金晓阳团队设计制作的生肖文化主题宴，它以十二生肖为一个主题系列，自 2019 年 1 月以来陆续推出了"百福并臻宴""瑞鼠闹春宴""牛气冲天宴""王之雄风宴""月德呈瑞宴"等。生肖文化主题宴属全国首创，全宴以精美的菜点、寓意的菜名，抒发美好愿望，是华夏文化与现代创新相结合的一种宴席，直到 2030 年十二生肖宴才能全部完成。

图为十二生肖文化主题宴——瑞鼠闹春，由戴桂宝、金晓阳团队设计制作

（五）杭州美食国际影响

美食既是一门烹饪技艺呈现的载体，也是一种促进相互交流的文化介质。通过美食可以弘扬中国饮食文化，也能宣传杭帮菜特色品牌。杭州多次在海外举办"杭州美食节"，让杭州美食走出国门，成为增进国际友谊、推动文化交流的一张"金名片"，同时也使杭州菜享誉海外，受到海外人士的高度赞许。

1. 惊艳海外，亮相联合国

1982 年 8 月，杭州饮食服务公司应美国费城中华文化中心的邀请，派遣吴国良等 6 名厨师，赴美进行烹饪技艺交流，制作传统的杭州菜点，展示绚丽多彩的烹饪技艺。

1987 年 9 月，杭州花港饭店总经理刘洪芳，带领 7 位骨干厨师赴新加坡，在新加坡环龙阁大酒店举办为期整整一个月的杭州美食节，每天提供西子宴和零点，杭州厨师团队带去了宋嫂鱼羹、叫化鸡、东坡肉、香酥鸭、蜜汁火方、吴山酥饼、鸳鸯鸡粥等杭州菜点，仅三潭印月花式拼盆一天就要制作 20 多只，叫化鸡最多一天制作了 110 只。当时中国美食到新加坡还是稀罕事，反响好、销量大、时间长，开创了海外美食节的先例。新加坡的《海峡时报》《新明日报》《联合晚报》，我国香港的《大公报》等都作了专访和报道。

图为 1987 年 9 月 15 日新加坡《海峡时报》刊登的《杭州风味不同凡响》
（照片左起为王伟国、戴桂宝、韩威、傅桂堂、郑信荣、沈旭晨、冯州斌）

　　几年后陆续有杭州厨师赴新加坡展示杭州菜。1988年，楼外楼名厨张渭林、柴宝荣、陈惠荣赴新加坡参加"杭州美食节"表演，《联合早报》《联合晚报》先后进行报道。1989年花家山宾馆厨师赴新加坡表演，2000年楼外楼厨师再次赴新加坡进行技艺交流，2010年9月杭州市政府和新加坡中华总商会共同在新加坡瑞吉酒店再度举办为期一周的"杭州（新加坡）美食文化节"，加快杭帮菜走出国门，推进杭州餐饮国际化的进程，再次增进杭州与新加坡两地间的饮食文化交流。

　　1990年8月，杭州饮食服务公司的胡正林、陆魁德、王仁孝组成浙江烹饪技术表演团，赴英国、荷兰等西欧国家作为期一个月的技术表演。同年10月，在中捷联营的"布拉格·杭州饭店"工作的胡忠英、丁灶土参加捷克斯洛伐克的国

图为浙江省侨办烹饪技艺培训团成员合影（左起王少雷、金晓阳、戴桂宝、刘芸、朱烨、章敏、陈殷）

图为烹饪技艺培训团访欧洲三国的报道《浙江侨声报》2006年11月15第一版

际烹饪大赛，获冷菜金牌2枚、点心银铜牌各1枚，展示了杭州菜的魅力。

　　2006年10月下旬，浙江省人民政府侨务办公室（简称侨办）组建烹饪技艺培训团访问法国、西班牙、葡萄牙三国，以杭州菜为载体传播中国饮食文化，开展中餐烹饪技艺交流。由侨办副主任刘芸率戴桂宝、金晓阳、章敏等6人，去法国巴黎、西班牙马德里、葡萄牙波尔图和里斯本四地，举行侨领酒会、媒体记者宴、专场表演及烹饪技术现场授课等四场活动，代表团现场演示蜜炙排骨、鸡汁鳕鱼、蟹酿橙、

糖醋萝卜卷、蝴蝶饺等经典杭州菜点的制作，获得当地中餐业主的欢迎，得到了我国驻外使馆的充分肯定。《欧洲时报》《星岛日报》《欧华报》《中国报》《华新报》《世界报》《五天经济报》《侨声报》，我国凤凰卫视、新华网，以及葡萄牙国家电视一台、波尔图广播电台等媒体均对此进行报道，为当时欧洲低迷的餐饮市场注入了活力。

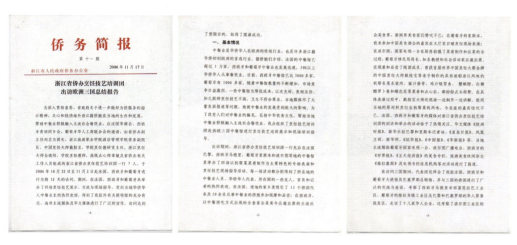

图为浙江侨务简报（2006年11月17日第十一期前三页）

2008年10月，由杭州市人民政府和中国常驻联合国代表团共同举办的"中国（杭州）美食节"在联合国总部举行。10月20日的美食节开幕式上，联合国官员、各国常驻联合国外交官等200余名嘉宾前来一品杭州美食。在为期10天的活动中，胡忠英等厨师[1]共展示了自助午餐、大使宴、开幕晚宴和媒体吹风会等4项活动的菜点，杭州菜龙井问茶、蟹酿橙获得了高度评价。通过活动，展示了杭州城市形象，促进了杭州与世界的交流，提升了杭州和杭州菜的国际知名度与美誉度。

---

[1] 赴联合国参加首届"中国（杭州）美食节"活动的代表团名单：团长：戴宁，副团长：朱尔为，服务总监：凌美娟，烹饪总监：胡忠英，行政总厨：董顺翔，行政副总厨：王政宏，团员：刘国铭、夏建强、周国伟、金伟凯、冯正文、王文贵、王仁孝、宣杭敏、丁灶土、叶玉莺。

图为赴美参加联合国"中国（杭州）美食节"的部分厨师在后场与驻美大使张业遂合影
（摘自《百年老号知味观》）

　　自 2008 年"杭州美食节"应邀进入联合国总部后，杭州市政府每年都派员到国外表演展示杭州美食。2010 年 9 月杭州（新加坡）美食文化节在新加坡举行，2011 年杭州（维也纳）美食文化节在奥地利举行，2012 年 9 月中华厨艺（杭州）国际展示活动在爱尔兰都柏林以及德国柏林、不来梅、法兰克福推广，2012 年 11 月杭州（悉尼）美食节在澳大利亚举行，2013 年 11 月杭州（马德里）美食文化节在西班牙举行，2013 年 12 月杭州（巴黎）美食文化节在法国举行，2014 年 11 月杭州（奥克兰）美食文化节在新西兰举行、杭州（墨尔本）美食文化节在澳大利亚举行，2015 年 3 月中国杭帮菜美东地区巡回宴在美国纽约开席发车达波士顿、费城、昆士兰，2015 年 5 月杭州（伊斯坦布尔）美食节在土耳其举行、2015 年 5 月底中国美食文化节暨杭帮菜宣传推广活动在希腊雅典和西班牙马德里先后举行。

　　因杭州厨师经常出国表演，杭州市商务委员会①决定成立一支专门的厨师表演队，会同杭州文广集团，委托杭州市餐饮旅店行业协会、杭州杭菜研究会承办"2015 杭州杭菜厨艺表演队选拔活动"，2015 年 7 月 31 日在杭州星都宾馆进行决

----

① 　2014 年 12 月设立杭州市商务委员会（杭州市粮食局），2019 年 1 月 9 日杭州市商务局（杭州市粮食和物资储备局）挂牌。

赛。2015年8月13日，一支由杭州各大餐饮企业（学校）的15名精兵强将组成的杭菜厨艺表演队正式成立，王政宏为队长，并每年作增补和变动。这也意味着杭帮菜对外推介时，有了常规生力军。

2016年11月14日，杭菜厨艺表演队成立后首次出征，8名精英厨师团队在胡忠英大师的带领下，以"文化中国·味道杭州"为主题的美食文化国际交流活动首站放在英国伦敦，第二站为匈牙利布达佩斯，现场进行厨艺绝技表演，让嘉宾在大饱口福的同时，深刻领略中华美食文化的博大精深，又一次用杭帮菜厨艺为杭州赢得了声誉。

2017年"杭州美食文化北欧行"活动前往挪威奥斯陆、芬兰赫尔辛基，2018年"韵味杭州·魅力美食"中国杭州美食文化推广品鉴活动在俄罗斯莫斯科举行。2019年10月杭州美食文化（葡萄牙）推广品鉴活动在里斯本举行，12月杭州美食文化（日本）推广品鉴活动在大阪举行。2023年"知味"杭州美食文化推广品鉴活动6月在泰国曼谷举行，7月在日本东京和大阪举行。

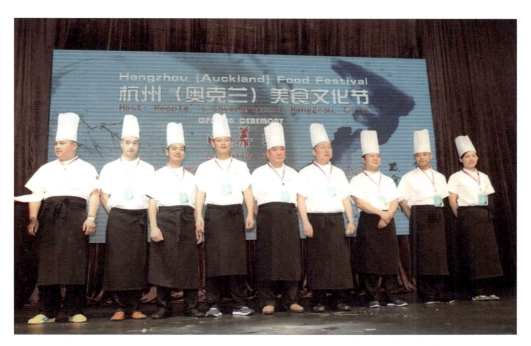

图为2014年11月6日杭州市政府主办的杭州（奥克兰）美食文化节在新西兰奥克兰拉开帷幕，
胡忠英大师（左六）和叶杭胜大师（左五）率7位厨界精英表演制作中国杭帮菜（照片由吴立标提供）

图为 2019 年 12 月 18 日杭州市餐饮旅店行业协会会长沈关忠（左一）、秘书长叶驰（右一）带领 7 位厨界精英赴日举办杭州美食文化（日本）推广品鉴活动（照片由吴忠春提供）

图为 2002 年 4 月在奥地利举办的杭州美食节上戴桂宝展示西瓜灯雕刻技艺

　　30 余年来，据不完全统计，杭州先后组织三四十次国际美食文化交流活动，有些是政府组织推广，有些是企事业单位的民间美食交流，杭州厨师带着杭州菜点赴新加坡、韩国、奥地利、法国、西班牙、葡萄牙、俄罗斯、美国、德国、澳大利亚、新西兰、英国、匈牙利、挪威、芬兰、马来西亚、日本、巴西、泰国等国家和地区进行美食推广。随着杭州菜点亮相世界各地，杭州美食的精致可口，使世界人民知晓杭州，从而使杭州的知名度也随之提高。

图为戴桂宝赴奥地利指导外国朋友制作中国杭帮菜

2. 美食赋能，为友谊添彩

当今的美食不仅仅是为了饱腹，满足我们的味蕾，更多的是视觉与心灵的享受，以及实现文化和艺术的享受，希望用美食来拉近人与人之间的距离。

2016 年 9 月 4 日晚，国家主席习近平在浙江西子宾馆举行的 G20 杭州峰会的欢迎晚宴上，以一席"西湖盛宴"招待来自世界各地的领导人。精致的杭州菜点伴随着 G20 峰会的进程，在双边宴、欢迎晚宴、会议餐、夫人宴※等环节中惊艳亮相，为会议活动增添光彩，给各成员国元首和嘉宾留下了深刻的印象。

※杭州西湖国宾馆是双边会谈场地，从 9 月 2 日开始承接了五场宴会；浙江西子宾馆为欢迎晚宴场地，承接 9 月 4 日欢迎晚宴；杭州国际博览中心为 G20 杭州峰会的主会场，承接 9 月 5 日会议中餐；杭州楼外楼是元首夫人会聚之地，承接 9 月 5 日夫人团午宴。

2017 年 12 月，"第 53 届国际饭店与餐馆协会年会暨一带一路国际饭店业合作大会"在杭州开幕。来自美国、法国、希腊、克罗地亚、尼泊尔、捷克等国的饭店协会会长，和全球饭店行业专家学者近千名代表欢聚一堂，共同探讨"一带一路"国际饭店业发展新动力与中国市场新机会。国际饭店与餐馆协会※主席 Ghassan AIDI 代表协会授予杭州为世界第一个"世界美食名城"称号。大会期间，举办了"一带一路"国际美食技能大赛，30 位中外顶级大师同台竞技。中国大厨和来自巴西、日本、俄罗斯、西班牙、法国等 10 个国家的厨艺大师、米其林厨师同台献艺，是一次东方与西方美食文化的碰撞与交融。同时，大会还举行了多场杭帮菜美食文化交流会。

图为"世界美食名城"牌匾

※国际饭店与餐馆协会（International Hotel & Restaurant Association, IH & RA），成立于 1947 年，总部设在瑞士洛桑，是一家非营利性国际饭店组织，也是联合国认可的全球唯一的饭店与餐饮行业权威性国际组织，与联合国及其下属的国际劳工组织、教科文组织、世界银行、世界旅游组织、世界贸易组织等机构联合开展工作。

2019 年 5 月，亚洲文明对话大会在北京举办。作为配套活动，5 月 15 日杭州同步举办为期一周的"知味杭州"亚洲美食节。本次美食节以"以食载文，和而不同"为主题，在举办亚洲特色小吃展和各种美食文化展的同时，有几场美食论坛的重头戏，如在浙江旅游职业学院举行的"美食与优雅生活"论坛、在杭州图书馆举行的"美食与食育"论坛、在中国美术学院南山校区举行的"知识江南美学·味象风雅宋韵"论坛、在杭州洲际酒店举行的"数字科技赋能新餐饮"论坛、在中国茶叶博物馆举行的"茶传五洲"国际茶文化论坛，说明杭州美食在以食物为载体的同时，逐步向以美食文化为核心转向。

图为参加"美食与优雅生活"论坛的外国朋友

　　杭州还举办了不少涉外比赛。2003年1月,"知味观"杯外国人杭州菜烹饪大赛在杭州知味观举行。这次赛事由浙江省旅游局和杭州市旅游委员会主办。参加大赛的有美国、法国、德国、日本、韩国等20多个国家和地区的100多名选手,选手均是在杭州、南京两地工作和学习的外国友人。本次比赛以组为单位,烧一个指定的杭州菜、一个以杭州风景命名的自创菜。这次赛事真如杭州市副市长项勤在致词时说的一样:西湖美景天下闻名,杭州菜肴香飘万里。

图为2003"知味观"杯外国人杭州菜烹饪大赛现场　　　　图为两位外籍选手在赛场制作杭州菜

　　2012年1月,法国参议院副议长、前总理拉法兰亲自率领法国青年代表团来杭考察访问。1月7日,一场中法青年烹饪友谊赛在浙江旅游职业学院的烹饪实训室里举行。法国青年现学现做的花式蒸饺、菊花鱼、炒仔鸡、炒虾仁等杭州菜,获得了在场评委的一致好评。旅院学生也向法国青年学做了一系列西餐菜点。在此次访问中,法国青年代表团与旅院师生就两国的餐饮文化进行了座谈交流,同时也与旅院同学建立了友谊。

图为法国青年制作杭州名菜

图为中法两国青年通过短暂的相处，结下了友情

图为法国参议院副议长、前总理拉法兰在浙江旅游职业学院与参加中法青年烹饪友谊赛的选手合影

2014年10月，"舌尖上的浙江"外国留学生中华厨艺比赛在浙江旅游职业学院举行。这次赛事由浙江省教育厅、浙江省人民政府新闻办公室、浙江省人民政府外事侨务办公室、浙江广播电视集团主办，浙江电视教育科技频道、浙江旅游职业学院承办，来自22个国家的26名选手参赛。通过两轮竞争，比赛决出一等奖1名、二等奖3名、三等奖5名，最后来自杭州师范大学的韩国留学生李炫定夺得一等奖。

图为杭州师范大学韩国留学生李炫定在外国留学生中华厨艺比赛的现场

图为担任外国留学生中华厨艺比赛的评委（左起屠杭平、周文涌、胡婕、陈利江、刘海波）

图为"舌尖上的浙江"外国留学生中华厨艺比赛部分选手合影

　　2015年10月，一部专门反映杭帮菜美食的电视片《绍兴酒与杭帮菜美食》，在日本BS富士电视台播出。片中胡忠英大师带领记者参观杭帮菜博物馆，详细叙述了杭帮菜的发展历史与渊源，并亲自操刀制作龙井虾仁、油焖春笋两道杭州传统名菜。

　　2021年1月，由浙江省文化旅游厅指导、浙江旅游职业学院摄制、戴桂宝团队成员和加拿大外教福迪尔、韩国外教朱汉娜、乌克兰外教克里斯蒂娜参与拍摄的微电影《牛气冲天——国际友人的中国年味》入选文化和旅游部2021年"欢乐春节"线上活动项目，视频在瑞典、韩国和保加利亚等国播放，弘扬和宣传中国博大精深的饮食文化，展示中国美食的悠久历史和中国厨师精湛的烹饪技艺。

图为微电影《牛气冲天——国际友人的中国年味》剧照

　　杭州菜不仅仅通过举办国际交流活动和比赛得以展示，在杭州菜魅力的吸引下，还有不少国际名人和组织慕名前来品尝和学习。新加坡饮食文化专家周颖南一行来杭州考察美食，并和楼外楼厨师交流；日本的新锐作家南条竹则，在杭州菜的吸引下，多次组织美食团来杭品尝美食。仅 2007 年，就有国际足联主席布拉特，美国财政部长斯诺，国际知名作家、挪威人乔斯丹·贾德来杭，分别在楼外楼、知味观、新新饭店品尝美食。当然这里只记录了一小部分，其实慕名前来品尝美食的名人和组织源源不断。有通过旅行社组织美食考察团来杭学习和品尝的，有些是来专项进修的。相信如 G20 杭州峰会和杭州第 19 届亚运一样的大型国际性会议还会在杭召开，将迎来更多的中外宾客，杭州美食会再火上一把。

（六）博物展馆社会价值

　　随着杭州经济的稳定快速发展，餐饮业成为杭州十大潜力产业之一，杭州菜成为杭州的一张新名片。在具备这些优势的背景下，杭州市政府决定建一所杭帮菜博物馆，由杭州市商业资产经营公司、浙江工商大学承担杭帮菜博物馆项目设计工作。2012 年 3 月 20 日，一座隐居于江洋畈生态公园旁的中国杭帮菜博物馆隆重开馆。开馆典礼上，浙江省委副书记、省长夏宝龙为中国杭帮菜博物馆开馆发来贺信。浙江省委常委、杭州市委书记黄坤明为中国杭帮菜博物馆题词："美食之都"。杭州市人大常委会主任王国平宣布开馆，并与中国饭店协会会长韩明共同为博物馆揭幕。

1.保护文物，呈现杭菜历史

这座博物馆全名为"中国杭帮菜博物馆"，是一座集展示、体验、培训于一体的承载杭帮菜文化的殿堂。它利用科技手段，综合了文字、实物、模型、雕像、场景等多种元素，展示了从 5000 年前良渚文化时期到现代社会各个时代杭州人的日常饮食，是一部生动丰富的杭州饮食史册。

说起杭帮菜博物馆，我们不得不说杭帮菜博物馆首任馆长戴宁，他职务一大堆，杭州老字号的厨师都是他的手下。他倾心于事业，热衷于美食文化，爱贤惜才，看到好苗子就创造条件给予扶植，杭州很多名厨都在他的培养下成长。2012年，浙江旅游职业学院和杭州饮食服务集团有限公司合作创办"杭帮菜"学院，戴宁任院长，大力培养和资助在校学生。

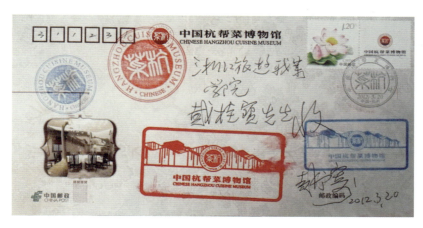

图为杭帮菜博物馆开馆首日封，博物馆馆长戴宁签名并实寄

杭帮菜博物馆的建设，倾注了戴宁馆长的心血。他谦逊地说：是浙江工商大学赵荣光教授和他的团队完成了博物馆展陈的文字文本，是公司胡忠英大师和他的团队完成了文字文本中的菜点制作。的确，赵教授团队和胡大师团队，一起将沉睡在古籍中的菜点栩栩如生地还原在大家的视线中，值得我们铭记，但也不能忘记首任馆长戴宁在策划设计和藏品搜集中不为人知的艰辛付出。

图为中国杭帮菜博物馆正门

　　先来看看大门两边的对联。上联为"西湖美景春夏秋冬远近听听看看",下联为"杭州名菜东西南北古今品品尝尝"。上联代表西湖十景,即:春(苏堤春晓)、夏(曲院风荷)、秋(平湖秋月)、冬(断桥残雪)、远(双峰插云)、近(三潭印月)、听(南屏晚钟)、听(柳浪闻莺)、看(雷峰夕照)、看(花港观鱼)。下联代表杭州十道名菜,即:东(东坡肉)、西(西湖醋鱼)、南(南肉春笋)、北(百鸟朝凤)、古(栗子冬菇)、今(金牌扣肉)、品(一品南乳肉)、品(西湖一品煲)、尝(宋嫂鱼羹)、尝(西湖莼菜汤)。这幅对联是博物馆先出上联,开展征集下联活动,要求"美食对美景",充分说明活动题材构思巧妙,独具匠心,策划者费了一定的心血。最后成联后,又请著名书法家王冬龄教授亲笔挥毫题写。这副对联让观众没有进门就见到了美景和美食的融合,加上美院教授刘江书写的"中国杭帮菜博物馆"古朴字体的牌匾,一股"味道"扑面而来。

2.免费开放,展现美食魅力

　　杭帮菜博物馆开馆以来,免费对市民开放,每月还举办"市民品尝日""学艺日"活动,以及不间断的饮食文化交流活动,每到假日,人头涌动,成为杭州市民品美食、学美食、研美食的文化场所。有会议或团队来杭考察,也不忘去杭帮菜博物馆打卡。杭帮菜博物馆为弘扬杭帮菜、打造美食之都做出了不可估量的贡献。如 2012 年 11 月 11 日，中国（浙江）国际旅行商大会欢迎晚宴在中国杭帮菜博物馆多功能厅举行，来自 26 个国家与地区的国际旅行商和国家旅游局、亚太旅游组织、国际旅行商买家团代表、相关政府部门、协会机构和媒体记者等 360 多人出席。当一道道杭州菜点出现在嘉宾面前时，大家着实被吸引，称赞声不断。

2014 年 5 月，由中国杭帮菜博物馆、杭州市餐饮旅店行业协会联合举办的新杭州名点名小吃评选活动在中国杭帮菜博物馆启幕，来自杭州各区、县（市）的 61 家餐饮企业送来参选的点心小吃品种多达 175 个。经专家组委会认真研究与评定，确定了 50 强入围候选名单，然后通过网络评选，共收集投票 22 万张，最终经活动组委会敲定，命名了鲜肉小笼等 36 只新杭州名点名小吃（名单详见 P26）。这次送展评选的不仅仅有杭州老城区的点心，还有余杭、富阳、桐庐、临安、建德、淳安等区县的特色点心，展现了大杭州美食的魅力。

图为新杭州名点名小吃专家评委席

同时进行的嘉年华活动中有来自北京、上海、深圳、成都、开封、天津、扬州和杭州 8 个城市的包子展出。

2018 年 8 月 31 日，由浙江省旅游局[①]主办的"诗画浙江·百县千碗"旅游美食推广系列活动启动仪式在中国杭帮菜博物馆举行。活动期间，全省各市、县（市、区）旅游部门联合浙江省饭店业协会、浙江省餐饮行业协会组织专家挖掘、评选，推出当地特色的 100 碗旅游美食，最后将其中 10 碗最具代表性的旅游美食报送浙江省旅游局，后续推出 2018 年诗画浙江·百县千碗"旅游美食榜单、《餐桌上的浙江》旅游美食推广图册与浙江旅游美食地图。随后杭州市文化广电旅游局[②]推出"百县千碗"美味杭州活动、"诗画浙江·百县千碗"培训活动、"百县千碗·杭州味道·运河美食汇"、"百县千碗·杭州味道美食集市"等，使杭州各区县的深山人未识的地方美食走进大众视线，丰富了市民餐桌。

2019 年 5 月，"知味杭州"亚洲美食节活动之一的"亚洲美食厨艺交流表演

---

① 2018 年 10 月 25 日，浙江省文化厅、浙江省旅游局及浙江省文物局进行整合，组建浙江省文化和旅游厅。
② 2019 年 1 月 9 日，杭州市文化广电新闻出版局（市版权局）、杭州市旅游委员会进行整合，组建杭州市文化广电旅游局。

秀"，于 17 日在中国杭帮菜博物馆上演，来自中、日、韩、泰、印五国的顶尖大厨同台切磋厨艺，展现了亚洲各国美食文化的别样风采，使各国文明在杭州通过美食得到交融与碰撞。

中国杭帮菜博物馆势必成为杭州美食游的必到景点，成为介绍杭州博大精深的饮食文化的一个窗口，为促进国际国内的交流、提升杭州美食起到重要的作用。

※ "诗画浙江·百县千碗"作为浙江省大花园建设"五养"（养眼、养肺、养胃、养脑、养心）工程的重要内容，自 2018 年 8 月启动以来在浙江省省委、省政府的高度重视下，连续 3 年写进省政府工作报告，纳入省委"十四五"规划和高质量发展建设共同富裕示范区范畴，成为助力山区 26 县发展"一县一策"的重要工作内容。浙江省文化和旅游厅联合浙江省商务厅、浙江省市场监督管理局等六部门共同发布《做实做好"诗画浙江·百县千碗"工程三年行动计划（2019—2021 年）》。随后，又发布《关于做实打响"诗画浙江·百县千碗"的通知》等多个引导文件，持续推动工程落地。

（七）职业教育功不可没

改革开放后行业人才需求倍增，职业教育培养了大批烹饪专业人才，功不可没。中华人民共和国成立初期，菜馆、饭店简称菜饭业，与我们现在称之为餐饮业一样。20 世纪 50 年代，一家大型的菜饭业店员工不足 20 人，中型的只有 10 人，多数只有个位数。1963 年末统计全市从业人员才 1580 人。到了 1972 年城区加郊区餐饮店（不包括几家宾馆饭店）才不过 235 家。现在酒店和餐饮企业数量众多，单体店又体积庞大，2000 年曾有一家大型餐饮店（五环喜乐城）的厨师就达 300 人，2020 年杭州开元森泊度假酒店餐饮部的员工就有 270 人。根据 2020 年 4 月杭州市第四次全国经济普查主要数据公报（第一号）》公布的数据，杭州住宿和餐饮从业人员达 37.06 万人之多。以前一般经营中晚场、少部分经营面条的早晚场店，员工基本为一班制，到了改革开放初期，为数不多的事业编制宾馆酒店员工为二班制。从 50 年代的每天工作 12—13 小时工作制，到后来的每周 48 小时工作制，再到现在的每周 40 小时工作制，需求人数成倍上涨。如此庞大的行业人员增长，虽有外来务工人员补充，但主要靠的是学校输送的专业人才。

1. 职教渐进发展，缓解行业需求

杭州最早培养厨师的几所学校为杭州餐饮行业输送了第一批烹饪专业人才。

如杭州商业职工学校（1964 年成立并开设厨师班，"文化大革命"期间停办）[1]；浙江商业学校（1974 年开设烹饪专业，1976 年第一届学生毕业后烹饪专业停办）；杭州商业技工学校（1978 年成立并开设烹饪专业，1986 年与浙江商业学校合并，一套班子两块牌子，现为浙江商业职业技术学院）。

20 世纪八九十年代职业学校得到发展，相继有杭州五四职业学校（1982 年开设烹饪专业，1990 年烹饪专业调整至杭州市莫干山路中学）、杭州市劳动局技工学校（1983 年开设烹饪专业，现为杭州第一技师学院）、杭州红星职业中学（1984年开设烹饪专业，后更名为杭州饮食服务职业高级中学、杭州烹饪职业高级中学、杭州市莫干山路中学，2001 年与杭州市中策职业高级中学合并，更名为杭州市中策职业学校）、杭州九溪职业中学（1984 年开设烹饪专业，现为西湖职业高级中学）、杭州市江滨中学（1984 年高中部开设糕点食品专业，后为杭州江滨职业学校）、杭州市第八中学（1984 开设烹饪专业，后烹饪专业停办，现为杭州市旅游职业学校）、杭州铁路第二中学（约 1985 年开设烹饪专业，后烹饪专业停办）、浙江省旅游学校（1992 年开设烹饪专业，现为浙江旅游职业学院）、浙江省残疾人职业技术学校（1993 年开设烹饪专业，2001 年更名为浙江省华强中等职业学校，现为浙江特殊教育职业学院）、杭州市杨绫子学校（1999 年开设面点制作专业），还有萧山商业学校（1980 年开设烹饪专业，2014 年并入杭州市萧山区第二中等职业学校）、萧山裘江职业高级中学（1988 年开设烹饪专业，2000 年并入萧山一职，2008 年转入杭州市萧山区第二中等职业学校）、余杭市农业技术中学（1994 年另设名杭州市良渚职业高级中学，同年开设中西点心专业）、杭州市萧山区技工学校（1996 年办学，同时设立烹饪专业，现为萧山技师学院）、塘栖职业高级中学（2022 年开设烹饪专业）等十余家学校开设烹饪及烹饪相关专业，培养了一大批烹饪技能人才，一定程度上缓解了杭州餐饮市场的人员急缺问题。富阳、临安、桐庐、淳安、建德等周边县市的学校和新东方烹饪教育等民办培训学校也为杭州的企事业单位输送了一部分烹饪人才。

---

[1] 杭州商业职工学校，为职工子弟学校，1964 年开始招收初中生，学制两年，1969 年改为杭州五四中学，因不招厨师班，部分烹饪教师于 1978 年被安置到杭州商业技工学校。

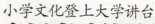

图为烹饪泰斗陈善昌在浙江旅游职业学院传艺（《美食商报》2003年6月2日第五版）

    2000年浙江商业职业技术学院和浙江旅游职业学院先后升格为高职院校，培养高职人才，为杭州餐饮行业的发展提供了高素质有潜能的生力军。就拿浙江旅游职业学院厨艺学院（2020年烹饪系更名为厨艺学院）来说，其十分注重学生素质培养，通过以德为先、以技为重、校企联动、技能接轨、海外实践、服务社会的探索和实践，该校的学生普遍素质高、技能好，深受企业和烹饪学校的青睐。现在厨艺学院烹饪专业在校生1800余人。2012年9月7日，浙江旅游职业学院与杭州市饮食服务集团合作成立"杭帮菜学院"，在中国杭帮菜博物馆举行签约和揭牌仪式，首任院长戴宁，执行院长戴桂宝、沈炯毅，同时韩利平、董顺翔、王政宏、孙逸明、刘国铭、王仁孝、赵杏云、丁灶土被聘任为学院首批导师。2013年学院与王品餐饮股份有限公司合作成立"王品学院"，2020年与美心食品（广州）有限公司合作成立"美心产业学院"，每年为企业定点输送人才。

图为2012年9月7日储备人才、传承杭帮菜文化的"杭帮菜学院"在中国杭帮菜博物馆揭牌成立
（左起孟亚波、戴宁、梁建军、金炳雄、徐云松、王忠林、戴桂宝）

图为校企合作办学的"杭帮菜学院"牌匾

图为 2020 年 1 月 7 日浙江省烹饪餐饮行业协会会长沈坚关心职业教育，莅临浙江旅游职业学院，在浙江文化旅游厅主办的首届浙江省非遗传承人群饮食类研习培训班结业作品现场和杜兰晓院长等领导合影（左起戴桂宝、王方、王忠林、沈坚、杜兰晓、戈长根、韩掌良、金晓阳、王玉宝）

2.师资融合共进，以赛促进技能

　　要说烹饪人才的培养，关键在于师资，因我国职业教育起步较晚，学校的师资严重不足且教师技能欠缺，因此如何大面积培养中高职人才，成了摆在大家眼前的难题。浙江旅游职业学院烹饪系，在 21 世纪初就打破框框开始引进人才，率先聘用行业的佼佼者来充实师资、聘用行业一线专家来兼职任教，不仅能给学生带来更多更新的知识和技能，也能在技能上帮辅和促进原有专业教师的水平。在课程设置上增加实训课时，使实训课时和理论课时同等，这种专兼师资比同等和理实课时比同等，开启了各职业院校改革的先河。再派专业教师赴行业企业挂职学习，鼓励专业教师去行业企业兼职，创造条件给教师接触行业、接触大师的机会。虽然各院校的培养质量都在提高，但全国职业院校的师资水平还是参差不齐。

在这种紧要关头，教育部和省市教育厅局先后组织中高职烹饪比赛，特别是国赛，迫使各学校的专业教师相互交流，促进了技能的提高。现在各学校的专业教师的技能个个都是响当当的，再也不会被行业称为"三脚猫"，培养的学生也出类拔萃，毕业生被各企业竞相争抢。

图为旅院学生姚永芳在 2010 年 2 月阿联酋沙龙烹饪比赛（迪拜）——水果和蔬菜雕刻展示获金奖的证书

图为旅院学生姚永芳在 2010 年 2 月阿联酋沙龙烹饪比赛（迪拜）——个人冰雕项目获银奖（唯一最高奖）的证书

就拿浙江旅游职业学院来的毕业生来说，有在《舌尖上的中国》露一手的蒋露露，在 2012 年全国职业院校技能大赛上获中餐面点项目一等奖；有杭州市高层次 C 类人才、获"全国技术能手"称号的毛佳儿，在全国烹饪技能竞赛上获点心第一名；有上海明天广场 JW 万豪酒店任行政总厨的姚永芳，2010 年 2 月在阿联酋沙龙烹饪比赛获 1 金 2 银；有获"全国技术能手"称号的周炜彬，参加全国行业职业技能竞赛获金奖；有西湖国宾馆厨师长施乾方，专为国家领导人掌勺，他参加浙江省接待酒店比武获金质奖、参加全国烹饪技能竞赛获金牌；有紫萱三嚥阁法餐厅主厨俞宁，参加第二届全国饭店系统服务技能比赛获金奖。

提及的每位学生，都有不少的参赛经历，这些优秀学生不仅仅靠学校的课程教学来培养，更是通过自身的努力和比赛的锤炼逐渐成长的，所以参赛是快速成长的一个途径，是检验自我的试金石。

2002 年 7 月，教育部职业教育与成人教育司在长春举办首届全国中等职业学校学生烹饪技能大赛。2007 年首届全国高等学校烹饪技能大赛于 11 月在武汉举行。2007 年全国中等职业学校师生烹饪技能大赛于 6 月在重庆举行。2008 年全国职业院校技能大赛（中高职）于 6 月在天津举行，2009 年高职赛在扬州举行、中职赛在天津举行。随后中职每年举行比赛，高职烹饪项目隔年或隔两年举行一次。大赛由教育部主办，教育部行业指导委员会和中国烹饪协会承办，高职组为展台赛 1

个项目（包括团体和个人），中职组为冷菜、热菜、点心、雕刻、西餐、西点6个人赛项目。杭州的各职业院校积极参与、刻苦训练、做足准备，浙江省教育厅和杭州市教育局也有计划、有系统地组织职业院校参加烹饪技能大赛，开展专业教师的培养，大大促进和提高了教师、学生的专业技能。杭州西湖职高、中策职高、良渚职高、浙江旅游职业学院、浙江商业职业技术学院等学校的烹饪专业学生，多次在全国大赛上获得金牌，仅杭州西湖职高就从2009年起连续八届在全国职业院校技能大赛上获金奖，共取得11金10银的好成绩。

浙江省教育厅主办的浙江省中职烹饪专业学生技能大赛暨全国职业院校技能大赛选拔赛多次放在浙江旅游职业学院举行，从大赛公正公平角度出发，一律在赛前提前公布设备和原料品牌，赛中一切抽签检录、换号加密、现场监理等均由学生在教师带领下完成，既在过程中体现了规范和严谨，又让参赛的学生和服务的学生从中学到严谨的工作态度、守信的职业素质。从那时起，只要是浙江旅游职业学院承办的赛事，对赛场采取赛前检查后贴封条、赛时启用的措施；对选手作品采用胶贴制作编号、多次加密措施；对评委聘用采用临时抽签通知、手机封存措施；对原料采用换框检查、人料分离入场的措施；对赛位安装监控监视设备，杜绝现场舞弊现象；对计时采用超时断供燃气措施，防止监理出现双标现象。严肃考纪、公平公正，培养选手和学生以德为先的职业操守。上述的考场措施，现在感觉很正常，但在十多年前要落实这些措施确实比较棘手，这要感谢浙江省教育厅和浙江省人社厅领导的支持和认同。

3.培养海外人才，走出国门办学

学校不仅仅是传道授业之地，还承担更多的社会服务责任，浙江旅游职业学院烹饪系多次承担国际友人和海外华侨的培训任务，为来自丹麦、法国、韩国、日本、俄罗斯、乌克兰、南非等世界各地的侨胞和留学生传授中国烹饪技艺、杭州菜点及糖艺面塑。

2005—2006年，受日本名古屋文化短期大学委托，连续举办两期中国（杭州）点心培训班，36位日本专业点心师来到浙江旅游职业学院，进行为期7—11日的学习和生活，其间师生结下了深厚的感情。学员后续寄信，述说他们取得的成就，并将刊登他们作品和事迹的报纸杂志寄来，以作汇报与表达谢意。

图为来自日本参加中国（杭州）点心培训班的学员

2005—2007 年，法国保罗·奥吉埃旅游饭店学院师生代表团（每年 16 位）连续三年来杭进行为期一个月的培训[①]，为他们安排传统中式烹饪与文化课程，随后安排黄龙饭店、金马饭店、之江度假村等企业实习体验。

2019 年 3 月，南非职业技术大学 19 名学生来到浙江旅游职业学院学习，同年 7 月到杭州知味观实习（因疫情原因，次年 2 月提前回国）。

国际友人连续不断来杭学习，充分说明了杭州菜的魅力和地位。

图为知味观领导和浙江旅游职业学院领导与来自南非共和国的学生合影

---

① 法国保罗·奥吉埃旅游饭店学院第一批 16 人师生团于 2005 年 9 月 3 日抵杭，第二批 16 人师生团于 2006 年 9 月 5 日抵杭，第三批 16 人师生团于 2007 年 10 月 8 日抵杭。

2009 年 5 月，来自 24 个国家和地区的 50 余位浙江籍妇女侨团代表、侨界女性企业家，参加"2009 相约春天·侨界名媛故乡行"活动。浙江旅游职业学院是这次活动的第一站，侨界名媛相聚旅院，参观职业教育成果，观摩两位老师为她们制作的杭州菜和杭州点心。

2017 年，来自全球 14 个国家和地区的 45 名海外浙籍厨师参加的第一期海外中餐烹饪技能培训班于 4 月 10 日上午在浙江旅游职业学院举行开班典礼，浙江省政协副主席、浙江省侨联主席吴晶，浙江省侨联党组书记岑国荣，浙江旅游职业学院院长金炳雄，浙江省餐饮协会会长章凤仙，浙江省侨联副主席张维仁等出席。在为期一周的培训过程中，来自浙江旅游职业学院、中国国际茶文化研究会、西子宾馆等地的教授、专家和总厨现场为学员们讲授中华传统美食文化、杭州名菜制作、G20 峰会宴会菜点演示等课程，同时还安排学员赴中国杭帮菜博物馆及西子宾馆进行现场教学和考察，举办海外中餐馆工作交流座谈会。结业典礼时，学员们拿出精彩的汇报作品，进一步推进了海外中餐业的交流合作。正如吴晶主席所说："以侨为桥、以食为媒""海外万家中餐馆，同讲中国好故事"。之后第二期、第三期陆续在浙江商业职业技术学院举办，至今已办班 10 余期。

图为第一期海外中餐烹饪技能培训班开班典礼（左起张维仁、金炳雄、吴晶、岑国荣、章凤仙）

图为 2017 年 4 月 17 日在第一期海外中餐烹饪技能培训班结业典礼上，来自法国的班长陈建斌（左二）
向浙江省侨联主席吴晶（右四）、副主席张维仁（右三）介绍学员作品

　　2019 年 7 月，浙江旅游职业学院与塞尔维亚贝尔格莱德应用技术学院以"政校企"合作模式，成立中塞旅游学院，以"汉语＋中式烹饪"为教学特色，开展人才培养、技能培训和文化交流等活动。2020 年 10 月，浙江旅游职业学院和意大利阿尔玛国际厨艺学院共建中意厨艺学院，双方互设厨艺雏鹰班。2020 年 12 月，浙江商业职业技术学院与西班牙巴利阿里大学合作开设西班牙中餐学院。这些海外合作学院①都响应了国家"一带一路"倡议，深化了国际旅游教育合作，是传播中国烹饪文化的平台。这才是真正走出国门传授技艺，让更多的国外年轻一代了解和体验富有浓郁东方魅力的中国传统烹饪文化，掌握中国菜（杭州菜）的制作技艺。

　　总之，杭州菜有今天的发展，既不能忘记政府部门和各协会的组织推广，使杭州烹饪活动不断；也不能忘记老一辈的辛勤付出和新一代的勤于创新，为杭菜争得荣誉；更不能忘记媒体记者的奔波宣传和各学者笔下耕耘，为社会和行业留下宝贵的财富，使杭州美食得以传承和推广；还不能忘记立志于烹饪事业的热心人士，为厨师创造条件提供帮助；特别不能忘记各企业主的呕心沥血，开拓市场，并为厨师提供良好的职业发展环境；最后不能忘记各大中职院校的育人培养，为杭州菜厨

---

　　① "中塞旅游学院""中意厨艺学院""西班牙中餐学院"于 2022 年 6 月被浙江省教育厅认定为"丝路学院"，同年 8 月"中塞旅游学院"又被教育部认定为"塞尔维亚鲁班工坊运营项目"。

图为阿尔玛国际厨艺学院院长安佐·马兰卡、首席执行官安德烈·西尼格里亚在意大利会场为中意厨艺学院揭牌。在浙江旅游职业学院会场见证"云揭牌"的有顾建新（浙江省外事办公室党组成员、一级巡视员）、韦国潭（浙江旅游职业学院党委书记）、沈坚（浙江省餐饮行业协会会长）、季志海（浙江省侨联副主席）、郑恒慧（浙江省文化和旅游厅对外合作交流处处长）、王方（浙江旅游职业学院副校长）等领导嘉宾

图为中意美食新丝路烹饪教育联盟理事长、浙江旅游职业学院副校长王方为戴桂宝颁发首任中意学院院长聘书

师队伍输送生力军。我们感恩！但要说杭州菜成功的奥秘，还要由衷赞叹杭州当代厨师敬业求精的工匠精神，使得杭州菜肴的创新水到渠成地走在了全国的前列。

　　祝愿在大家的努力下，通过各式美食秀和烹饪活动，多角度传承杭州饮食的传统文化，多方位呈现杭州菜点的创新和发展，让越来越多的人认识杭州、了解杭州菜，记住最美的"杭州味道"。

下 篇

杭州菜的传承和创新

杭 州 名 菜 探 秘

陆礼金　罗桂枫　　吴顺初　　　　　　　金院宪

吴佛国　　东涂湘　　胡忠英　　　　　冯世凯

叶杭胜　　　凌报永　　　　　张建维　　徐雪锦

徐步荣　　　不子莲华　　戴桂宝　　楼国前

莫志雄　　李柏行　　吴聚水　　王玻瑶
　　　　　　　　　　　　　　　石翠明

杨云明　　　萧　　　　梁建豪　　章吐章

章州明　　俞州朋朋　　魏峰　　　李川

海明　　　吴弦　　　金小刚　　　盛德城
　　　　　潘松平

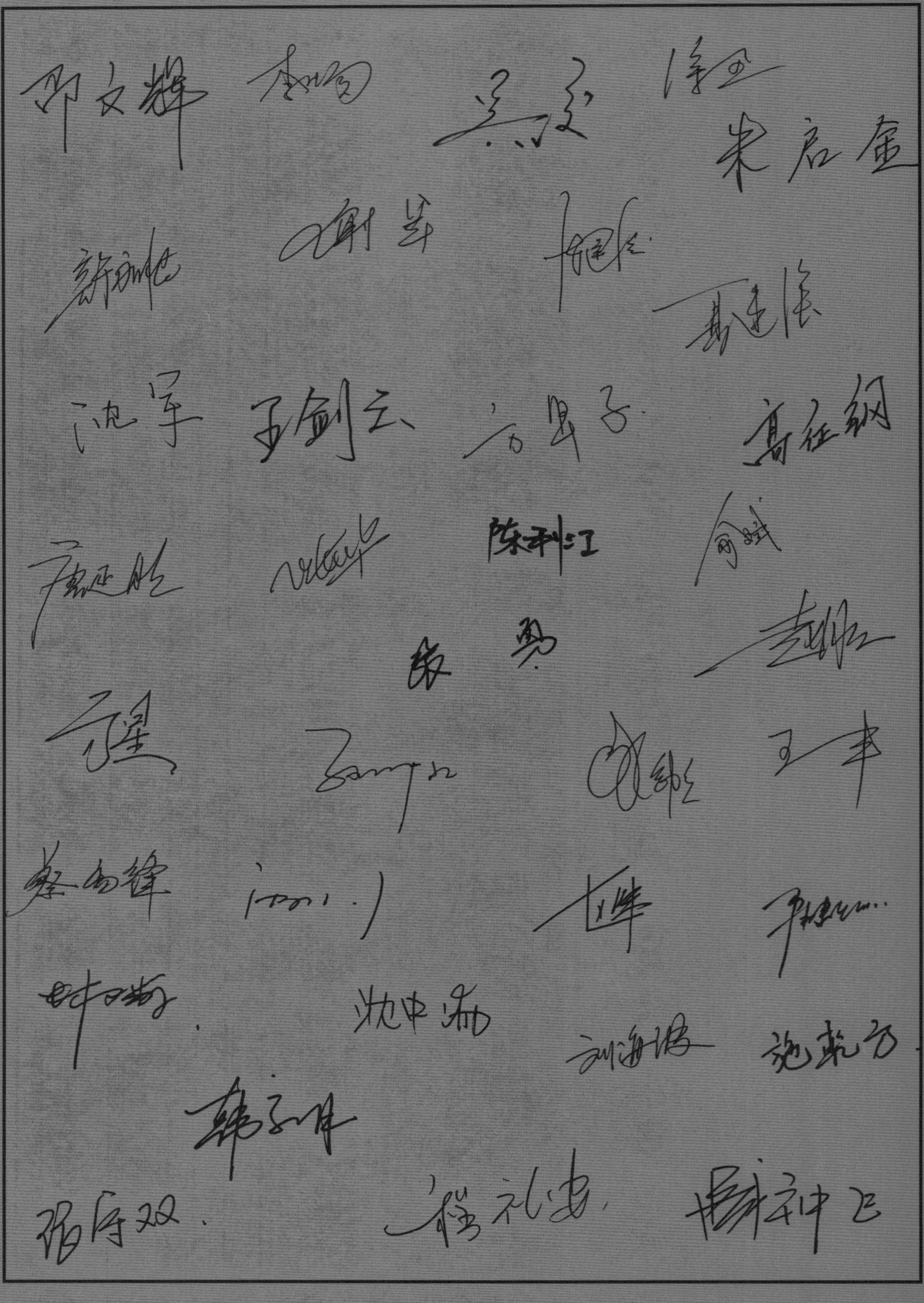
邓文辉
宋启金
于剑云
高征钢
陈利江
蔡向锋

壹、杭州名菜与创新

一、西湖醋鱼（传统名菜）

传承制作：戴桂宝
原浙江旅游职业学院烹饪系主任

个人简介

　　西湖醋鱼是一款家喻户晓的杭州传统名菜，此菜不加味精却滋味鲜美，不放油脂却色泽红亮，鱼肉嫩美，酸甜中带有蟹肉滋味，别具特色，是一款杭州名菜中知名度较大的菜肴。

（一）故事传说

　　"西湖醋鱼"又叫"叔嫂传珍"。相传古时有宋姓兄弟两人，满腹文章，很有学问，隐居西湖以打鱼为生。当地恶棍赵大官人游湖时路遇在湖边浣纱的妇女，见其美姿动人就想霸占。派人一打听，原来这个妇女是宋兄之妻，就施用阴谋手段害死了宋兄。恶势力的侵害，使宋家叔嫂非常激愤，两人一起上官衙告状，乞求伸张正义，但官府和黑恶势力勾结，不但没受理他们的控诉，反而一顿棒打，把他们赶出了官衙。回家后，宋嫂要宋弟赶快收拾行装外逃，以免恶棍再来加害。临行前，嫂嫂烧了一碗鱼，加糖加醋，烧法奇特，宋弟问嫂嫂：今天鱼怎么烧得这个味道？嫂嫂说：生活跟这鱼一样有甜有酸，你这次外出，千万要记住你哥哥是怎么死的，也不要忘记老百姓受欺凌的辛酸和你嫂嫂饮恨的辛酸。弟弟听了很是感动，牢记嫂嫂的话而去。后来，宋弟取得了功名回杭，惩办了恶棍，报了杀兄之仇。可是嫂嫂查无音讯，有次，宋弟出去赴宴，席间吃到一菜，味道和他离家时嫂嫂烧的一样，连忙追问是谁烧的，才知道正是他嫂嫂在后厨做的。原来自他走后，嫂嫂为了避免恶棍来纠缠，隐姓埋名，躲入官家做厨工。宋弟找到了嫂嫂很是高兴，就辞了官职，把嫂嫂接回了家，重新过起捕鱼为生的渔家生活。后人把宋家叔嫂反抗恶势力，坚持劳动人民情操的事迹传为美谈，开始仿效宋嫂的烹调方法，把吃这道菜作为对他们叔嫂的赞扬。于是，以"叔嫂传珍"为名的西湖醋鱼就广泛流传下来。现在已成为杭州的传统名菜，而且越烧越好。后人吃了之后诗兴大发，欣然在餐厅墙上题诗一首：

裙屐联翩买醉来，绿阳影里上楼台，门前多少游湖艇，半自三潭印月回。
何必归寻张翰鲈，鱼美风味说西湖，亏君有此调和手，识得当年宋嫂无。

又说西湖醋鱼和苏轼也有故事。苏轼和佛印和尚既是好朋友，又是一对"冤家"，常常一起参禅打坐，互相调侃，留下不少风趣轶事。一天，苏轼用膳，厨师捧出一碟香喷喷的西湖醋鱼，放在台上正要举筷，忽闻仆人来报：佛印和尚到访。苏轼知道佛印喜欢吃鱼，有意作弄，便把鱼藏在书架上。佛印一进来，就看见了，却佯装不知。苏轼问：大师光临，有何贵干？佛印说：有一个字，要向大学士请教。苏轼说：什么字，请说。佛印说：大学士姓苏，不知这个苏字有多少种写法？苏轼说：苏字上面是草头，下面左边是鱼，右边是禾。还没有说完，佛印便插嘴：那个鱼字可移吗？苏轼说：可以，鱼字和禾字可以互换，鱼字放右边，禾字放左边也是苏。佛印再问：那个鱼字可以移到草头上面吗？苏轼说：不行，不能这样写！佛印听了，哈哈大笑说：不能把鱼字放在上面，那你怎么把那碟鱼放在书架上呢？苏轼听后只能把那碟鱼拿下来，和他一起分享。

几天后，佛印想一报藏鱼之"仇"，也烹了一碟西湖醋鱼，请苏轼来吃饭。当苏轼来到的时候，佛印把这碟鱼，藏在身边的一个磬里。磬音庆，是和尚念经时敲打的乐器。苏轼心里想：不是说请我吃鱼，桌上为何没有鱼？但又不好开口问，却发现佛印身边的磬里冒出热气和醋味，便知道鱼是藏在磬里。自己动手去取鱼有失斯文，怎样才能使佛印心甘情愿拿出鱼呢？他皱起眉头，装出苦思的样子。佛印问他是何缘故？苏轼说：有一副对联，我拟了上联，但好几天还未能接出下联。这引起了佛印的兴趣，连忙问：那上联说出来让我听听？苏轼说：上联是"向阳门第春常在"。佛印大笑起来，说：你什么状况？这是一副很平常的对子，下联是"积善人家庆有余"。苏轼说："庆有余"，你自己也说"磬有鱼"，怎么不拿出来，大家一同吃！佛印一听被揭穿了，只好取出磬里的鱼。有文化教养的人，互相调侃、取笑、捉弄，也很有文化气息，谑而不虐。

江南地区自古出才子，品尝这道西湖醋鱼的同时，遥想古代的文人墨客之间闲情雅趣、诗文吟诵、举杯对饮，有种梦里不知身是客的感怀。

（二）选料讲究

西湖醋鱼选用西湖野生草鱼，草鱼又称鲩鱼、鲜鱼（杭州方言，音"hùn鱼"），鱼身较瘦长，身段柱体。宜选鲜龙活跳、700～900克鲜鱼，买来后在清水中饿养一天，使其排泄净肠内杂物，除去泥土气。现在西湖野生鱼供应已满足不了市场的需求，很多酒店会把采购到的鱼放入湖边鱼笼中或清水池塘养个1～2天，楼外楼菜馆一直把采购的鱼，圈养在西湖水域中的几只超大鱼箱内，使其饿养。

调料中酱油选用浙江本地酿造的一级黄豆酱油为宜；米醋一定要选浙醋，本地产的玫瑰米醋、大红浙醋都符合西湖醋鱼的口味。

主料	草鱼	一条（700克）
辅料	生姜末	6克
调料	酿造酱油	50毫升
	绍酒	25毫升
	白糖	60克
	浙醋	60毫升
	湿淀粉※	25克
	胡椒粉	一小碟

> ※湿淀粉：干淀粉用水化开，稍待沉淀，然后把上面的水滗掉，剩下沉淀在底部的浓厚粉糊，称湿淀粉。所以有将湿淀粉加水调稀一说。

注：与1977版《杭州菜谱》（指杭州市饮食服务公司编，1997.5，下同）对比：姜末3分、酱油一两五钱、浙醋一两、湿淀粉一两，无胡椒粉，余同。（浇芡汁后不撒姜末）

与1988版《杭州菜谱》（指杭州市饮食服务公司编，浙江科技出版社出版，1988.2，下同）对比：生姜末2.5克、酱油75克、浙醋50克、湿淀粉50克，余同。（浇芡汁后不撒姜末）

（三）工艺流程

1.前期处理

将鱼饿养 1～2 天，促其排净草料及泥土味，使鱼肉结实。烹制前宰杀，去鳞、鳃和内脏，洗净。

原料与工艺流程

2.刀工处理

（1）将宰杀洗净的鱼放在砧板上，腹部朝内，左手按住鱼头，右手持刀从尾部斜口入刀，采用平刀法沿着脊骨批至鱼颌，脊背朝内竖起鱼身，再将鱼头对劈，此时的草鱼分为雌雄二爿，分别剁去牙齿，刮去内腔黑衣，冲洗干净。

（2）在鱼的雄爿上，间隔匀称斜批 5 刀，第 3 刀时在腰鳍后 0.5 厘米处切断，以便烧煮。再在雌爿剖面脊部厚肉部位深剞 1 长刀（深约 4/5），不要伤及鱼皮。

3.加热成熟

置锅一只，锅内加 1000 余毫升清水，待水沸腾后，依次放入草鱼。先放雄爿前半段，再将鱼尾段盖接在上面，然后将雌爿并放在鱼雄爿旁，鱼头对齐，鱼皮朝上，水不能淹没鱼头，使鱼的两根胸鳍翘起，有时候用根筷子将胸鳍挡一挡，利于定型。

待水再度沸时，撇去泡沫，改中小火，约 3 分钟，用竹签轻扎鱼身，鉴别成熟度，如能扎入即为熟；将鱼捞出，锅内留 200 余毫升的原汤，余汤滗去。

4.调味勾芡

（1）将锅离火，在鱼身上淋上酒、酱油，撒上 1/2 姜末，打底味后，用漏勺将鱼捞至盆内摆放成形，并滗尽汤水。

（2）原汤留在锅中，再在汤中加糖，淋入调匀的醋和湿淀粉，用炒勺搅拌成厚薄适中的亮芡。

5.淋芡撒姜

将调好的芡汁均匀地浇在鱼身上，撒上剩余的姜末。上桌随跟胡椒粉碟。

（四）菜肴特点

咸不放盐、鲜无味精、亮不用油。真可谓：色泽红亮、口味酸甜、肉质滑嫩、鲜似蟹肉。

（五）技巧技法

此菜采用的技法为软熘，是将质地柔软细嫩的原料或半成品，用沸水（蒸汽）加热至熟，再淋上芡汁成菜的一种加工技法。

（1）煮鱼时沸水下锅（可以逐块放入，也可以在盘中排好一起推入）。为了保持鱼鳍上翘的灵动性，可在煮时放入一根筷子帮助撑住。烹制时火候要求非常严格，仅能用三四分钟时间，使成熟度恰到好处。

（2）为了保持醋鱼的先酸后甜特点，所以势必将醋调入生粉中，与芡汁一起入锅，减少酸味的挥发，如用坛装或桶装醋，适当加大用量。

（3）勾芡需一次完成，可离火推搅，不能久滚，使其达到色泽明亮。

（4）在煮鱼时为了保持鱼皮不破，适当用中小火。煮时眼珠容易爆出脱落，如遇此状，可淋上芡汁后再将其复位。

（六）评价要素

此菜的最终出品评价，要看剞刀间隔是否匀称，用刀斜度弧度是否流畅美观，刀口方向是否一致，鱼身鱼尾是否完整。总之要剞刀弧度美观、间隔均匀、鱼皮不破不裂、眼珠突出、尾鳍完整、胸鳍自然竖起；色泽深褐、芡汁明亮；味道上先酸后甜、咸度适中，入口滑嫩，具有蟹肉滋味。

（七）传承创新

在我记忆中杭州人做西湖醋鱼最出名的莫过于楼外楼的蒋水根师傅，他多次为周恩来总理烹制西湖醋鱼。自从西湖醋鱼确定为杭州名菜后，烹制方法和成形都有了标准，一直使用草鱼，刀法统一，但现在为了提升品质，好多酒店选用品质较高的清水草鱼、水库小青鱼、野生鳜鱼或鱼刺较少的笋壳鱼来替代。

（八）大师对话

主持人： 戴老师好，西湖醋鱼在选料上有啥讲究？

戴桂宝： 草鱼买来之后要饿养 1～2 天，促其排除草料和泥土味，

大师对话

重量最好在一斤半左右,现在市场上小草鱼已很难买到,所以可以适当放宽,一斤七八两也可以,小的鱼多数没鱼子,不要买满肚子是鱼子、长得胖胖的大肚鱼。

主持人:刚才看您在切鱼时用了 7 刀,为什么有些师傅讲的是 5 刀半?

戴桂宝:7 刀是对剖 1 刀,雄爿剖 3 刀切断,后面再剖 2 刀,雌爿再划 1 刀,这样一共 7 刀,加上牙齿上 2 剁,7 刀 2 剁。5 刀半说法是指雄爿 5 刀,加上雌爿划了 1 刀,但对剖 1 刀没算,所以还是说 7 刀 2 剁比较合理。

主持人:请再谈谈制作的关键。

戴桂宝:按菜谱上,"西湖醋鱼"使用沸水入锅,旺火烧煮。但现在鱼的养殖时间短,鱼肉松垮,加上现在的天然气灶火力猛烈,如果旺火烧煮鱼皮易破,沸腾后把火关小保持沸腾即可,所以掌握火候很关键。还有以前老师傅传下来的秘诀,最好是九分成熟时出锅装盆,淋上芡汁使鱼达到全熟,那是最好了。

主持人:听说以前在烧制西湖醋鱼时,还要加糖色?

戴桂宝:以前的酱油颜色不够深,将糖炒成焦糖色加入,可增加色度,现在酱油颜色已经很深了,也可能时代的原因,不要求那么深了,所以按菜谱上用纯酱油就可以了。

二、西湖笋壳鱼（创新菜）

创新制作：施乾方
现任杭州西湖国宾馆中餐厨师长

个人简介

西湖笋壳鱼，也称西湖醋鱼王，是西湖醋鱼的衍生版，用笋壳鱼替代了草鱼，其目的是解决草鱼刺多的困惑，使它更适合用在接待中外宾客的宴席中，是一款刺少肉多、适合各种宴会的创新菜肴。

（一）主辅原料

主料： 笋壳鱼一条（约重 650 克）

辅料： 生姜 10 克、青柠檬 1 只

调料： 玫瑰米醋 100 毫升、糖 80 克、酱油 60 毫升、黄酒 50 毫升、湿淀粉 100 克

（二）工艺流程

1.初步加工

将宰杀去鳞后的笋壳鱼除去内脏及淤血，冲洗干净。青柠檬洗净、生姜去皮。

原料与工艺流程

2.刀工处理

将鱼对剖后，与西湖醋鱼一样两边剞刀，生姜一半切片、一半切末，青柠檬对半切。

3.加热成熟

锅中放适量水，下生姜片、柠檬片，水沸后将鱼放入，待锅水再沸时可撇去浮沫，改小火，约2分钟鱼成熟。

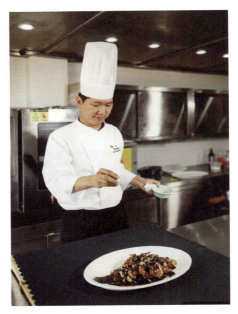

4.调味勾芡

用漏勺捞起鱼，倒掉锅内部分汤水，留下200余克的原汤，在鱼身上撒上一半姜末，淋上酱油、黄酒后出锅，置于盘中。

再在汤中加入酱油和糖烧开，湿淀粉和醋调匀勾芡，用炒勺搅拌成亮芡。

5.装盘淋汁

将置于盘中的鱼，均匀地淋上芡汁，撒上剩余的姜末。

（三）菜肴特点

采用品质较为上乘的笋壳鱼，既提升了菜肴价值，也符合大众的消费心理，加上少骨无刺和名菜效应，使此菜更为畅销。真可谓：多肉少刺，老幼皆宜，甜酸可口，蟹肉滋味。

（四）技巧关键

此菜采用加工技法为软熘。在煮鱼的水中加入生姜和柠檬，增强去腥效果。芡汁和西湖醋鱼相同，色泽明亮，能保持先酸后甜的特点。

（五）大师对话

戴桂宝：今天西湖国宾馆施乾方厨师长烧制了西湖醋鱼的创新版。

施乾方：这道菜的研发其实也在于传承，因为西湖醋鱼这道菜在浙江来说是标志性菜肴。原先的草鱼相对刺比较多，接待外宾等不方便。所以为了方便客人食用，平常我们就用笋壳鱼来做这道菜。

大师对话

戴桂宝：为了减少鱼刺，听说你们西湖国宾馆，不仅在用笋壳鱼做西湖醋鱼，其他鱼也在做？

施乾方：我们现在传统菜仍旧用传统材料在做，在传统菜创新当中，就用清水草鱼在做，有时候还会用鳜鱼做。

戴桂宝：谈谈你对创新的看法。

施乾方：为什么要开发这个菜呢？因为这道西湖醋鱼对杭州这座城市来说，还是比较有意义的，因为鱼就是西湖里面捞出来的，这道菜从古到今生命力强。所谓的创新，我个人认为是两点，一个是根据市场需求去调节，另一个是在口味当中去变化。但这口味一直保留到现在都比较受欢迎，所以我们不在口味上改动，那么我们把原材料作了调整，试用笋壳鱼为原料，口感会更加的细腻、滑嫩。因为创新的最终目的是要把食材原产的本味与鲜味完全体现出来，这也是我们创新的本意。

戴桂宝：今天施乾方用笋壳鱼做了西湖醋鱼，就是为了减少鱼刺、提升鱼的品质。那么他现在根据宴会的层次不同，创新用笋壳鱼、鳜鱼、清水鱼来做西湖醋鱼，以适合不同的人群，也为大家提供了一个新的思路。

三、鱼头豆腐（传统名菜）

传承制作：冯州斌
原杭州花港饭店餐饮部副经理兼厨师长

个人简介

　　杭州传统名菜鱼头豆腐[1]，相传是清代乾隆皇帝来杭私游时品尝过的菜肴。此菜滑嫩鲜美，汤润味厚，盛在砂锅中上桌热气腾腾，是一款带有传奇色彩的冬令时菜。

---

　　[1]　此菜名鱼头豆腐不知为啥鱼头在前，按常理应叫豆腐鱼头，难不成当时王小二烧给乾隆帝吃的是一锅豆腐，而鱼只放了吃剩的鱼头权当配料的缘故。也有可能鱼和豆腐都算主料，所以不讲究先后次序，不论出于何种原因，但本书还是按照原名传承。

（一）故事传说

"肚饥饭碗小，鱼美酒肠宽；问客何所好，嫩豆腐烧鱼。"这是过去挂在杭州王润兴饭店中的一副对联，"嫩豆腐烧鱼"指的就是豆腐鱼头，此菜的来历据说和清代乾隆皇帝下江南的趣闻有关。

传说有一年初春，乾隆来杭州微服上山，不巧中午突然下起暴雨，连忙跑到半山腰一户人家的屋檐下避雨。谁知雨一直下个不停，乾隆又冷又饿，只得推门入室，求主人提供一餐饭吃。这家主人叫王小二，见状非常同情，迟疑了一下就答应了。为什么迟疑，因他家也不富裕，又没准备，只有一点蔬菜和豆腐。结果凑来凑去，烧了一碗菠菜煎豆腐（这就是人们常说的"红嘴绿鹦鹉，金镶白玉嵌"）。又把刚刚吃剩的半只鱼头加上豆腐在砂锅中炖了炖，收拾给乾隆吃。饥肠辘辘的乾隆，狼吞虎咽，感觉比在宫里吃的山珍海味还对胃口。直到回京后，他还念念不忘这一餐的美味，又叫御厨仿烧，结果无论怎样烧，就是没有那一餐的滋味。

当乾隆再次来杭州时，正逢春节，他又去吴山找王小二。这时，王小二正歇业在家。乾隆问起他年过得怎样，王小二回答说：一年不如一年（"王小二过年，一年不如年"，就来源于此）。乾隆为报答王小二的一餐之赠，赐银两助他在吴山脚下开了一爿饭店，又亲笔给他题了"皇饭儿"三字，这时王小二才知道，原来曾在他家吃过饭的游客是当今皇上。

从此"皇饭儿"饭店专门供应鱼头豆腐等菜肴。后来几经易主，加上改朝换代，更名为"王润兴"酒楼。据说辛亥革命时孙中山带着一批革命志士常在雷峰塔下的白云庵活动，也经常光顾此店，店堂的对联传说是孙中山所题。

（二）选料讲究

花鲢，学名鳙鱼，鳞细小，体暗黑，背有不规则的淡黑色斑点，头宽口宽，大而肥硕，其头部约占整鱼体重的1/2，长度约占1/3。因此，花鲢又称"胖头鱼""包头鱼"，属高蛋白、低脂肪、低胆固醇鱼类。选用的花鲢以杭州千岛湖产的最为优质，且眼珠亮、体表鳞片完好、黏液多的为佳。

豆腐宜选用板制的嫩豆腐，它比老豆腐嫩滑，比起盒子豆腐又不易碎。酱宜选不带辣味的豆瓣酱或黄豆酱。

主料：净花鲢鱼头　半爿（带肉约重650克）

嫩豆腐　　　2块（约重700克）

水发香菇　　25克

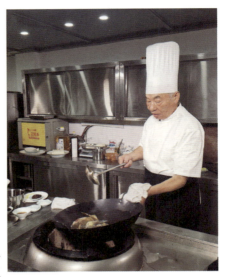

熟笋片	150 克
嫩青蒜	25 克
姜末	50 克
调料：绍酒	25 毫升
酱油	75 毫升
白糖	10 克
豆瓣酱	125 克
味精	3.5 克
熟猪油	250 毫升（约耗 125 毫升）

注：与1977版《杭州菜谱》对比：姜末一分、熟笋片一两五钱、豆瓣酱五钱、熟菜油五两（用于煎）、熟猪油一两（用于淋），余同。

与1988版《杭州菜谱》对比：熟笋片75克、姜末0.5克、豆瓣酱25克，余同。

（三）工艺流程

1.刀工处理

（1）将花链鱼头去掉牙齿，在背肉处深剞 1～2 刀，鳃盖肉上剁 2 刀，胡桃肉上剁 1 刀。

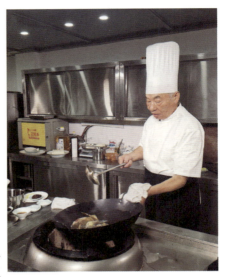

（2）豆腐切成 4 厘米长、1～1.2 厘米厚的片。

原料与工艺流程

（3）香菇批片，青蒜切段。

注：1988版《杭州菜谱》载豆腐切0.7厘米厚的片。

2.预制调味

（1）在鱼头的剖面涂上用刀塌碎的豆瓣酱（涂抹后剩余的留用），正面抹上酱油 15 克，使咸味渗入整个鱼头。

（2）豆腐放入沸水焯去腥味。

3.加热调味

（1）炒锅置旺火上，加热滑锅，下熟猪油至八成热时，将鱼头正面下锅煎黄。滗去油，加入剩余的酱油、绍酒、白糖及豆瓣酱略烧，将鱼头翻身，再加汤水 750 毫升。放入豆腐、笋片、香菇、姜末。

（2）待烧沸后，鱼和汤料整锅倒入砂锅，再小火炖15分钟，中火炖约2分钟，撇去浮沫，加入青蒜、味精，淋上热猪油50克。

4.垫盘上桌

端离火口后加盖，衬垫盘原锅上桌。

（四）菜肴特点

百年老菜经过厨师的不断革新，烹调上更趋完善，口味更臻完美，吃后能"解馋暖身"。真可谓：鱼头红亮，滑润鲜嫩，汤汁纯厚，味美暖身。

（五）技巧技法

使用的锅子要提前洗净烧红，用冷油滑锅，以防煎鱼头时锅。煎好后，先加调味料使鱼头入味上色，再加水和配料。在制作时要减少搅拌，保持豆腐完整。

（六）评价要素

此菜最终的出品评价是，鱼头完整红亮，豆腐不破不碎；鱼肉入味、嫩滑鲜美；汤汁纯厚、口味适中。

（七）传承创新

历经两百余年的鱼头豆腐，虽然得以传承，但肯定也有所变化，至1956年被评定为名菜后，基本有了一个不变的标准。但如今国富民安，食品丰富，百姓消费能力不断增加，鱼头菜肴也在不断增多和变化。就砂锅鱼头而言，用的鱼头越来越大，有千岛湖鱼头、全家福鱼头、豆腐圆子鱼头等，就连现在的王润兴酒楼也推出了丰盛的乾隆大鱼头。

（八）大师对话

戴桂宝：今天很荣幸请到了冯师傅来为大家制作杭州传统名菜砂锅鱼头豆腐。下面我们请冯师傅谈谈砂锅鱼头豆腐选料的讲究。

大师对话

冯州斌：这个砂锅鱼头豆腐是杭州传统名菜，它很讲究选料，要求的鱼头要3斤以上，越大越好。那个时候都是野生的，按照现在的情况最好是用千岛湖的鱼头，以前野生的最好覅（杭州方言，音biáo，意不要）泥土气，有条件的话，餐馆买来以后清养一晚上，这样就没泥土气了，所以鱼头的选料很要紧！还有辅料豆腐也很讲究，原来我们老底子没有内酯豆腐，都是农村里的盐卤豆腐，那个又嫩又不会碎，现在的内酯豆腐容易碎，又没口感。

戴桂宝：所以还是买盐卤豆腐，或者是外面的板豆腐。

冯州斌：对对，这两个原料是最主要的，其他辅料上面，我们用不辣的本地豆瓣酱，原来都是农村里面黄豆煮熟了以后，自己做的豆瓣酱。

戴桂宝：冯师傅再给大家介绍一下，烧制这个鱼头关键在哪几个步骤？

冯州斌：第一步是原材料的选择，我已经讲了。第二步是操作，也很讲究：鱼头要在第二刀的划水下面留一段肉，不是光是鱼头，鱼头后面还有一寸多的肉留着；肉厚的地方要切一刀，还有鱼脑上面也要改个十字刀，因为它不容易入味。第三步豆腐拿来一定要焯一下水，不焯水豆腐有一股豆腥味。另外，在煎鱼头的时候，一定要锅子烧热，烧热了以后不会黏底。

戴桂宝：要滑锅，防止黏锅。

冯州斌：防止黏锅，也不能太旺，太旺了容易煎焦，一煎焦就焦味来了，但做这个菜，火候上也不能小火，小火要黏底，大火一不注意要焦，所以火候上是一个重点。第二个两面煎了以后你就翻锅，下料酒、调料，先大火烧开，再搣（杭州方言，音为 miè，意为旋）成中火，慢慢的笃（杭州方言，音 dù，意为小火慢煮），笃了以后鱼就入味了。

戴桂宝：实际上在笃的过程中，鱼头已经到砂锅里来了。

冯州斌：烧开以后就放到砂锅了，砂锅里面慢慢小火笃。

戴桂宝：大概是 12 分钟。

冯州斌：还有夏天的时候没有青蒜，用小葱也可以。

戴桂宝：对对！实际上鱼头豆腐里不一定用青大蒜，因为这是按照老的菜谱这样传承下来，实际上我们平时在烧的时候青大蒜不用，就是用葱。

冯州斌：葱姜是不能省的，去腥嘛，大蒜也是起这个作用，冬天有的时候用大蒜，不吃的时候大蒜不放放葱，这些都可以，所以这个菜看上去很简单，但要烧好，烧得鱼肉嫩，鱼头不碎、豆腐不碎，又不太老，也是有一定难度的，这个很看基本功。

戴桂宝：今天冯师傅为我们制作了杭州传统名菜鱼头豆腐，刚才也详细介绍了选料方面的讲究、制作方面的关键，谢谢冯师傅！

四、砂锅焗鱼头（创新菜）

创新制作：孙叶江
现任杭州跨湖楼酒店集团有限公司合伙人、总经理

个人简介

创新菜砂锅焗鱼头是在传统砂锅鱼头基础上，吸收拌酱工艺创新而来的。此菜虽沿用砂锅，但采用干锅焖制，香味浓郁，色泽诱人，是一款当今流行的时尚菜肴。

（一）主辅原料

主料： 胖头鱼鱼头　　半只 1000 克
辅料： 板豆腐 2 块　　540 克
　　　　小干葱　　　　150 克
　　　　生姜　　　　　135 克
　　　　小葱　　　　　12 克
　　　　大蒜子　　　　100 克

调料：料酒　　　　60 毫升
　　　生粉　　　　15 克
　　　麻油　　　　7 毫升
　　　酱料※　　　130 克
　　　色拉油　　　75 毫升

※酱料制作——蚝油 75 毫升、茶酱 50 克、排骨酱 50 克、诸侯酱 500 克、浓缩鸡汁 50 毫升、白糖 90 克、味极鲜酱油 70 毫升、南乳汁 85 毫升、花生酱 120 克、叉烧酱 60 克、芝麻酱 90 克、海鲜酱 48 克、味粉 30 克、胡椒粉 10 克，搅拌调和而成。

（二）工艺流程

1. 刀工处理

将鱼头冲洗干净，去掉牙齿，剁成块；豆腐切 7 厘米×4 厘米×1 厘米的片；大蒜去衣，切成两段；生姜去皮切 1 厘米的丁；小干葱剥皮去头切四段；小葱切葱花。

原料与工艺流程

2. 拌酱腌渍

将鱼块放入盆中，加入酱料、生粉、麻油，搅拌均匀置旁待用。

3. 加热成熟

（1）置平底锅一只，加 50 毫升色拉油，放入豆腐，两面煎黄。

（2）另取砂锅置火上，放入 25 毫升色拉油，放入蒜头、生姜、干葱，炒香后放入煎好的豆腐，上面再铺上腌渍过的鱼块，加料酒，加盖，小火加热 10 分钟，掀盖后沿锅边加入料酒，上面撒上葱花。

4. 垫盘上桌

端离火口后，衬垫盘上桌。

（三）菜肴特点

此菜仍沿用砂锅制作，采用干锅焖制方法，能使菜肴香味浓郁，色泽诱人。真可谓：香气浓郁，色泽酱红，鱼头滑嫩，口味醇厚。

（四）技巧关键

（1）宜选用鲜活鱼头，如果不是现杀鱼头，需用净水浸淋，去其腥味。

（2）需加盖小火烹制，保证鱼头完全成熟，如欠火候，淋入黄酒再加热片刻。

（五）大师对话

戴桂宝：孙总，这个砂锅焗鱼头在选料上有什么讲究？

大师对话

孙叶江：这个砂锅焗鱼头的原材料非常关键，主要还是要选择千岛湖鱼头，要8～10斤的包头鱼。今天是半只鱼头来做的，如果你做档次高的可以用一只鱼头来做，或整个鱼脸来做，这个会比较好一点、漂亮一点。

戴桂宝：刚才你直接放酱，所以这个酱的配料也要跟大家说说一下。

孙叶江：酱里面主要是有盐、味精、海鲜酱，还有黄豆板酱、麻油，由一系列的酱料制作而成。

戴桂宝：那么在焗的过程中间，怎么控制它的水分的？

孙叶江：这个鱼头最关键的几个点：首先是鱼头要切得均匀。其次是它在浆制的时候，要控制好水分，如果水多，先要用毛巾把它吸干；把它浆制好，最后一定要用生粉把它这个水分锁住；在加热的时候，酱汁跟生粉和它拌过以后，里面的鱼肉很嫩、外面鲜香。

戴桂宝：焗10～12分钟？

孙叶江：对对！一般像这个鱼头在3斤左右的，基本上在10分钟左右。

戴桂宝：最后淋酒的目的是什么？

孙叶江：淋酒的目的主要是给它增香，到最后用旺火稍微收一下，把酒沿着砂锅四周的壁给它淋下，这样使酒的香味挥发更快，淋下去后，锅香味更重，香气更浓郁。

戴桂宝：好，谢谢孙总为我们制作了这道香气浓郁的砂锅焗鱼头。

五、鱼头浓汤（传统名菜）

传承制作：戴桂宝
原浙江旅游职业学院烹饪系主任

个人简介

杭州传统名菜鱼头浓汤色泽美观，汤鲜味美，堪与"鱼头豆腐"媲美，因为它有一段应急创新的故事，丰富了该菜肴的内涵，是一款酒店和家庭普及率、生命力均较高的菜肴。

（一）故事传说

鱼鲜饭细酒香浓，在杭州烹制鱼类菜肴方法多样，口味各具特色。"鱼头浓汤"是新中国成立初期新开发的菜肴，实际上也是一只因原材料供应不上，而应急创新的菜肴。传说自从清代乾隆皇帝吃了杭州王小二烧的"鱼头豆腐"后，大为赏识，资助王小二开办了王润兴饭店，即"皇饭儿"。所以，百余年来，"鱼头豆腐"历久不衰，成了杭州各店的看家名菜。可是"鱼头豆腐"的供应也有一个季节的局限。因当时没有冰箱，所用的豆腐不易保存，天热时或时间放长会产生酸味，影响菜肴的口味和质量。所以，店家不能做到不间断供应，常使一些慕名而来的消费者向隅扫兴。各店家为了适应市民生活的逐步提高和国际交往的日益发展，在继承发扬祖国烹饪艺术的基础上，想消费者之所想，从"鱼头豆腐"衍生创新，制成了"鱼头浓汤"。这个菜一出现，就受到顾客的赞扬，消息不径而走，立即成了各店经营的看家名菜。

（二）选料讲究

鱼头浓汤选用重5～6斤的花鲢鱼头，带寸肉的半只鱼头约为750克。当前多采用杭州千岛湖水库的花鲢。

主料：净花鲢鱼头半爿（约重750克）　　调料：绍酒40毫升

辅料：熟火腿20克　　　　　　　　　　　　　精盐15克

　　　菜心4棵　　　　　　　　　　　　　　　味精10克

　　　葱10克　　　　　　　　　　　　　　　熟鸡油5毫升

　　　姜10克　　　　　　　　　　　　　　　熟猪油75毫升

注：与1977版《杭州菜谱》对比：葱一钱、姜一钱、豆苗一钱，无青菜，余同。

　　与1988版《杭州菜谱》对比：相同。

（三）工艺流程

原料与工艺流程

1.刀工处理

将半爿鱼头放在案板上，在鳃肉上剁1刀，下颌处斩1刀去除牙齿，再将鱼头冲洗干净。

姜去皮拍松，火腿切成薄片，取长约13厘米的菜心对剖。

2.加热成熟

（1）将鱼头用沸水冲烫。

（2）将炒锅置旺火上烧热，用冷油滑锅后下猪油，温度升至四成热时，将烫过的鱼头，剖面朝上放入锅内略煎，加入绍酒、葱结、姜块，将鱼头翻转，加沸水1750毫升，盖上锅盖，用旺火烧约5分钟，放入菜心，再烧1分钟。

3.调味装盘

（1）将鱼头从锅内取出，盛入品锅，菜心放在鱼头的四周。

（2）将锅中的葱、姜捞出弃之，撇去汤面浮沫，加精盐和味精调味。再将汤用细网筛过滤，倒入品锅，盖上火腿片，淋上熟鸡油即成。

（3）也可跟上姜醋碟，蘸着吃。

（四）菜肴特点

鱼头汤浓白似奶，油润嫩滑，配以火腿、绿蔬菜，红白绿黑色彩艳丽，诱人食欲。真可谓：汤浓似奶，油润滑嫩，色彩艳丽，味鲜至美。

（五）技巧技法

第一，煎鱼的锅子一定要洗净，防止出现"锅蚂蚁"。第二，要做到旺火冷油先滑锅再煎之，防止鱼皮黏锅。第三，要使汤汁浓白，最好采用猪油煎制。第四，此菜为煮，煮时最好加沸水，再加盖使其快速沸腾，中途不揭盖，起锅前再加盐调味。

（六）评价要素

此菜第一要素就是有浓白似奶的汤汁，闻起来鲜香扑鼻，吃起来鱼肉鲜嫩。所以评价要素是汤汁浓白似牛奶，鱼头完整不熘碎，口味鲜嫩汤纯正。

（七）传承创新

鱼头浓汤虽是一款较成熟的菜肴，且汤多汁浓深受大众喜爱。但在平时制作时，也可根据个人喜好调换豆苗、香菜等其他绿色蔬菜，添加豆腐、萝卜等原料。衍生菜有银丝鱼脑、拆烩鱼头汤、浓汤豆腐鱼头等。

（八）大师对话

主持人：戴老师，您刚才制作了鱼头浓汤，请为大家谈谈该如何做好这道菜。

大师对话

戴桂宝：制作鱼头浓汤的关键是要选用新鲜的鱼头，如大批量烹制，也必须做到现煎现烧，千万不能预先煎制，导致半生不熟，使汤汁不能浓白，降低了鱼肉口感。

主持人：再与大家谈谈，鱼头留肉多少算合适？

戴桂宝：鱼头贵，鱼肉便宜，酒店有标准，一般留有鱼肉寸余长，也就是1.2～1.4寸（4～4.66厘米）长，最长不建议超过1.5寸（5厘米）。当然家庭烹制此菜也可以根据鱼头的大小和用餐人数，或个人喜好，来决定留肉的多少。这一段鱼肉可用姜醋蘸着吃，别有风味。

主持人： 刚才开水泡烫的目的是什么？

戴桂宝： 一般鱼头煎之前先用开水泡烫，是为了冲掉黏液和去腥，目前酒店都是现杀现吃，鱼头新鲜，可省略此步。

主持人： 感谢戴老师为我们解读制作的细节。

六、拆烩鱼头浓汤（创新菜）

个人简介

创新制作：王剑云

现任杭州铂丽大饭店有限公司餐饮部总监

拆烩鱼头浓汤是一款由杭州名菜鱼头浓汤演变而来的菜肴。它是把大鱼头煮成浓汤，弃骨取肉，配上精致的豆腐圆子，既可分食也可大盆装合吃，老少皆宜，是一款适应当今分食制的宴会菜肴。

（一）主辅原料

（以下原料按六人位用料量计算）

主料：千岛湖鱼头　　　（半只）750 克

辅料：			调料：		
内酯豆腐	1 盒 400 克		熟猪油	70 毫升
虾茸	50 克		白酒	20 毫升
熟火腿片	20 克		鸡精	10 克
小菜心	10 颗		白糖	5 克
生姜	10 克		胡椒粉	5 克
葱白	10 克		盐	10 克

（二）工艺流程

1.刀工处理

原料与工艺流程

将洗净的鱼头在鳃帮上剞十字刀，内酯豆腐切成米粒状，生姜拍松，火腿切成菱形薄片。

2.加热调味

置炒锅一只，烧热后用油滑锅，加入猪油，将鱼头剖面朝上，下锅略煎；加入姜、葱白、白酒并将鱼头翻转加入开水；烧制 5 分钟后撇净浮沫，倒入砂锅，用中火继续烧 15 分钟，加盐、鸡精、白糖略烧后捞起出骨。

同时，豆腐用淡盐水焯水后，捞起沥干。虾茸加盐，加鸡精搅拌上劲，加入豆腐，搅匀做成球，下锅小火煮熟捞起待用。

3.装盘跟碟

将去骨鱼头肉分别放入小盅内，鱼汤用网过滤后也分盛入盅，再放入豆腐丸、余过水的小菜心和火腿片，上撒胡椒粉。上桌时可跟姜末、香菜和米醋碟。

（三）菜肴特点

无骨无刺，汤鲜味美，老幼皆宜，适合在高端宴会上分食。真可谓：色彩鲜艳、汤白味鲜、无刺无骨、肉质滑嫩。

（四）技巧关键

此菜采用加工技法为煮。为了使其汤汁乳白，须采用猪油煎制，宜用葱白，加热时最好加入沸水，加盖使其快速沸腾，中途不揭盖，烧出白汤后再进行调味。

（五）大师对话

戴桂宝：（请王总）谈谈这道菜肴的创新过程和现在的使用情况。

大师对话

王剑云：我今天做的新派鱼头汤，是在杭州名菜鱼头浓汤的基础上去创新改良的，鱼头浓汤是一道很好的菜，但由于它是大份的，不适合高星级酒店使用，那我们经过思考，就把它改成各客，但由于鱼头里面很多骨头，因此我们就把骨头全部去掉，然后考虑到鱼头拆骨以后会比较碎，故在里面加了豆腐和虾仁做的球，使这个菜肴看起来更加丰满一些。

戴桂宝：好像刚才制作过程中间与原先的鱼头浓汤有所不同。

王剑云：是的，我们考虑到为了使那个汤更白，把绍酒改成白酒，把葱结改成葱白，因葱在长时间烧制以后，会变黄。

戴桂宝：那刚才你（器皿）加热，是不是为了汤汁不起皮？

王剑云：不起皮是一个方面，因为鱼头如果凉了以后就会比较腥，那我们就在鱼头下面加热，加热以后保持90℃左右，一是防结皮，二是不会腥。

戴桂宝：所以通过改良之后，提升了品质，增加了丰满度，又保持了它的温度。那你这菜在酒店里面使用情况怎样？

王剑云：这个菜在酒店里面使用频率是比较高的，客人点得还比较多。

戴桂宝：本身这只鱼头浓汤，1956年就被评为杭州名菜，之后一直经久不衰，

现在还是在各个酒店使用，通过改良之后这道菜又得到了进一步提升。

王剑云：所以这道菜成为我们酒店经典菜。

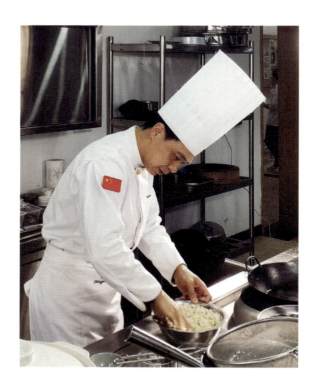

七、斩鱼圆（传统名菜）

个人简介

传承制作：金晓阳
现任浙江旅游职业学院厨艺学院院长

杭州传统名菜斩鱼圆，以草鱼肉为主料，成菜后一颗颗鱼圆漂浮于汤面，洁白鲜嫩，观之诱人，食之松嫩，是一款老少皆宜、深受大众喜爱的佳肴。

（一）故事传说

鱼圆的产生传说与秦始皇有关。秦王嬴政统一六国后自称始皇，开始追求享乐，特别是在饭食上格外挑剔，它酷爱食鱼却又怕刺，一旦被刺卡住，那厨师就大难临头，不少御膳名厨，因此而沦为其盛怒之下的冤鬼。

有一天秦始皇又要吃鱼，当值御厨是一位楚国人，心惊肉跳，预感厄运临头。他又急又恨，把对始皇的愤恨发泄于鱼的身上，用刀狠狠地剁案板上的鱼块，却意外地发现鱼刺从斩击成茸的鱼肉中显露出来了。传膳声来临，他急中生智，将鱼茸一团团地挤入将沸的豹胎汤中，洁白鲜嫩的鱼圆漂浮汤面，食之鲜美异常，始皇吃了非常满意，这位厨师也因此受到赏赐。因鱼丸的"丸"和完蛋的"完"同音，犯大忌，所以取了雅号，"皇统无疆凤珠"。此后，这个方法辗转传到民间，老百姓称之为鱼圆、鱼丸等。

（二）选料讲究

草鱼，又称鲩鱼，鱼身较瘦长，身段柱体，属草食性鱼类，也是中国重要的四大淡水养殖鱼[※]之一。宜选用体形瘦长，颜色较深，眼睛透明清亮，水中活跃的鱼。

主料 活草鱼 1 条（重约 1250 克）

辅料 熟火腿 20 克、水发冬菇 1 朵、葱段 5 克

调料 绍酒 15 毫升、精盐 11 克、味精 2.5 克、姜汁水 50 毫升、熟猪油 20 毫升、熟鸡油 10 毫升。

注：与1977版《杭州菜谱》对比：草鱼二斤、火腿末一钱、火腿片三钱、姜末一钱，无姜汁水，余同。

与1988版《杭州菜谱》对比：姜汁水适量，余同。

※ 四大淡水养殖鱼：青鱼、草鱼、鲢鱼和鳙鱼，在中国习惯上称为四大家鱼。

（三）工艺流程

1. 分档取料

将鱼剖洗干净，从尾部沿背脊骨批取两片鱼肉，切去肚档，剔下鱼皮，批去红筋，此时得净鱼肉 400 余克。

2. 刀工处理

原料与工艺流程

切取火腿 3 片，余下小半斩末；将净鱼肉切薄片洗净，放在砧板上用双刀排剁成绿豆大的粒。

3. 搅拌上劲

取钵一只，将鱼粒放入，取清水 450～500 克，先加入一半，再加精盐 9 克，

同一方向搅拌，上劲后再加余下的一半清水，至鱼肉有黏性并见细泡，加入绍酒、熟猪油、姜汁水、火腿末、味精 1.5 克再次搅拌。用保鲜膜封钵口，放入冷藏箱，使其涨发。

4.挤捏成形

取锅一只，放入半锅冷水，然后用左手抓起鱼茸轻轻握拳，使鱼茸从虎口（大拇指和食指的中间）挤出，用右手接住，逐个下入锅内，共挤成直径为 4 厘米左右的圆球 16 颗。

5.加热成熟

把锅移至中火上，渐渐加热，保持 90℃以上的水温，如不慎沸腾，则加入冷水降温。随时撇去浮沫，用勺背轻轻地翻动，至鱼圆呈玉白色时，将锅移至微火上焐 5 分钟，再移至旺火上，待汤水中间顶起，放入冬菇后离火。

6.装盘淋油

取荷叶碗一只，放精盐 2 克、味精 1 克，将鱼圆连汤盛入碗内，盖上火腿片，捞出冬菇放于中间，撒上葱段，淋上熟鸡油即成。

（四）菜肴特点

杭州斩鱼圆制作讲究，形如绣球，入口松嫩，富有特色。真可谓：入口松嫩颗粒大，香鲜油润风味特。

（五）技巧技法

将净鱼肉切薄片洗净，放在砧板上用双刀排剁成绿豆大的粒，也可先切丝再切粒，最后加以排剁。

鱼粒用手搅拌更为有劲，也可捶打和搅拌结合，使鱼粒黏稠上劲，则效果更好更快。控制好水温，采用"焐"的烹调技法使鱼圆成熟。

（六）评价要素

斩鱼圆制作是否成功？一看二吃！看：观其形状和色泽，形圆饱满、大小均匀，鱼肉洁白；吃：筷子夹击有弹性，入口既松又滑嫩，不粗不散无骨刺，味鲜淡雅汤清澈。

（七）传承创新

斩鱼圆是一款厨师很喜欢做的菜肴，方便衍生创新，既能合吃，又便于分食，既能作为常规供应产品，又可作为体现难度、体现新意的比赛菜肴。衍生菜品有浓汤鳕鱼球、灌汤鱼球，蟹粉斩鱼圆等。

（八）大师对话

大师对话

戴桂宝： 请金老师为大家谈谈这款菜的选料。

金晓阳： 大家好！斩鱼圆是杭州最传统的名菜，是 20 世纪 50 年代传承下来的，这个名菜在当时是选用草鱼和金华火腿来制作的。

戴桂宝： 那么现在一般都采用什么原料？

金晓阳： 随着经济的发展，生活水平的提高，物产的丰富，现在经常选用的是无刺的其他鲜嫩的鱼类。比如在 G20 杭州峰会时选用的是银鳕鱼。

戴桂宝： 所以不一定用草鱼，比草鱼刺少的鱼都可以用。

金晓阳： 是的，刺少且更加鲜嫩名贵的鱼都可以用。

戴桂宝： 那么你为大家讲一讲，就刚才在制作这款斩鱼圆的过程中，应该讲究什么？

金晓阳： 这个斩鱼圆的第一个特点是松嫩，所以在制作过程当中，把这个鱼要切成米粒状，把这个鱼刺要切碎了。第二个是这个鱼切完之后，一定要打上劲才能成形。第三个是在加热过程当中，火不能过大，水温不能过高，以免把鱼圆冲散，也要避免鱼圆过老。

戴桂宝： 那么在取料过程中有什么讲究？

金晓阳： 在取料过程中，一个要去掉鱼的血肉，也就是避免这个鱼肉有腥味。另一个要细切粗剁，把鱼刺切碎，这样吃起来就没有刺的口感了。

戴桂宝： 切成小绿豆状或者切成大的米粒状之后还要剁几下吗？

金晓阳： 要剁几下。这样让鱼肉有松嫩的感觉，更容易成形。

八、浓汤鳕鱼球（创新菜）

创新制作：陈利江

现任杭州开元名都大酒店有限公司总经理

个人简介

浓汤鳕鱼球以鳕鱼肉为主料，制作的鱼球更为鲜嫩和油润，使用海鲜浓汤替代了原来的清汤，使营养价值大幅提升，使菜肴更为鲜美醇厚，是一道以浓汤为卖点的海鲜菜肴。

（一）主辅原料

主料：银鳕鱼　　　500 克

配料：净鲜笋　　　100 克　　　南美熟虾　　　500 克

　　　长脚蟹蟹脚　300 克　　　西芹　　　　　200 克

　　　胡萝卜　　　200 克　　　洋葱　　　　　200 克

　　　豆腐皮松　　5 克　　　　薄荷叶尖　　　10 颗

调料: 淡奶油 140 毫升、生粉 40 克、黄油 10 克、番茄膏 30 克、白兰地 5 毫升、百里香 2 克、鸡蛋清 1 只、盐 10 克、味精 2 克、色拉油 150 毫升（约耗 5 毫升）

（二）工艺流程

1.刀工处理

先将银鳕鱼和笋切成粒；再将西芹、胡萝卜、洋葱、长脚蟹蟹脚均切成小段或小块。

原料与工艺流程

2.制汤过滤

置锅一只，锅内放黄油，融化后加入洋葱、胡萝卜、西芹炒出香味，再放入蟹脚、熟虾翻炒，随后加白兰地、番茄膏、水 1000 毫升，煮沸后转小火加热 1 小时；倒入电磨机将固体原料打碎，再用滤网过滤，取 1200 毫升海鲜汤备用。

3.制茸成形

将银鳕鱼粒加盐 8 克、味精 1 克、鸡蛋清和水搅打上劲，再加入笋丁、生粉摔打成球形。

4.加热成熟

取锅一只，加水，待水沸后放入鱼球，保持水不沸腾，慢慢"浸"熟。

5.调味勾芡

另置锅一只，将备用的海鲜汤煮开，加入淡奶油、盐 2 克、味精 1 克调味，最后用湿淀粉勾芡。

6.装盘点缀

将海鲜汤、鳕鱼球分别装入 10 只各客器皿，用豆腐皮松、薄荷叶尖装饰即可。

（三）菜肴特点

此菜色彩艳丽，高端大气，真可谓：鱼球洁白、松嫩油润；汤汁香浓、醇厚鲜美。

（四）技巧关键

鳕鱼茸要摔打结合，使其上劲，采用水浸技法，入锅后保持水温不沸，慢慢使其成熟。制汤时，要先炒香后煮浓，使用前一定要过滤，以防杂质碎骨。盛装时如遇盘子较深，鱼球呈现的高度不够，可用煮熟的盘菜片、黄椒卷等原料衬垫。

（五）大师对话

大师对话

戴桂宝： 浓汤鳕鱼球既有我们杭州菜的影子，在口味上、造型上又有创新，请您谈谈对这一改良的看法。

陈利江： 斩鱼圆使用的鱼是淡水鱼，我们的银鳕鱼是海水鱼，两种鱼的口感，包括它的营养都是不一样的。银鳕鱼的脂肪含量比较高，肉质比较嫩，这道菜最大的亮点就是融合。传承与创新，传承就是有名菜斩鱼圆的影子，创新就是我们把原料适当作了调整，在口味上加入更大的一个元素，就是海鲜汤。海鲜汤在全国这种做法也不太有，是我们慢慢融入了各大消费群体的偏好，现在的消费群体跟五十年前的消费群体是不一样的，现在因为原料比较丰富、交通比较发达，全世界、全国各种原料都有，所以我们有了加入更多特殊食材的理念，把这个汤做出了一种特有的味，吃到的全是浓浓的海鲜味，并且带有淡淡的奶油味。

戴桂宝： 有一种中西结合的效果。

陈利江： 对！但是我们最大的还是以传统为根基，引入新的思路去组合这道浓汤鳕鱼球。

戴桂宝： 刚才煮的汤，做鱼球的话有几份可做？

陈利江： 精确的有 20 位可做。

九、糟青鱼干（传统名菜）

传承制作：伊建敏
现任杭州伊家鲜古杭熏风餐饮有限公司董事长

个人简介

　　糟青鱼干是杭州传统风味名菜，经过冬天腌、初春糟、夏天蒸食三道工序。此鱼干肉色白里透红，糟香扑鼻，口味鲜甜，加上能长时间贮存的优点，是一道酒店和家庭都乐于制作的佐酒下饭佳肴。

（一）故事传说

　　关于糟青鱼干，有一则巧手姑娘为父行孝的故事。相传杭州钱塘江边有个渔村，村里住着一对相依为命的父女，父亲是一位穷秀才，屡试不第，靠在私塾教书为生；女儿巧姑在家操持家务。这一年秋天，秀才一场大病后半边风瘫。巧姑心急如焚，到处寻医问药，最后求得一个食疗秘方：坚持三年每天吃鱼，既可补脑，又能治愈此病。烧鱼对于巧姑来说不难，难就难在这鱼上面，平日里倒还好说，就是每年清明到夏天的那段时间，渔民休渔，鱼虾罕见，也就是俗话说的"清明断鱼腥"，那时又该怎么办呢？巧姑想到了腌鱼干，但鱼干只能吃到春天，一到夏天鱼干就会变质，夏天又能有什么鱼可吃呢？巧姑苦思冥想，一筹莫展。有天，巧姑干活时，散落在酒窖角落的酒糟香气扑鼻，她突然灵机一动：酒糟这么香，用它来糟鱼干味道应该不会差，而且鱼干也不容易坏。想干就干，她回家就腌起了鱼干，晒干后，就把鱼干切块装坛，用酒糟腌制。过了几天，酒坛里就有香气传出，拿出一块一尝，果然醇香鲜美。于是，巧姑就把这坛糟鱼密封保存，等到来年春夏断鱼时打开为父亲烹饪。就这样连续三年，父亲没有一天断过鱼。也许是老天怜悯巧姑的孝心，父亲的风瘫果真慢慢好转了。巧姑行孝的故事就这样传了开来，这一"糟"制鱼干的方法也流传下来了。

再说杭州有家精致小巧的伊家鲜餐馆，有不少名人常去光顾。金庸老先生第一次在伊家鲜用餐后，欣然挥毫泼墨："世上处处有鲜味，伊家鲜味大不同。醉倒洪七公，拜倒小黄蓉。"后来香港美食家蔡澜到伊家鲜，吃了糟青鱼干赞不绝口，得知青鱼干不放葱姜、不放香料，又用原汁蒸制，故提笔写下"原汁原味"几个字，至今挂于店堂。

（二）选料讲究

糟青鱼干的主要原料为青鱼，青鱼又称螺蛳青，是国内四大淡水鱼之一，主要分布在我国长江以南的平原地区，以食螺蛳、蚌蚬为主，体型较大，肉厚多脂。2015 年 10 月 18 日在杭州千岛湖捕获一条身长有 175 厘米、重达 180 斤的青鱼，堪称青鱼之王。传统方法是火硝※和盐拌匀，进行腌制，但因现在餐饮市场禁用火硝，所以此菜仅使用食盐，使用捣碎的岩盐为最佳。

（以下青鱼干和盐按 9～12 盒用料量计算）

主料： 青鱼　　　　　2 条（约重 7500 克）

调料： 酒酿　　　　　800 克

　　　　绍兴糟烧酒　　1500 毫升

　　　　绍酒　　　　　5000 毫升

　　　　白糖　　　　　2250 克

　　　　盐　　　　　　750 克

使用工具：

　　　　腌缸陶罐　　　各 1 只

　　　　竹条或蒸架　　数条（数只）

　　　　竹签　　　　　数根

　　　　腌菜石　　　　数块

　　　　挂钩或绳索　　1 只（根）

　　　　密封泥　　　　1 团（或保鲜膜替代）

注：与1977版《杭州菜谱》对比：火硝三钱，余同。
　　与1988版《杭州菜谱》对比：火硝3.5克，余同。

> ※硝：也称火硝、亚硝酸钠，是肉制品中应用历史最久的添加剂之一，具有发色、增香、防腐、抑菌、抗氧等功能，不仅仅是作为腌肉的发色剂使产品具有美观鲜艳的色泽，还对肉毒杆菌及其他腐败菌和致病菌有良好的抑制作用。但硝是有毒物质，如超标使用，对人体有一定危害，在使用中每个国家都有严格的标准，一般允许在严格控制的食品加工厂使用。我国卫生部、国家食品药品监督管理局在2012年5月就发文"禁止餐饮服务单位采购、贮存、使用食品添加剂亚硝酸盐（亚硝酸钠、亚硝酸钾）"。

（三）工艺流程

原料与工艺流程

1.初步加工

将整条青鱼平放在案板上，不去鱼鳞，用刀从尾部沿着背脊剖至头部，劈开头颅，剖成鱼腹相连的两片，挖去内脏和鳃，斩掉牙齿，刮净腹内黑膜，用干净的布揩净腹腔（不能用生水洗，以防变质）。

2.腌制处理

用岩盐擦遍鱼的全身，背脊骨处要多擦几遍。在背部厚肉处用竹签扎几个孔，以便将盐分渗入，防止霉变。再将鱼放入大缸（鱼鳞朝下），上面用石块、竹条压住，过七天后取出，用清水洗净表面的食盐和血污，再在日光下晒十天左右，挂在阴凉通风处晾一个月左右。

3.切块糟渍

将鱼干切成10余厘米长、3.5厘米宽的块36块（如每盒使用3～4块，可装9～12盒），装入腌缸陶罐，将白糖（2000克）、酒酿、糟烧、绍酒（4500克）调制成汁，倒入腌缸陶罐浸没鱼块，用竹爿压住鱼干，然后密封，放置阴凉处糟渍4

个月。

4.加热成熟

食前将鱼干从腌缸陶罐中取出，放在容器里，加白糖 250 克、绍酒 500 毫升，再加原卤汁浸没鱼肉，加盖，上笼用中火蒸约 1 小时，至肉酥即可。如只取一部分蒸食，则按比例加入调料。

5.改刀装盘

食用时改刀装盘，浇上蒸制时的原汁，或加以点缀。

（四）菜肴特点

此菜白里透红，肉质紧密中带有酥松；糟香扑鼻，入味既甜醉又鲜美，为冷菜中的佳品。真可谓：糟香扑鼻、鲜甜醉美。

（五）技巧技法

糟青鱼干的制作要经过冬天腌、初春糟、食用前再蒸制成熟三道工序。一般选在气候寒冷的冬至前后、日照充足之时腌制。此时原料不易变质，能够腌得入味，而且日照足又能使其快速脱水一气呵成，使香味纯正，故冬至腌制的青鱼干质量最好。腌制鱼干时，第一，要注意加工时不能用水冲洗，只用布揩净血水便可。第二，以前没有冷藏设备，所以用盐量相对多一点，现在酒店都有冰库，用盐、用糖量可适当减少。第三，在腌制过程中，中间最好翻身一次。糟渍时要用重物压住鱼干，使糟酒浸没鱼块，密封后冷藏。

（六）评价要素

鱼干切口白中泛红，糟香扑鼻，肉质紧密中略带酥松，入口醉美中带有咸甜。

（七）传承创新

青鱼干除自家腌制外，市场也有售卖。此青鱼干可直接蒸或煮，切块或撕碎即可食用。但此款糟青鱼干实际是用晾干后的成品青鱼干，再次进行糟酒浸渍处理，使鱼干风味更为突出，食后更难忘怀，当年的创新之处也在于后面一个环节。

（八）大师对话

戴桂宝：下面我们请伊总谈谈糟青鱼干的选料跟初步加工。

伊建敏：糟青鱼干选的就是我们杭州人所称的螺蛳青，它是吃螺蛳长大的。原来杭州蒋村这边就有，但现在西溪湿地保护起来了，所

大师对话

以是从千岛湖那边去专门选购的。做的关键就是剖的时候一定要从背部肉厚的地方来剖，不能开肚子。剖开之后把内脏、鱼鳃、牙齿都去掉。尤其要记住把里面黑膜刮干净，因为黑膜是造成鱼腥的主要原因。第一开背脊；第二黑膜去净；第三不能水洗，应用干净的布把血水擦干，因为水一洗这个肉就不香了。

戴桂宝：还有鳞片保持着。

伊建敏：对对！不能洗，不能去鳞。然后就腌，腌的过程当中一定要腌透，尤其是肉厚的地方要用竹签尽可能多扎几下，使盐都能够腌进去。腌好了之后，放到缸里，千万不能放铁器或不锈钢器中，因为它要氧化，放的时候鱼鳞面朝下，打开的肉朝上。还要用竹片压好，再用大石头压住。

戴桂宝：那中途还需要做什么？

伊建敏：家里面如果腌一条没关系，但是如果腌得多的话，中途要上下翻一翻，腌七天后取出来用清水给它洗干净，把盐、血水都洗干净，先太阳底下暴晒，一般的话看天气，7~10 天，晒完之后就阴晾。传统的做法一般都是冬至前后做下去，腌几天正是腊月里面，拿出挂在那里，挂到开春之前就把它取下来切块，放到容器里（密封保存）。糟的这个步骤就从这里开始，前面只是腌。那么切块放到盘子里之后，就要调一个汁。这个汁里面有甜酒酿、白糖、糟烧和黄酒，这四样东西调在一起，调匀了把这个汁水倒下去，要淹没那个鱼，怕它浮起来，放点竹篾，再压上石头，盖上盖，加上封缸水，让它密封与空气隔绝。

戴桂宝：几个月之后随吃随取？

伊建敏：对对！四个月以后就可以了。随食随取，取出来之后呢，就是蒸，蒸的时候要再加点白糖，加点料酒，加它的原汤一起蒸，蒸一个小时后改刀。

戴桂宝：你今天在做的与（20 世纪）50 年代的传统做法有什么不同？

伊建敏：第一个不同是原用火硝跟盐一起拌匀一起来腌。为什么加火硝？一个为了它的颜色更好看，因为火硝会跟肉生成肌红蛋白，产生这个变化之后可以让那个肉看上去呈粉红色，如玫瑰一样的颜色很好看，同时也能够使其更加香。另一个是可以起到一定的防腐作用。但这个物质，现在证明是一种致癌物质，所以就不用了。

戴桂宝：今天少了这一个火硝，其他都是按原先的方法来做？

伊建敏：对！我今天本身是要求做传统的糟青鱼干，所以说其他全部都是沿用传统的制作方法来做的。但是为了弥补没有火硝的这个不足，今天我用的是岩盐。这个盐矿物质含量更丰富，用来腌也能够让这个肉更香，腌的时间长也会增加颜色。

因为原来口味很重，盐比例很大。为了在泡的过程当中，把那么多盐味盖掉，所以要加很多的糖来把味道调回来。所以说重盐重糖。这个做法是因为当时没有冰箱。现代人的口味也没有那么重了，在做的过程当中，把这个盐的比例，包括后面糖的比例，都可以适当减一些，因为现在有冰箱。原来冬天做，春天泡，夏天吃，我们现在反正有冰箱，最好冷藏箱里一放，不用担心（变质）。

戴桂宝：减少三分之一的盐量、减少四分之一的糖量？

伊建敏：对对！因为它首先要有糟香味道，回味是有香甜的味道。所以在这个过程当中没有用到葱姜，也没有用到花椒。我们杭州人一腌东西都会在盐里面拌上花椒来腌，这样更加香。但为什么糟鱼不用花椒腌，就是因为花椒的香味会把这个糟香味道盖掉，所以说为了突出这个糟香味，就不用花椒，也不用葱姜。当然我们今天的做法是完全按照传统的，现在的新做法是把那个酒糟拌在那里，滚也可以，包起来也可以。就像做皮蛋、咸鸭蛋，外面用黄泥给它滚住，只是我们用这个鱼块在外面滚上糟、酒糟、糖等一些调料。

戴桂宝：糟青鱼干，在伊家鲜很有名气，经常有名人来吃。下面我们请伊总谈谈名人来吃糟青鱼干的趣事。

伊建敏：虽然我们这个店不是太有名，但是我们这里确实名人来得很多。首先是美食家蔡澜，他就专门来过，蔡澜为什么会来呢？因为金庸来过。金庸来我们这里很多趟，因为他们俩是朋友，所以蔡澜就知道了。后来他为了拍深圳卫视的《蔡澜提菜篮》这个节目，专门跑到杭州来找我们，来我们这里吃了之后很兴奋，专门给我们题了"原汁原味"四个字。因为我们这里都是原汁原味，是比较传统的，他觉得很好。后来陈经纶来杭州的时候，体委领导请他吃饭，他就指明说要到我们这里来体验，还点了糟青鱼干。正好那个季节也不错，他吃了也觉得很香，很好吃，不是很硬。

戴桂宝：因为这个菜蒸的时间比较长，所以它很酥了。

伊建敏：对对！它不会说是像什么鱼干之类的有咬劲，这个泡在汁水里面很好，杭州人说起来蛮嫩的，又很香，所以觉得味道很好又入味。

戴桂宝：杭州名菜里面不用葱姜开水产的，大概也就这个菜了。

十、糟香鱼松（创新菜）

创新制作：程礼安
现任浙江旅游职业学院厨艺学院中烹教研室主任

个人简介

　　糟香鱼松是由杭州名菜糟青鱼干衍生创作而来，青鱼干蒸熟去骨再熟炒，使食用更为方便，是一款咸甜带酸、香松入味的下酒菜肴。

（一）主辅原料

主料： 青鱼干　　　500 克
辅料： 葱结　　　　10 克
　　　　　葱花　　　　20 克
　　　　　姜片　　　　5 克
　　　　　姜末　　　　30 克
　　　　　姜松　　　　3 克

调料：酒酿　　　　1 盒 360 克

　　　　米醋　　　　25 毫升

　　　　陈年黄酒　　100 毫升

　　　　高度白酒　　10 毫升

　　　　酱油　　　　10 毫升

　　　　白糖　　　　50 克

　　　　色拉油　　　250 毫升（实用 50 毫升）

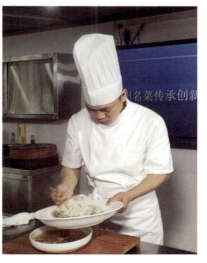

原料与工艺流程

（二）工艺流程

1.浸渍糟制

青鱼干放入容器，加入料酒、酒酿（345克）、白酒、葱结、姜片，包上保鲜膜，糟渍 2 天。

2.蒸汽成熟

将糟渍过的青鱼干放入蒸箱，蒸约 15 分钟取出。

3.去鳞去刺

将蒸熟的鱼块放在盘中，去鳞、揭皮撕碎，再将鱼肉稍作拨散，拣除鱼刺。

4.加热炒香

置锅一只，用油滑锅后，加入鱼肉翻炒，至鱼肉略松，加入姜末，再翻炒一会，加入白糖、酱油、酒酿（15 克）、葱花、米醋，颠翻出锅。

5.装盘点缀

装入盘中，加上姜松等点缀。

（三）菜肴特点

此菜通过撕碎炒制，使部分鱼肉达到松脆，吃到嘴里绵中带脆有层次，而且在烹制中加入了食醋，使酒香、焦香、醋香触动嗅觉神经，撩起了食欲，一旦动筷，欲罢不能。真可谓：焦香醇厚扑鼻、咸中略带酸甜。

（四）技巧关键

（1）鉴别鱼干是否干硬，如鱼干硬，则带酒蒸制；如松软，则滗掉酒糟汁水后再蒸制。

（2）趁热去鳞、去骨，肉的撕碎程度可根据喜好，可碎可块，也可参半。若要精致，剔除所有鱼刺。

（3）要旺火冷油滑锅，以免黏锅，若家庭制作建议选用不黏锅炒制。

（4）要使鱼肉松脆，炒制时可多放点油，在加入调料前滗掉即可。

（五）大师对话

大师对话

戴桂宝： 下面我们请程老师谈谈这款糟香鱼松的创作思路。

程礼安： 我做这个糟香鱼松，是从我们杭州糟青鱼干这道菜启发而来的。原来我们老底子的糟青鱼干，顾客在食用的时候很担心这个安全问题，因为青鱼干鱼刺较多，存在隐患。今天我们蒸好之后，把这个刺都去掉了。

戴桂宝： 这款菜制作过程有哪些讲究？

程礼安： 这款菜很容易在炒制的时候发生一个黏底的现象。第一点是锅滑油一定要滑透、滑到位。第二点是火候要控制好，一定要火候适中，如果火太小，就炒不出它这个金黄色。

戴桂宝： 再为大家介绍一下，这款菜的特点是什么？

程礼安： 这款菜体现了糟香、酒香和醋香，口味上是酸中带甜。

戴桂宝： 这款菜可以热吃，也可以凉吃，比较松、比较香，是一款下酒的好菜！

十一、清蒸鲥鱼（传统名菜）

传承制作：姚晖
现任杭州凤都假日酒店总经理

个人简介

　　"清蒸鲥鱼"选用富春江鲥鱼，配以火腿、笋肉、香菇等清蒸而成。由于此鱼鳞下脂肪肥厚，经高温易于消化吸收，富有矿物质，所以清蒸时不去鳞。加上此菜的传奇色彩，是一款食时情趣横生的夏令佳肴。

（一）故事传说

　　据说，鲥鱼非常珍惜自己的鱼鳞，一旦渔网碰到鱼鳞，它是不会动的，真个是宁死不舍鱼鳞的家伙。鲥鱼的鱼鳞油脂最多，倘若有人刮去鱼鳞，那叫不懂，是外行。小时候经常听娘娘（绍兴人对祖母的称呼）讲婆媳之间的故事，有一大户人家设宴请客，婆婆想考考刚过门的儿媳妇，一句话也没交代，就拿了一条鲥鱼让她做菜。只见儿媳妇拿起刀，三下五除二就把鱼鳞给刮了，婆婆看着连连摇头，觉得儿媳妇没有传说中的能干。但等清蒸鲥鱼上桌时，一串晶莹剔透、油光透亮的鱼鳞，放在了鱼的上面，在座的一片惊讶，啧啧称赞！原来这位聪慧过人的巧媳妇，将刮下来的鳞片洗了一下，用针线把它们一片一片穿起来，既保留了鳞片上的脂肪，又省却了吃鱼时去鳞的麻烦，使得婆婆十分惊奇，从此儿媳在婆婆的心中地位大大提升。

鲥鱼为洄游性鱼类，每年在繁殖季节会进入淡水区域，逆钱塘江而上，在桐庐到富阳之间的富春江产卵。当然除钱塘江流域的富春江鲥鱼外，还有长江流域和珠江流域的鲥鱼。在明代，富春江鲥鱼和长江流域的鲥鱼都是每年作为贡品进京的。但是今天，鲥鱼已然成了传说，因为富春江鲥鱼资源自20世纪70年代就陷入枯竭，有些说年产量上百上千吨的鱼突然消失，是因为人工过度捕捞的原因；有些说是上游新安江水库的原因，虽然水库建得还很远，并没有隔断鱼的洄游，但是水库下来的水太凉，使鲥鱼渐渐不来产卵。

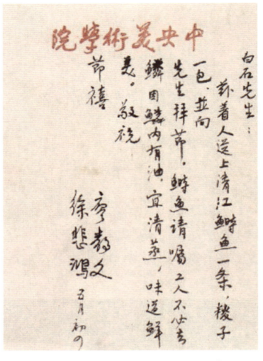

图为 20 世纪 50 年代初徐悲鸿夫妇向齐白石端午拜节，差人赠送鲥鱼一条，并附手札嘱"不必去鳞，因鳞内有油，宜清蒸，味道鲜美"（摘自《文汇报》2018 年 2 月 27 日第 12 版－王永林撰写的《〈鲥鱼札〉与鲥鱼的故事》）

据 2016 年 10 月 27 日《富阳日报》登载，自 1992 年捕到最后一条近千克的鲥鱼后，就没有发现过鲥鱼。在长江流域的鲥鱼也是如此，1994 年安徽某渔民捕捞到一条成了最后的记录。珠江流域在入海口能捕捉到零星鲥鱼，已是稀罕。

（二）选料讲究

鲥鱼鳞片如银，脂肪丰富，肉中细刺如毛，故有"银鳞细骨"之称，是我国名贵鱼类之一。一般以端午节前后捕获的鱼最为鲜美，此值怀孕期，鱼鳞油脂最多，但产卵过后，鱼鳞渐渐变老变硬，7 月以后，鱼鳞油脂大大减少。现在使用的鲥鱼大多为东南亚地区冰冻鲥鱼或养殖鲥鱼，鱼鳞已不再与当年一样油润，所以在蒸制时，一定要放上网油、猪油或鸡油，以增加菜肴的油润度。

主料：鲥鱼中段 1 块（约 500 克）

辅料：猪网油一张（约 150 克）、熟火腿 20 克、水发香菇 20 克、笋尖 25 克、

葱 50 克、姜块 5 克、甜酱瓜 15 克、甜姜 15 克

调料：绍酒 15 毫升、精盐 2 克、白糖 2.5 克、味精 2 克、熟猪油 25 毫升、姜末醋 1 碟

注：与1977版《杭州菜谱》对比：净鲥鱼一块六两、猪网油2两、甜瓜姜五钱、味精五分、姜末四分、醋五钱，余同。

与1988版《杭州菜谱》对比：猪网油100克、甜酱瓜和甜姜各25克，余同。

（三）工艺流程

原料与工艺流程

1.初步加工

将不去鳞的鲥鱼，鳞面朝下放于砧板之上，在脊骨处每隔 2 厘米剁一刀，刀深至鱼肉一半。

2.刀工处理

火腿切薄片 4 片，笋切成 5 厘米长的薄片，甜酱瓜和甜姜均批薄片。

3.加热成熟

取大盘 1 只，将网油平铺盘底，先火腿放网油中间，两边各排列香菇、笋片、酱瓜片和甜姜片，排列完毕后放上鲥鱼（鱼鳞朝下），加水 15 毫升，放入绍酒、精盐、白糖、猪油、葱（35 克）、姜块（拍松），用网油包裹，上笼用旺火蒸约 15 分钟，出笼拣去葱、姜块，滗取原汤，在原汤中加味精和葱段 15 克调准口味待用。

4.装盘点缀

把鲥鱼覆扣在鱼盘内，揭去网油，浇入调好的原汤。上桌时外带姜末醋。

（四）菜肴特点

此菜色彩多样，银鳞闪烁，吮之油润，鱼肉鲜嫩，营养丰富。真可谓：鱼鳞闪烁，配料多彩，肥腴鲜嫩，温中补虚。

（五）技巧技法

鲜鱼蒸制时间为 15 分钟，但如果是东南亚的冰冻鲥鱼，蒸制时间应延长到 40 分钟。

（六）评价要素

鱼鳞保持完整，配料排列整齐，汤汁清澈红亮，酒香糟香扑鼻，肉质细嫩油润。

（七）传承创新

鲥鱼自古以来都是席上的珍品，但因本地鲥鱼资源枯竭，现采用的多为东南亚冰冻鲥鱼，口感终究差别很大，假如烹制不得要领会使鱼肉既柴又老。关于学烧冰冻鲥鱼还有一则创新趣闻：杭州某一高星级酒店的老总，在外吃到清蒸鲥鱼既嫩又鲜，要求厨房学习仿制，但厨房研究多次不得要领，有次厨师长亲自试验，但因忙于其他事务，忘了交代小厨师到时取出蒸箱中的鲥鱼，致使鲥鱼蒸了半个多小时，结果歪打正着，一筷下去，嫩嫩的正与要求相符，打破了以往框定的清蒸用时短的思维。所以当进展遇阻时，适当绕开固有思维的束缚，也许能摆脱困境，也可能在无意间衍生出一种创新。

（八）大师对话

大师对话

戴桂宝：我们请姚总谈谈清蒸鲥鱼的选料和制作方法。

姚晖：鲥鱼是一种富春江跟长江都比较有名的洄游鱼，每年春天来临到春夏交替的时候，都要洄游到江里产子，所以这个鱼的肉特别鲜美。而且鲥鱼的鳞片上还有很丰富的脂肪，常规上这个鲥鱼的鳞片是不刮掉的。今天做的是古法鲥鱼，按菜谱制作的清蒸鲥鱼，所以包了猪网油，再加猪油，包括鱼鳞上的油，到了那个鱼肉里面，感觉这个肉特别油润。

戴桂宝：菜谱上的火腿是五片，我们这儿火腿是十片，但是分量是相等的。唯一的区别就是原先网油是打底的，今天网油是包起来的。

姚晖：对对！把整个鱼都包裹起来。所以说这个菜最好趁热吃，因为时间长了以后，如果有些碟子不是很烫的话，猪油结成冻了，会影响口感。

戴桂宝：还有就是旁边再配一碟姜醋碟，蘸着吃，跟吃螃蟹一样。等会还要看你做创新改良版的，我们拭目以待。

十二、凤脂酒蒸鲥鱼（创新菜）

创新制作：姚晖
现任杭州凤都假日酒店总经理

个人简介

  凤脂酒蒸鲥鱼是杭州传统名菜清蒸鲥鱼的姐妹版。它比名菜鲥鱼制作更为简便，汤汁红亮，油润鲜美，是一款深受大众喜爱、当今较为流行的鲥鱼菜肴。

（一）主辅原料

主料：鲥鱼	半条（净约 900 克）	调料：鸡油	25 毫升
辅料：香菇	20 克	酒酿	25 克
火腿	20 克	精盐	3 克
葱	35 克	花雕酒	30 毫升
生姜	5 克	自制汁水※	260 毫升

  ※汁水配方：冰糖 250 克、美味鲜 200 毫升、美极鲜 50 毫升、鸡粉 200 克、鱼露 200 毫升、味精 200 克、玫瑰露酒 50 毫升、鸡汁 50 毫升、八年花雕 1500 毫升、麦芽粉（焦香型）25 克、鸡油 25 克。

（二）工艺流程

1.初步加工

原料与工艺流程

鲥鱼洗净对剖两半，取用半条，鳞面朝下，在脊背厚处剖数刀，撒上精盐淋上花雕酒码味片刻。

2.加热成熟

鱼鳞朝上放入鱼盘，加火腿、香菇、姜、葱，淋上花雕酒，上笼旺火蒸15分钟取出，滗去原汤，重新加入自制汤汁，放上酒酿和鸡油，再蒸5分钟。

3.出笼装盆

出笼后捡去葱，擦净盘子边沿。

（三）菜肴特点

此菜经过二次蒸制，汤汁清澈红亮，鱼身完整大气，闻之酒香扑鼻、食之油润醇厚。真可谓：酒香扑鼻，口感醇厚，鱼鳞晶莹闪烁，鱼肉鲜嫩油润。

（四）技巧关键

整条鲥鱼去鳃、去内脏，保留完整的鳞片。

在一分为二时，从脊背下刀，将鱼剖开的同时，使尾鳍对剖，确保雌雄二爿头尾完整。

此菜为半爿鲜鱼，前后共蒸制时间为20分钟，如果是不剖开的整鱼，则适当增加蒸制时间，但如果是东南亚的冰冻鲥鱼，蒸制时间应增加一倍。

为了防止水蒸气滴入鱼盘中，在蒸制时可包上保鲜膜。

（五）大师对话

大师对话

戴桂宝：下面我们让姚总谈谈凤脂酒蒸鲥鱼的改良思路。

姚晖：鲥鱼这个东西现在已经很稀有了，富春江水域几乎看不到了。现在大家都很喜欢吃鲥鱼，市面上很多鲥鱼都是海里面的鲥鱼，相对来说进口的、冰冻的鲥鱼比较多，所以鱼肉上的血水都比较多。那么我们经过多次试验，根据自己的经验创新了一个调料。刚才也给大家看了这个调料的做法，包括在熬调料这个过程当中，千万不能把这个汤水滚起来，不能到100℃，只要把冰糖化掉就好。沸腾以后蒸出来的鱼可能会影响口感、香味。

戴桂宝：酒香味跑掉了？

姚晖：对对，因为它这个调料是不掺一点水的。

戴桂宝：今天我们蒸的是鲜鲥鱼，但是一般酒店里在用的都是冰冻鲥鱼。所以采取的方法就是蒸两次，第一次调味之后把这个水倒掉，第二次再用刚才熬的那个汤放进去蒸。

姚晖：因为进口的鲥鱼，口感比较差，血水比较多。那么第一次放葱姜蒸，它蒸出来的汤汁料会有一股腥味（还有泡沫），滗掉以后再放入我们自己调的这个料，加一点鸡油，鸡油最好是本鸡鸡油，再加点酒酿，那么蒸出来的口感是相当好的。

戴桂宝：在备料时，我看要求也很高，一定要用八年陈及以上的酒。

姚晖：对，这是为了保证鱼肉的香味，包括保证汤汁的香味，最好是用花雕酒，最起码八年的花雕酒。这样才能保证整条鱼是一个口感，是新派鲥鱼的口感。

戴桂宝：请谈谈以前的清蒸鲥鱼，跟现在创新版的清蒸鲥鱼的蒸制时间。

姚晖：因为以前的鲥鱼基本是富春江、长江的鲥鱼，比较鲜嫩。所以说跟我们平时蒸的鱼差不多，看蒸汽的力度一般在10～12分钟。现在的鲥鱼相对来说肉质差一点，比较老，比较硬，然后它的里面包裹的血水比较多，所以我们分两次蒸，第一次一般是蒸25分钟左右，然后把原汤滗掉，再加入新调的鲥鱼料，加上鸡油、酒酿，然后再蒸个5分钟。这样这个鱼的肉吃起来是相当鲜嫩的。

戴桂宝：我们非常感谢姚晖为我们制作凤脂酒蒸鲥鱼，它香气扑鼻、肉质鲜嫩，也为我们大家提供了在原料匮乏的情况之下的制作方法。

十三、蛤蜊汆鲫鱼（传统名菜）

传承制作：方明
现任杭州开元萧山宾馆总经理

个人简介

蛤蜊汆鲫鱼为河海两鲜合一的传统风味，其汤汁浓白，肉质鲜嫩，是一款汤鲜味美、营养丰富的滋补佳肴，颇受消费者喜爱。

（一）故事传说

蛤蜊，又叫蛤，有蛤蜊、文蛤、西施舌等诸多品种。蛤蜊肉质鲜美，自古以来就是人们的盘中佳肴。古代是王公贵族的盘中餐，如今寻常人家也能吃到，被称为"天下第一鲜"，现常用它来熬汤提鲜。唐贺知章（唐代越州永兴人，永兴即今萧山）有诗曰："钑镂银盘盛蛤蜊，镜湖莼菜乱如丝。乡曲近来佳此味，遮渠不道是吴儿。"后两句意为如此佳肴，为啥不说是吴越的菜。宋梅尧臣也写道："紫缘常为海错珍，吴乡传入楚乡新。樽前已夺蟹螯味，当日莼羹枉对人。"南宋晁公遂更是赞叹："使我转忆江湖乡，水珍海错那可忘。十年不风尚能说，楚人未数鲤与鲂。蛤蜊含浆自有味，蟹螯斫雪仍无肠。"他对蛤蜊的鲜美作了形象的描绘。

而菜肴中的鲫鱼是我国分布最广的淡水鱼，因其味道鲜美、营养丰富而深受人们的喜爱。《本草经疏》说鲫鱼"与病无碍，诸鱼中唯此可常食"。此鲫鱼汤不但味香汤鲜，而且具有较强的滋补作用，无论啥病均不忌它，非常适合中老年人、体质虚弱者食用。

（二）选料讲究

鲜活的优质鲫鱼，其眼睛凸出、晶莹透亮，通体黑中泛黄，鱼鳞发亮。最好选用鱼身修长、无鱼子、鳞片鳍条完整、体表无创伤的野生鲫鱼。一般通体黑中泛黄、体形瘦长为野生；黑中泛青或深黑、体形臃胖为养殖。制作鲫鱼汤宜选用体形修长的野生鲫鱼为佳。

主料： 鲜活鲫鱼	1条（约重500克）	
辅料： 蛤蜊	20只（约重500克）	
绿蔬菜	25克	
葱结	25克	
生姜（拍松）	1块25克	
调料： 绍酒	25毫升	
精盐	5克	
味精	3克	
熟鸡油	10毫升	
熟猪油	50毫升	
姜末醋	一碟	
白汤※	1250毫升	

注：1977版《杭州菜谱》没收录此菜。

与1988版《杭州菜谱》对比：盐2克、味精5克，余同。

> ※白汤：是用小鲫鱼500克，洗净后先用猪油煎制，后加热水2000毫升，大火熬制浓白，过滤成汤。

（三）工艺流程

1. 初步处理

将鲫鱼去鳞、鳃、内脏，除去内膛黑衣，洗净。

2. 刀工处理

在背脊肉的丰厚处，从头到尾两面各直剞一刀，刀深至骨。

3. 加热成熟

将鱼在沸水中稍烫，吸干水分。炒锅置旺火上烧热，用油滑锅后，下猪油至四成热，将鱼入锅略煎，翻身加入绍酒、葱结、姜块、白汤，盖好锅盖，在旺火上烧5分钟左右（中途不要揭开锅盖）。

4. 调味过滤

启盖，取出葱、姜，加入精盐、味精，用漏勺将鱼捞出，装入品锅，汤汁用细筛过滤后，倒回锅内。

5. 加入配料

在烧鱼的同时，将洗净的蛤蜊用开水烫至外壳略开，掰开蛤壳，去掉泥衣，倒入鱼汤内，将加盐焯水过的绿蔬菜略烧，捞出放在鱼的两边，淋上熟鸡油。

6. 装盆跟碟

倒入品锅加盖，随跟姜末醋碟上桌。

（四）菜肴特点

此为汤菜，其汤浓白而鲜，肉细嫩味美。真可谓：汤汁浓白，肉质细嫩，咸鲜味美，营养丰富。

（五）技巧技法

首先要用沸水中大火加热，根据鱼和火力的大小控制时间，一般水沸腾后须加热4～6分钟。其次要先煮出白汤，再行调味。最后一条尤为重要，就是一定要事先检查蛤蜊，是否带有泥沙，防止泥沙混入破坏菜肴的质量。

（六）评价要素

鱼身完整，鱼皮不焦不碎，汤汁浓白，蛤蜊饱满无沙粒，口味咸鲜适中。

原料与工艺流程

（七）传承创新

鲫鱼汤为江南民众所崇尚的菜肴，一般病后体虚就烧几条鲫鱼补补。根据需求衍生出很多鲫鱼汤产品，如术后通气吃鲫鱼汤加萝卜丝，产后催奶吃鲫鱼汤加通草，体虚补蛋白质吃豆腐鲫鱼汤或鲫鱼浓汤。

（八）大师对话

大师对话

戴桂宝：下面我们请方总谈谈蛤蜊汆鲫鱼的制作关键。

方明：今天是比较传统的一个做法，如果现在大家做的话，有几个步骤可以稍微简化一些。比如，今天我在烧鲫鱼的时候，把鲫鱼先在水里汆一下，看看是很方便，其实家里这样做的话有点不方便，因为你重新要起一锅水去汆一下，然后再去煎。尽管汆一下的好处是去腥，但口味相差不大。

戴桂宝：平时这个环节就没有了。

方明：直接下锅煎，这样的话如果不是专业的人，反而不会破皮，因为鲫鱼的皮很嫩的，很容易破皮。

戴桂宝：我看到你下锅时先尽量不去动它，结壳了再去动，所以皮没破。

方明：对！这个就是我们专业的人有这种经验，一般不太有经验的，特别是在家里做就很容易破，皮一破这个菜就不好看了。

戴桂宝：那你刚才的汤是浓汤，跟大家说说你今天的浓汤是怎么熬出来的。

方明：我这个浓汤是提前用小鲫鱼熬好拿过来的，所以今天烧好后这个汤特别浓香。如果是你平时做的话，这个步骤我认为省了也可以，直接用热水下锅，那么最后菜的汤会稍微淡一点，没有那么浓，但是对口味影响也不是很大。

戴桂宝：你刚才是鱼起锅再放蛤蜊？

方明：蛤蜊不要放太早，到快起锅的时候，再把蛤蜊放进去，这样的话这个汤会更鲜，味更美。

戴桂宝：提前汆蛤蜊是什么目的？

方明：提前汆蛤蜊，是为了保证每个蛤蜊全部都是好的，今天的这个是他们给我买好的，我觉得不放心，所以先汆一下，然后一个一个嗑开，保证这20个蛤蜊都是新鲜的。

戴桂宝：汆的时候没全开口。

方明：给它开一点点，但不能太开，不然的话这蛤蜊要老掉的。

戴桂宝：今天方总给我们很详细地介绍了蛤蜊汆鲫鱼这道菜的传统制法和现在的简便制法。

十四、群鲜鲫鱼汤（创新菜）

创新制作：刘海波
现任杭州路小缦餐饮管理有限公司董事长

个人简介

　　群鲜鲫鱼汤是杭州传统名菜蛤蜊鲫鱼汤的升级版，它在原来的基础上增加了诸多的配料，提升了菜肴价值，是一款较为丰盛大气、适合商务宴请的菜肴。

（一）主辅原料

主料： 大鲫鱼　（1条）约 1000 克

辅料： 蛤蜊　　　250 克

　　　　海参　　　40 克

　　　　鲍鱼　　　180 克

　　　　基围虾　　140 克

　　　　白菜头　　300 克

青菜头	100 克	
红椒	5 克	
芹菜	60 克	
小葱	100 克	
香菜	25 克	
生姜	85 克	
柠檬	50 克	
调料：精盐	13 克	
鸡精	8 克	
味精	5 克	
胡椒粉	5 克	
黄酒	150 毫升	
猪油	250 毫升（实耗 100 毫升）	

（二）工艺流程

1.初步加工

鲫鱼宰杀刮鳞去内脏，洗净。

原料与工艺流程

2.刀工处理

青菜头、白菜头分别刻花，红椒切末。生姜切菱形片 25 克，其余切片泡入 100 毫升水中。西芹切小粒，柠檬切片，小葱切段。

3.浸渍预制

置盆一只，放入鱼，用柠檬、生姜水、黄酒、小葱各一半搓擦鱼身，浸渍 5 分钟。置锅加水至沸腾，加黄酒 5 毫升，生姜、葱段各 5 克，放入鲍鱼、蛤蜊、基围虾焯水后，捞出。置锅加水至沸腾，加盐 5 克，放入菜头花焯水。

4.加热成熟

置锅滑油，下猪油放入鲫鱼，煎至两面微黄，倒出余油，加热水 2000 毫升，旺火烧制，放入柠檬、葱姜，至汤浓白，倒入鲍鱼、蛤蜊、海参、基围虾，加入料酒、西芹、盐、味精，再次沸腾时，关火并撒上胡椒粉。

5.装盘点缀

捞出鲫鱼，放入保温大盘中，依次放入菜头和各种配料，用香菜、红椒点缀。

（三）菜肴特点

此菜为多种原材料组合的汤菜，装盘丰盛大气，汤汁浓白，色彩艳丽。真可谓：鱼肉鲜嫩，汁浓味美，品种多样，丰盛大气。

（四）技巧关键

一要确保成菜后无腥味，所以在煮汤前，先用柠檬、姜汁水、黄酒、小葱搓擦鱼身，浸渍 5 分钟以上；二要将海参、鲍鱼等配料预先处理到位；三要在煮鱼时旺火加盖，使鱼肉中的蛋白质和脂肪快速溶出变白；四要将盛鱼的大盆预先加热，或用底火加热，防止降温过快，汤面凝结。

（五）大师对话

大师对话

戴桂宝：今天刘老师为我们制作的是传统名菜蛤蜊氽鲫鱼的改良版。下面请他谈谈创新过程。

刘海波：我们杭州的老菜谱里面有蛤蜊氽鲫鱼，当时这个菜应该是比较有名的杭州菜。那么现在各方面的生活条件都提升了，我们在原有的基础上面，加上了一些基围虾、鲍鱼、海参，再用鲫鱼的浓汤，烧出来后很受广大消费者的欢迎。我们制作过程当中，用了两次柠檬去腥。还有烧汤的时候，我们选用两斤左右的鲫鱼，原汁原味地体现食材本身的味道，肉质很鲜嫩。

戴桂宝：那你在酒店里卖的时候，这条鱼大概多少重？

刘海波：我们在酒店里卖的时候，大概也就一斤四五两。今天鱼大一点，是想把好的东西呈现出来，给大家做一个印象深刻的菜。

戴桂宝：那这两朵花的寓意呢？

刘海波：两朵牡丹是富贵的意思，蛤蜊、基围虾是群仙的意思，鱼是有余，寓意群贤聚会，富贵有余。

十五、春笋步鱼（传统名菜）

个人简介

传承制作：金虎儿
原杭州望湖宾馆餐饮部副经理兼总厨师长

　　春笋步鱼选用清明前的草塘步鱼为主料，因为此时刚越过冬，步鱼尚未产卵生殖，鱼肉肥嫩，十分鲜美，再配以破土未出的嫩春笋同炒，是一款杭州初春的时令菜肴。

（一）故事传说

　　"春笋步鱼"这道菜使人久吃不厌，堪称春令美食。提起春笋步鱼，不得不说白居易在杭州任刺史时的一段佳话。

　　唐代大诗人白居易于长庆二年（822 年）来杭州当刺史时，正值杭州连年旱灾。白居易急百姓所急，忧百姓所忧，城内城外到处踏看，先是疏通了李泌留下的城内六井；后又发动民工修治海塘江堤。他发动民工修筑了钱塘湖（即今西湖）的湖堤，将湖堤加高数尺，水位提高了，蓄水量增加了，上塘河两岸的千余顷农田得以灌溉。

相传长庆四年（824 年）的清明时节，白居易身穿便服，独自一人在上塘河两岸踏看农田的灌溉情况。临近中午时，他走进一户农家询问情况。家中的一位老太太与她十四五岁的孙子正在吃饭。见有客人上门，祖孙俩便起身招待。盛情邀请之下，白居易就坐下来与他们边吃边聊。饭桌上没有大鱼大肉款待，只有两碗时鲜菜，一碗是酱爆螺蛳，另一碗是野笋炒步鱼。老太太告诉白居易：螺蛳、步鱼和野笋，都是孙子到山里河里去弄来的，客官不嫌土的话，就多吃点。白居易被农家纯朴的情感所感动，而且对从未品尝过的"野笋炒步鱼"十分感兴趣，他吃得津津有味。回去后，白居易在家中如法炮制了这道菜，还将野笋换成了春笋。以后，每当家里来客人，春笋炒步鱼便成了白居易的看家菜。白居易在任期将满时，写过一首《春题湖上》，诗的最后两句是："未能抛得杭州去，一半勾留是此湖。"虽然写的是对西湖的依恋，但也不能否定他对美食的留恋。正如清代诗人陈璨在《西湖竹枝词》中写道：

清明土步鱼初美，重九团脐蟹正肥；
莫怪白公抛不得，便论食品亦忘归。

清明前的土步鱼最美，重阳节前后母蟹才肥。难怪白居易"未能抛得杭州去"，正是杭州的美食让他留连忘返。

土步鱼因肉质鲜嫩上了袁枚的《随园食单》："杭州以土步鱼为上品。而金陵人贱之，目为虎头蛇，可发一笑。肉最松嫩。煎之、煮之、蒸之仅可。加腌芥作汤、作羹，尤鲜。"今日的春笋步鱼是杭州一道传统名菜，以山珍之鲜与湖珍之美珠联璧合，自是鲜美异常。

（二）选料讲究

步鱼又名沙鳢、塘鳢鱼。因为鱼身颜色似土，杭州人又称土步鱼、土婆鱼，多见于江河湖泊的浅水中以及栖息于卵石堆、岩缝、沙滩及溪湾中。此鱼冬日伏于水底，附土而行，一到春天便至水草丛中觅食。每当春笋大量上市，也就是到了吃步鱼的季节，步鱼经过了一个冬天的伏养，这时正是肥美的时候，肉白如银，有豆腐之嫩而远胜其鲜，与破土未出的嫩春笋同炒，身价倍增。

主料： 鲜活步鱼　　　400 克
辅料： 生净春笋肉　　100 克
　　　　　葱段　　　　　10 克

调料：酱油 20 毫升、绍酒 10 毫升、精盐 1 克、白糖 5 克、湿淀粉 50 克、味精 2.5 克、熟猪油 500 毫升（约耗 75 毫升）、芝麻油 5 毫升、胡椒粉适量

注：与1977版《杭州菜谱》对比：活步鱼五两，芝麻油二钱，熟菜油一斤（约耗一两），余同。

与1988版《杭州菜谱》对比：相同。

（三）工艺流程

原料与工艺流程

1. 初步加工

将步鱼剖杀去鳞、鳃、内脏，洗净。

2. 刀工处理

切去鱼嘴和胸鳍，斩齐鱼尾，剖成雌雄两片，带背脊骨的雄片再斜切成两段；笋去老头，切成比鱼块略小的滚料块。

3. 上浆调芡

将鱼块用精盐、湿淀粉（35 克）上浆拌匀待用。将酱油、白糖、绍酒、味精和湿淀粉（15 克）放入小碗中，加水 25 毫升，调匀待用。

4. 加热成熟

炒锅置中火上烧热，滑锅后下猪油，至三成热时，倒入笋块约 20 秒钟，用漏勺捞起，待油温升至五成热时，倒入鱼块，用筷子划散，将笋块复入锅，约加热 20 秒钟，起锅倒入漏勺。

锅内留油 25 克，放入葱段煸出香味，即下鱼块和笋块，接着把调好的碗芡倒入锅，轻轻颠动炒锅，以防鱼肉散碎，待芡汁包住鱼块时，淋上芝麻油即成。

5. 装盘随碟

出锅装盘，吃时可随跟胡椒粉一碟。

（四）菜肴特点

此菜为初春难得的时今佳肴，拆骨取肉，鱼嫩味鲜，笋嫩爽脆。真可谓：鱼嫩味鲜，笋脆爽口，色泽油亮，初春佳肴。

（五）技巧技法

首先鱼块不宜切过小，如果鱼身小，取两块肉；如果鱼身较大，改刀为四块。其次因步鱼肉较嫩，为了防止鱼肉过老，滑油时建议和笋块分别处理。最后在炒制时力度不宜过大，以防鱼肉破碎。此菜采用的是滑炒技法，清爽嫩滑，芡汁紧包。

（六）评价要素

色泽红亮油润，鱼肉块状匀称，芡汁不宽不厚、紧包原料，外晶莹、内如玉、肉细嫩、笋爽脆、味咸鲜。

（七）传承创新

春笋步鱼虽是杭州名菜，但现在哪位吃货如要尝鲜，在杭城寻觅半天不一定能找到，一般酒店菜谱上没有，其原因：一是步鱼上市时间太短暂；二是步鱼取肉难，菜肴成本较高。一般酒店把此菜定为高端菜肴，出现在宴请和接待上。要说高端，还有一只步鱼菜肴更为极致，步鱼取肉后，留下了一大批鱼头，这时鱼头上的两块鳃帮肉，是千金难买的好材料，取其肉上浆后待用。先将鱼骨洗净，用猪油炒后熬汤，出锅过滤，加入细小的嫩雪菜末和鳃帮肉。一青一白，一人一盅，谓之天上肴馔。

（八）大师对话

戴桂宝：今天很感谢金师傅为我们来做杭州传统名菜——春笋步鱼，在原料选用和制作环节，您再给大家谈谈。

大师对话

金虎儿：这道春笋步鱼是我们杭州名菜三十六道之一，这道菜也是杭州的时令菜，每年到清明前后，春笋大量上市，步鱼也比较鲜嫩，这个时候是吃春笋步鱼的好季节。步鱼不像我们小的时候比较多，现在产量还是很少的，市场里面也很少（步鱼现在还是野生的，没有养殖的）。从这方面来看，这道菜在三十六道名菜中还有生命力，还有一定的销路（是不容易的）。

春笋步鱼原来菜谱上要求用猪油，因以前白净的油只有猪油，现在色拉油、花生油都可以用，因猪油稍微凉了要冻住，所以一般情况下，现在都不用猪油。糖的量我认为多了一点，酱油如果现在用杭州的湖羊酱油，色泽较重，也没必要用那么多。这道春笋步鱼基本上吃不出甜的味道，它以咸鲜味为主，糖只是用来提鲜。步鱼在选择的时候最好大小一致，这样刀工成形也方便，出品也漂亮；春笋切的块要小于鱼块。还有用汁芡、老酒、酱油、一点点醋、生粉、味精、葱段在碗里兑好，最好一次一个准，正好芡汁紧包。

戴桂宝：按照传统的杭州菜谱书，醋是没有的。

金虎儿：这个醋吃不出酸味。

戴桂宝：现在有些酒店放醋，有些酒店不放醋。

金虎儿：这个有可能的，但稍微加点醋，一般吃不出酸味，但能起到去腥的作用，我们老菜上做法是这样的。还有刀工处理，原来菜谱书上说，去掉头壳和尾巴，对剖，雌爿不改刀，雄爿再对切，但在实际运用中，步鱼大小不一，有些大的雄爿要切三刀，小的都不用切，这些要自己灵活掌握；有些小的步鱼还可以连在一起，这样炒好之后，卷起来保持了块的大小一致，不一定全批开。另外，火候要掌握好，不管笋下油锅还是鱼下油锅，这个油温一定要掌握好，不然笋要脱水不鲜嫩，鱼要结块成团。

随着社会的发展，吃猪油的人相对来说比较少，因猪油脂肪含量比较高；还有春天气温不是很高，杭州人的俗语：冬冷不算冷、春冷冻煞爹，意思是说倒春寒还冷得很，而这道菜的要求是色泽光亮，假如用猪油，稍微多放一会色泽就变了。

十六、春笋焗步鱼（创新菜）

个人简介

创新制作：唐延胜
现任杭州市舟之宝餐饮管理有限公司总经理

　　春笋焗步鱼是由杭州名菜春笋步鱼创新而来，采用黄酱作调料，用砂锅焗制，既美观又能促食欲，是一款色泽鲜艳、造型大气的创新菜肴。

（一）主辅原料

主料： 土步鱼　　600 克
辅料： 春笋　　　120 克
　　　　小洋葱　　200 克
　　　　沙姜　　　50 克
　　　　本芹　　　30 克
　　　　香菜　　　20 克
　　　　葱白　　　15 克

调料：黄椒酱　　　　　160 克

　　　　廿年陈土黄酒　　70 毫升

　　　　美味鲜酱油　　　30 毫升

　　　　花生油　　　　　60 毫升

（二）工艺流程

原料与工艺流程

1.刀工处理

（1）将宰杀洗净的步鱼脊骨的两侧各剖一刀。

（2）春笋斜切成片，小洋葱一分为二，沙姜切成约 1 毫米厚的片，本芹、葱白、香菜梗和香菜叶分别切成寸段。

2.加热成熟

砂锅置火上，烧烫后加油，先放入小洋葱翻炒，再加入沙姜，翻炒约 2 分钟；之后逐步加入葱白翻炒约 1 分钟，加入本芹翻炒约 20 秒，加香菜梗翻炒约 30 秒，再将春笋覆于其上，将步鱼头朝外、尾朝内围铺在春笋之上，用黄椒酱盖一圈在步鱼身上，四周淋入黄酒，加盖焖 30 分钟。

3.装盘点缀

掀盖后，中间撒上香菜叶，即可上桌。

（三）菜肴特点

此菜使用了洋葱、本芹和陈年黄酒，掀盖后醇香四溢，加上黄酱的黄和鱼肉的白，色泽明亮。真可谓：整齐美观，色泽艳丽，香味浓郁，鱼肉鲜嫩。

（四）技巧关键

选用 3 月份的步鱼为佳，此时的步鱼尚未产卵，最为鲜美。最好选用个头合适、大小匀称的步鱼，一般为一斤 3 条，一份正好 20 条左右。

首先要加入洋葱、沙姜翻炒出香味，再逐步加入本芹、香菜梗翻炒，目的是营造一个充满香味的底料，最后将廿年陈土黄酒淋入砂锅，使此菜突出一个香字，吸引周边顾客的好奇之心。其次，笋片要切得薄，能使之快速成熟。

（五）大师对话

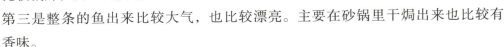

大师对话

戴桂宝：我们请唐总讲讲这个菜的创新思路。

唐延胜：首先因为现在新杭州人比较多，新杭州人口味偏重，也比较偏辣，所以我们给它改为辣的；第二是减少厨房里的刀工改制；第三是整条的鱼出来比较大气，也比较漂亮。主要在砂锅里干焗出来也比较有香味。

戴桂宝：刚才唐总说了，杭州人以前不吃辣，现在新杭州人喜欢吃辣，所以把它变成辣的；第二个是减少厨房的工作量，不用批肉了；第三个是出品也比较大气；第四个是这道菜特别香。再向大家说一下，什么时候步鱼最好？

唐延胜：步鱼在三四月份最好，在没产卵之前，步鱼最肥美，它产卵产好之后就瘦下来了，现在是最为肥美的时候，味道最鲜美。

戴桂宝：那么在烧的过程中间有哪些讲究？

唐延胜：烧的时候就是一定要用花生油，把沙姜、洋葱头给它煸香，让那个香味出来，然后再加春笋、步鱼，并加入黄酱，最后加入陈年老酒。陈年老酒在烧的时候香味就自然挥发出来，那么鱼的味道更醇，回味更好。

戴桂宝：刚才我看你前面的配料炒了很长时间。

唐延胜：对，一定要把香味煸出来。

戴桂宝：但是黄酱跟黄酒倒得很晚。

唐延胜：黄酒如果倒太早，煸的话会有焦味，可能改变原有的香味。

戴桂宝：那么这道菜你看看最大特点是什么？

唐延胜：这道菜的特点就是炒出一个干锅的香味，鱼呢保持了原汁原味，我们没有加鸡精、味精，只是一个它自己的鲜味；还有一个是鲜嫩，主要还有形状比较优美；然后厨房里烧起也比较简单，以前老的做法很麻烦，又浪费。

戴桂宝：通过了改良，减少了厨房的工作量，但是拿出来也不失大气，也不容易碎。那么假如说不喜欢吃辣，那就辣少放一点？

唐延胜：如果不喜欢吃辣，把辣味降低，想吃蒜蓉味，把蒜蓉焗上去，小孩子更喜欢，味道也很美。

戴桂宝：刚才唐总说了，假如不喜欢吃辣的就是把黄酱换掉，换成蒜蓉酱，也不失为一道很好的春笋焗步鱼。

十七、龙井虾仁（传统名菜）

传承制作：吴顺初
原杭州楼外楼实业有限公司行政总厨

个人简介

　　"龙井虾仁"，选用现挤的大河虾仁，配以清明节前后的龙井新茶烹制，虾仁肉白鲜嫩，茶叶碧绿清香，色泽雅丽，滋味独特，是一道杭州传统的高端菜肴。虽然中华人民共和国成立后此菜从达官贵人的餐桌移到了平民百姓的餐桌上，但像这款用鲜活大河虾现挤现做的，仍是一款难得能品尝到的玉盘珍馐。

（一）故事传说

　　龙井虾仁是一款用茶叶作为辅料的菜肴，茶叶入馔，古已有之。唐代《茶经》一书就有记述，茶乃"滋饭蔬之精素，攻肉食之膻腻"。元代虞集在游龙井时也曾写诗赞美："烹煎黄金芽，不取谷雨后。同来二三子，三咽下忍嗽。"古代食之"八珍"中有"雀舌"一味，这并非真的麻雀舌头，其实不外是用最珍贵的雨前龙井茶泡开，取其嫩芽来充鲜蔬用。虽然有这样的传统前例，但是能像龙井虾仁这样巧妙地把茶叶引入菜肴，可能是杭州厨师受著名文学家苏东坡《望江南》中"休对故人思故国，且将新火试新茶，诗酒趁年华"的启发创作而来。

关于龙井虾仁还有一个传说，说某年乾隆到江南微服私访，曾在杭州龙井附近的一茶农家避雨，喝了新茶深感清香。雨过后讨得一撮茶叶，日暮时来到城里一家小店，点了道清炒虾仁，然后拿出茶叶让店小二冲泡来喝。不想掏茶叶时龙袍角外露，被店小二瞥见，急忙报告正在炒菜的店主，店主一惊，竟把小二刚刚递过来的那撮茶叶当成葱花撒进锅里，想不到这道茶叶虾仁端到乾隆面前时就已清香四溢，乾隆品了色泽雅丽的虾仁，连道："好菜好菜！"惊动邻座。

（二）选料讲究

龙井虾仁虽然一年四季常年供应，但最佳食用季节还是在清明谷雨前后，此时正是新茶采摘的时候，茶叶青绿透亮，叶片匀整而有光泽。一般采摘二叶一心嫩绿茶芽为原料。古话说：喝茶要喝明前茶，吃虾要吃带子虾。这虽然不完全正确，但带子前期的虾确实较肥美，再说雌虾没有大钳，性价比较高，所以优选雌虾为宜。

主料：	鲜活大河虾	1000 克
辅料：	龙井鲜茶叶	3 克
	龙井茶叶	1 克（泡水）
	鸡蛋清	1 只
调料：	精盐	14 克
	味精	3 克
	湿淀粉	25 克
	猪油	750 毫升
		（约耗 75 毫升）

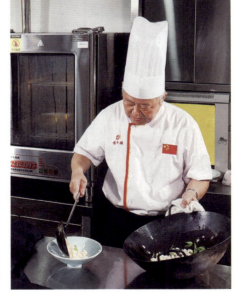

注：与1977版《杭州菜谱》对比：龙井新茶二分、绍酒三钱、精盐六分、味精五分、湿淀粉八钱，无鲜茶叶，余同。

与1988版《杭州菜谱》对比：龙井新茶1克、绍酒15克、味精2.5克、湿淀粉40克，无鲜茶叶，余同。

（三）工艺流程

1.去壳清洗

原料与工艺流程

将鲜活大虾放入冰箱，半小时取出，用双手的拇指和食指分别捏住虾的头和尾，向中间一挤，挤出虾仁，放入容器，加盐 10 克，用手搅拌一会，至虾仁渐渐白净，再用水冲洗三遍后沥净余水。

2.吸干水分

干毛巾铺在案板上，将虾仁倒在毛巾上面，卷起毛巾吸掉水分。

3.码味上浆

取容器一只，放入虾仁，加盐 4 克，味精 3 克，用手或筷子搅拌至有黏性时，加蛋清半只，再搅拌后，加入湿淀粉拌匀上劲，覆上保鲜膜静置 1 小时，或放入冷藏箱半小时，使调料和芡粉渗入虾仁而不出水，俗语"涨透"。

4.加热调味

（1）静置后的虾仁，将保鲜膜揭开，加油 15 克搅散。

（2）置锅一只，烧红滑锅，下猪油至四成热时，放入浆虾仁，并迅速用筷子划散，至虾仁呈玉白色时，倒入漏勺沥去油。

（3）将虾仁倒回铁锅中，迅速把茶汁 25 克和鲜茶叶加入，颠翻出锅。

5.装盘配茶

将炒好的虾仁装入盆中，或随跟茶水。

（四）菜肴特点

虾仁现挤，清鲜味美，肉质白净鲜嫩，茶叶清新雅致。真可谓：取料讲究，白净鲜嫩，碧绿清香，色泽雅丽。

（五）技巧技法

此菜因用鲜活河虾现挤，所以不需用葱姜解腥；又因加入黄酒会影响虾仁的色泽和茶叶的清香，故也放弃。但如果是冰虾仁，视鲜度而定，也可在滑炒前先用葱炝锅，最后烹酒。此菜采用的是滑炒技法，但与一般滑炒又有所不同，前期虽对原料码味上浆，但最后为了成形清爽而不勾芡。

（六）评价要素

虾仁洁白，口感滑嫩，上浆不宜过厚，更不能脱浆，芡汁均匀包裹有光泽，不厚不薄不流汁。

（七）传承创新

茶叶入馔始于唐代，用茶叶和虾仁同炒清代就已出现，所以龙井虾仁由来已久，是一款历史悠久的传统菜肴，只不过现在的厨师在虾仁浆制上下点功夫，并在龙井虾仁的基础上推出了白玉虾仁、水晶虾仁等；还有在形状上也有些变化，如龙井凤尾虾仁、龙井虾球等。

（八）大师对话

戴桂宝： 我们请吴师傅谈谈龙井虾仁的制作关键。

吴顺初： 龙井虾仁在制作中最关键的是上浆。上浆的菜是不少，有钱江肉丝、炒仔鸡、爆双脆等，但它们这个上浆和龙井虾仁上浆

大师对话

有所不同。因为一般的上浆都是先下点基本味，滑油锅之后，会第二次调味勾芡，而龙井虾仁只在上浆时一次把盐放到位，第二次就不再调味了，所以这个调料很关键，咸了就咸了、淡了就出水了。而且你浆上得好，它外面很饱满、光滑，里面很鲜嫩，保证了里面的营养成分，所以上浆是很关键的一步。

戴桂宝： 浆好后大概放多少时间？

吴顺初： 要静置半小时以上。

戴桂宝： 滑油的过程有什么讲究？

吴顺初： 虾仁的话，一般来讲四成油温就可以，不能太旺，也不能太低。出锅时，再加上一点龙井茶的茶汁，光是茶叶香味不够，加点茶汁，茶的味道就比较浓了。

戴桂宝： 我有个地方重申一下，刚才吴师傅用保鲜膜包起来，放入冰箱里。拿出来之后再放上一点油，放油是为了不使它结团，容易划散，是不是这个意思？

吴顺初： 加了油的话，油锅如果稍微过旺一点，它也能够划散，不会起块，当然老师傅操作一般没问题，但小师傅操作的话，油锅一旺恐怕会起块。

戴桂宝： 现在很多人在加油，他们加油没搞清楚为什么加油？有些在浆的时候就加油，把油搅进去，就脱浆了。那么加油目的是起到虾仁不给风吹干，我们今天用保鲜膜了，就不加油了。以前没保鲜膜，那么在浆好之后上面放一层油，就放入冰箱，不是为了搅进里面，而是为了减少虾仁和风的接触，防止吹干。拿出

来再搅一搅，这个搅的目的是下锅的时候不给它结块，易划散，加多加少无所谓。今天吴师傅他开始用保鲜膜，后来加油，这是后加油，大家一定要看懂。

吴顺初：这个传统龙井虾仁里面是不加小苏打的。如果是冰冻虾，有时候就加一点。

戴桂宝：吴师傅为我们讲解得很详细了，感谢吴师傅！

十八、龙井问茶（创新菜）

个人简介

创新制作：盛钟飞

现任杭州知味观味庄餐饮有限公司行政总厨

龙井问茶是以杭州景区命名的一款菜肴，由杭州名菜龙井虾仁和杭州名点猫耳朵演变而来，厨师通过巧妙的构思，创造出一款菜点合一、造型逼真的新名菜。

（一）主辅原料

此菜主料、辅料、调料均按制作 6 位用料量计算，汤料按制作 20 位用料量计算，操作时可根据实际数量调整。

主料：虾仁　　　　90 克（约 50 只）

　　　　面粉　　　　250 克

辅料：熟火腿丝　　5 克

　　　　熟瑶柱丝　　10 克

　　　　菠菜叶　　　120 克

　　　　龙井茶叶　　5 克

汤料：火腿块　　　250 克

　　　　老母鸡　　　650 克

　　　　生姜　　　　10 克

调料：盐　　　　　2 克

　　　　食用碱水　　3 克

　　　　蛋清　　　　5 克

　　　　生粉　　　　2 克

　　　　鸡精　　　　1 克

（二）工艺流程

1.制汤

（1）置锅至水沸，将清洗的鸡和火腿块焯水。

（2）一起放入锅中，加入清水 2000 毫升，放入生姜，小火煮 3 小时制成清汤，过滤后加鸡精调味。

2.制汁

（1）将洗净的菠菜和新鲜茶叶加水 100 毫升榨汁。

（2）过滤后加入碱水。

3.上浆处理

将虾仁用水漂净，挤干水分，加盐、鸡蛋清、湿淀粉搅拌上劲。

原料与工艺流程

4.制仿真茶

（1）将面粉（留 20 克作为干粉）放在案板上，加入绿色汁水和成面团。

（2）面团稍饧①后取用一小部分擀扁，用工具压成有叶筋脉纹的叶片 180 片。

（3）取一小面团搓成一头尖的 90 个茶叶心，取 2 片已刻好叶状面片包裹叶心，成两叶一心的仿真茶芽，共约 90 朵（约重 150 克）

5.加热成熟

（1）将做好的"茶芽"放入沸水中氽熟、捞出，再用冷开水浇淋后沥干。

（2）置锅于火上，加水至沸，将浆好的虾仁倒入锅内划散，氽熟后捞出沥净水。

6.装盘点缀

（1）将熟虾仁均匀装入 6 只茶盅，放上瑶柱和火腿丝，在上面盖上仿制的"茶芽"。

（2）将烧开的清鸡汤装入茶壶，食用时倒入茶盅即可。

---

① 饧：将和好的面团盖上布或保鲜膜，让其自行缓解筋力的过程。饧后的面团细腻柔软，易于拿捏。如面粉加入老面或酵母的发酵过程，称饧发。

（三）菜肴特点

此菜的一大特色就是菜点合一，加上仿制茶叶，精致逼真，既饱眼福又饱口福。真可谓：制作精致，造型逼真，口感鲜美，菜点合一。

（四）技巧关键

仿真茶叶要现做现煮，如果提前制作要做好防风保湿，以免风干脱水。虾仁改为水汆，主要是不使汤水上面浮油，影响感官。因最后不勾芡，所以实际上此菜采用类似汆的技法，是将小型原料上浆或不上浆，再投入量大的沸水和鲜汤中，短时间加热的一种加工工艺，也称汤爆。

（五）大师对话

大师对话

戴桂宝： 下面请盛总谈谈这道龙井问茶的选料和制作方法。

盛钟飞： 这道龙井问茶是结合杭州的传统名菜龙井虾仁和我们知味观的看家点心猫耳朵一起做的。做这个龙井茶叶，我们用了龙井茶和菠菜，菠菜要用老菠菜，颜色会更绿一点，两者榨汁，然后拿来和面。这里有诀窍，就是要加一点点食用碱水，这样能够确保龙井茶叶的颜色焯过水以后不会变。一般茶汁和菠菜汁的量是面粉的一半，然后来和这个面粉，这样和软硬度会更好。

戴桂宝： 以前都是手工捏的，现在你们开始用模子、用印章了。

盛钟飞： 做这个茶叶两叶一心，还要用手工来做，只是刻这个茶叶，我们做了一个模具，压下去，可以一下子出来二三十个，然后用印章再刻出茶叶的纹路。

戴桂宝： 刚才这个熬汤也很讲究啊！

盛钟飞： 这个熬汤，不放盐的。选用了金华地区的火腿，火腿的盐分、香味和鸡的鲜味结合在一起，成为龙井问茶的汤底。然后要取它的鲜味，所以还加了一些瑶柱。

戴桂宝： 刚才做的是每人一位的。你们味庄还有其他的出品方式吗？

盛钟飞： 对，每人一位。还有一个就是10人份或者更大的15人份，我用的是一个大的碎石缸，碎石缸里面再做成一人一位的。

戴桂宝： 仍旧是一碟一碟？

盛钟飞： 仍旧是一碟一碟。但是那个气氛跟这个气氛完全两样，它装在一个缸里面，再融入干冰。餐桌上面，由我们厨师现场冲火腿汤，有跟客人更贴近的一个互动！厨师冲汤的时候，告诉客人汤是什么汤，冲下去15秒钟时是这个象形的龙井茶叶口味最好的时候。

戴桂宝：这个仿真茶叶，假如泡的时间长了，说不定太软了。

盛钟飞：它就涨掉了，就没有口感了。这个煮好的汤冲下去15秒钟口味是最佳的。

戴桂宝：刚才盛总为我们制作虾仁，是用水滑的，那我们让他谈谈为什么不采用油滑。

盛钟飞：我们传统的龙井虾仁是油滑的，然后再加茶汁去炒，有芡汁，芡汁包裹在虾仁上面。因为这道菜我觉得它是一道半汤半料的菜，如果说是虾仁上面有芡汁，可能出来以后这个虾仁有点糊。现在用水汆，这样不会产生浮油。

戴桂宝：捞起来的虾仁外面观感好，还有一个就是汤的表面没油珠。口感也是跟滑炒的差不多。

盛钟飞：其实我在水汆的时候，加了少许的油下去，这样使它的这个水温能够更高一点。这个虾仁之前上浆过程有生粉蛋清保护住，也不会很干。

个人简介

十九、油爆虾（传统名菜）

传承制作：张建雄
原杭州西湖国宾馆副总经理

　　油爆虾采用河虾制作，色泽红亮，咸中略带甜酸，是一款风味独特的佐酒佳肴，也是一款深受百姓喜爱、久负盛名的杭州传统名菜。

（一）故事传说

　　河虾鲜美，营养丰富。清代著名文学家李渔在《闲情偶寄·饮馔部》中，讲述了各种食物的特点和饮食建议。李渔认为："笋为蔬食之必需，虾为荤食之必需，皆犹甘草之于药也。"可见虾在荤食中的地位和价值。

　　油爆虾的成名据说和旧上海大亨张啸林有关。张啸林幼年生活在杭州，他父亲在拱宸桥附近开了一家箍桶铺，小时候常和小伙伴去运河边钓鱼虾吃，因此张啸林对河虾可谓情有独钟。他在上海发迹后，找了位姓沈的杭州厨师为他做菜。

沈师傅得知他爱吃虾，就经常做虾给他吃。当时上海流行油炝虾，虽然鲜美，但较为清淡。沈师傅考虑到张啸林口味较重，就在油炝虾的基础上进行了改良，加入了北方菜系重油重糖元素，又对虾进行了两次速炸，使之肉壳脱离，更为入味。张啸林吃后果然十分满意，这道油爆虾也成了张府的保留菜。张啸林遇刺后，沈师傅回杭州开了家饭店，打出张府油爆虾的牌子。油爆虾就此在杭州流传开来，成了生命力经久不衰的名菜。

（二）选料讲究

油爆虾选用的河虾要个头匀称适中，如大小混杂，烹制时老嫩不易掌控，太大的虾不易炸透入味，故选用中大虾为宜。如是"大拖钳"的公虾，宜剪去虾钳和虾须，雌虾则不用大费周折。

主辅料：鲜活大河虾　　350 克

　　　　葱段　　　　　2 克

调料：　绍酒　　　　　15 毫升

　　　　白糖　　　　　25 克

　　　　酱油　　　　　20 毫升

　　　　醋　　　　　　15 毫升

　　　　熟菜油　　　　500 毫升（约耗 50 毫升）

注：与1977版《杭州菜谱》对比：大河虾六两、葱段一分、酱油五钱，余同。

　　与1988版《杭州菜谱》对比：相同。

（三）工艺流程

原料与工艺流程

1.初步加工

将虾剪去钳、须、脚，洗净沥干水。

2.预热处理

炒锅下菜油，旺火烧至九成热时，将虾入锅，用手勺不断推动，约炸 10 秒钟即用漏勺捞起，待油温回升到八成时，再将虾倒入复炸 10 秒钟，使肉与壳脱开，用漏勺捞出。

3.加热调味

将锅内油倒出，放入葱段略煸，倒入炸好的虾，加绍酒、酱油、白糖及少许水，颠动炒锅，烹入醋。

4.装盘点缀

出锅装盘即成，如需考究则精致装盘。

（四）菜肴特点

虾头撑开、色泽红亮、烹制入味并保持虾肉鲜嫩、口味咸甜带酸。真可谓：色泽红艳，外壳酥脆，鲜嫩入味，咸甜带酸。

（五）技巧技法

油爆虾采用的工艺技法为"烹"，是一种原料经炸或煎，淋入不加芡粉的味汁，使之入味的一种加工技法。此菜烹制的关键在于火功，先炸后烹。两次旺火热油速炸，目的一是使虾头撑开，虾壳离肉，食用时虾壳易脱；二是速炸能使虾壳爆裂，调味汁更易吸入；三是使大虾艳红挺括，形状美观；四是使虾肉快速成熟，保持虾肉水分，肉质鲜嫩。

（六）评价要素

河虾个头大小匀称，色泽红亮、虾头撑开，外微脆里鲜嫩，口味咸甜酸递进并入味。

（七）传承创新

油爆虾色泽红亮，很适合老杭州人的口味，看一看、闻一闻就会诱人垂涎，是一道至今仍应用广泛的地方名菜。虽然此菜冷热均可食用，但热食更为香鲜，口感更佳。在选料上用沼虾、明虾来制作品质略逊于河虾。创新菜肴有果汁烹大虾、脆皮大虾、油爆元宝虾等。

（八）大师对话

戴桂宝：张师傅退休前是西湖国宾馆副总经理。今天他为我们制作了油爆大虾，我们让他谈谈油爆大虾的情况。

大师对话

张建雄：油爆大虾是杭州三十六道名菜之一，也深受广大杭州人和外地人的喜爱。这道菜的主要特点是外松脆、里鲜嫩，口感非常好，轻糖醋。看似简单，在实际操作当中要做好，一定要注意几个关键。首先，在选料上，选比较大的活的河虾，一般一斤在 100～110 只；其次，烹调方法是炸烹，所以操作动作要快、要准确，不然达不到杭州传统名菜的特点；最后，油爆大虾的糖醋汁要掌握得比较娴熟，按照现代人的口感甜味可能会略微降低，因为现代人不太喜欢吃甜的，所以这个要按照时代适当地进行一些调整。

戴桂宝： 下面请张总来谈谈这道菜的制作关键。

张建雄： 制作关键，一个是要掌握好油温，第一次下油锅，只有十几秒，第二次不到 10 秒。所以掌握油温是关键，第二次要比第一次快，所以关键还要精准。

戴桂宝： 刚才全部按照传统的口味来制作，那么我们这本书以传承为主。所以前面的三十六道杭州名菜，全部按照老的传统的烧法、分量、步骤来制作的。

张建雄： 这里，我还要感谢浙江旅游职业学院的戴老师。现在市场上，餐饮的竞争非常激励，各式各样的招数都出来了，很多人，包括一些新的同志都不知道这个产品的特点，那么通过今天这个视频的效果，也通过戴老师不懈的努力，把我们几百年上千年杭州老祖宗留下来的东西，展现给下一代的厨师，让热爱厨师工作的新一代厨师能够更好地掌握我们传统文化、传统饮食，让我们杭州人能原原本本地吃到我们老祖宗留下的东西，我个人再一次表示感谢！

戴桂宝： 我们的出发点，也不仅是说现在的厨师，也是希望以后几代的厨师都能看到你们老一辈留下来的东西。

二十、油爆脆皮大虾（创新菜）

个人简介

创新制作：蔡高锋

现任杭州广电开元名都大酒店常务副总经理

　　油爆脆皮大虾虾壳薄如蝉翼，若即若离，仿佛是在盘中舞动的蝉翼，红艳松脆，口味甜酸，是一道深受大众喜爱的创新菜。

（一）主辅原料

主料： 鲜活大明虾 350 克（12 只）

辅料： 生姜片　　　8 克

　　　　葱段　　　　15 克

调料： 天妇罗粉 30 克、玉米淀粉 20 克、竹盐 2 克、调味汁※40 毫升、色拉油 750 毫升（实耗 150 毫升）

※调味汁配方

原料：冰糖750克、蜂蜜450毫升、白醋300毫升、麦芽糖1150克、鱼露50毫升、糖桂花酱两瓶580克、青芥末酱半支15克。

调制：置不锈钢小锅一只，将上述前五种原料倒入，中火烧开，搅拌片刻，转小火烧80分钟，中途勿搅动，防止溢出或出现锅边焦化，用筷子插入汁中再取出，观察筷头滴下的汁，连续滴两滴后能连在筷子头不下来，此时再加入后两种原料，倒入容器自然冷凉，此汁成品总重量约为2900克，随取随用。

（二）工艺流程

1.初步加工

将虾剪去头、脚，推开虾壳离肉，至近尾处停下，不要剥断，去掉虾筋，洗净沥干水。

原料与工艺流程

2.码味挂糊

（1）取碗一只，放入天妇罗粉、玉米淀粉、水（50克），搅拌后加油8毫升，调成糊状。

（2）将虾倒在漏勺上，沥去水分，加盐拌匀。

（3）将虾倒入糊中轻轻搅拌均匀。

3.加热成熟

（1）炒锅下色拉油，旺火烧至六成油温时，将虾入锅，大火炸3分钟，至金黄色捞出控油。

（2）锅内留油8克，加入生姜片、葱段，放入炸好的虾，把调味汁倒入，离火翻拌。

4.装盘点缀

出锅装盘，使薄如蝉翼的虾壳朝上。

215

（三）菜肴特点

色泽红艳，虾壳入口松脆即化，虾肉鲜嫩甜酸，回味之中还带有一点点芥末香味，口味时尚新颖。真可谓：色泽红艳，虾壳松酥，肉质鲜嫩，甜酸独特。

（四）技巧关键

此菜采用的工艺技法为"烹"，是一种原料经炸或煎，淋入不加芡粉的味汁，使之入味的一种加工技法。在制作过程中要注意剥虾壳时仅使壳脱开虾肉，不要完全剥落。在翻拌时用力要轻，轻颠细搅，不使虾壳脱落。

（五）大师对话

大师对话

戴桂宝：下面我们请蔡总来为大家谈谈这款油爆脆皮虾的创新思路。

蔡高锋：杭州名菜油爆虾的灵魂是甜酸味道，而港式脆皮虾的特点是壳非常脆、入口即化。因为菜也在不断创新、改良，那么我们在想这个油爆虾如果壳也能吃，再加上微微的芥末味道，可能更适合年轻人，包括外国人，所以这样研发了一下，创作出这道新派的油爆脆皮大虾。

戴桂宝：我们再请蔡总谈谈制作这款油爆脆皮虾需要讲究的地方。

蔡高锋：首先是这个汁，熬制的时候火一定要小，要熬出桂花糖、蜂蜜的香味来，这是制作的关键；也不能焦，因为熬的时候比较困难，必须要小火熬一个多小时。

戴桂宝：所以我们附上了大批量熬制汁水的介绍。

蔡高锋：还有就是炸的时候让虾壳也能酥脆，所以说油温和炸的时间也是一个关键点，最后就是炸好以后再回锅的时候，不能开大火，因为它碰到热气后就会受潮，所以说这个也是制作的关键。

戴桂宝：就是最后在淋汁、翻炒时要离火。这道菜有可能稍微凉点更脆了。

蔡高锋：对，这道菜是越凉越脆。这道菜主要的创新就是轻糖醋味，加上微微的一个芥末清香味。还有一个就是壳入口即化，有利于小孩、老人补钙。这是这道菜的创新目的之一。

戴桂宝：老少皆宜，年轻人也喜欢。

蔡高锋：有点中西合璧的那种感觉。

二十一、东坡肉（传统名菜）

传承制作：冯州斌
原杭州花港饭店餐饮部副经理兼厨师长

个人简介

　　东坡肉是杭州传统名菜，以猪肉为主要食材，各大酒店菜馆无不供应。在 1988 年第二届全国烹饪技术大赛中，杭州花港饭店厨师长冯州斌一举夺得两块金牌，其中一块金牌依靠的就是东坡肉。它以方正匀称、味醇汁浓、酥烂而形不碎、香糯而不腻口征服评委，获得金牌。2000 年在"全国大众化名优菜点联展联销月"活动中，知味观选送的东坡肉被评为"中国名菜"。东坡肉是一款知名度高、文化底蕴深厚的传统菜肴。

（一）故事传说

　　东坡肉，色、香、味俱全，深受人们喜爱，慢火、少水、多酒，是制作这道菜的烹制诀窍，相传为北宋词人苏东坡所创制。

苏东坡（1036—1101），四川眉山人，唐宋八大家之一，书法与绘画独步一时，烹调也是他的爱好。1080 年，苏东坡谪居黄州时，常常亲自烧菜与友人品味，他的烹调以红烧肉最为拿手。他曾作诗介绍自己的烧肉经验："黄州好猪肉，价贱如粪土。富者不肯吃，贫者不解煮。慢著火，少著水，火候足时它自美。"不过，他烧的红烧肉被广泛流传还是在杭州，1089 年苏东坡被调往杭州任知州，那时西湖已被葑草湮没了大半。苏东坡上任后，发动数万民工除葑田，疏湖港，用挖起来的泥堆筑了长堤（后人为了纪念他，把这条堆筑的长堤称为苏堤），并建桥以畅通湖水，它既使西湖秀容重现，又可蓄水灌田。当时老百姓为表示敬意，又听说他喜欢吃红烧肉，到了春节，都不约而同地给他送猪肉，以此来表示自己的心意。苏东坡收到那么多的猪肉，觉得应该同数万疏浚西湖的民工共享才对，就叫家人把肉切成块，用他的烹调方法烧制，连酒一起，按照民工花名册分送到每家每户。他的家人在烧制时，把"连酒一起送"领会成"连酒一起烧"，结果烧制出来的红烧肉，更加香酥味美，得到苏东坡的赞赏。民工吃了苏大人送来的香气扑鼻、酥而不腻的肉，纷纷传颂。来向苏东坡拜师求学的人中，除了来学书法、写文章的外，也不乏来学苏氏红烧肉的。杭州菜馆效法这一烹制方法，供应于市，并在实践中不断改进，取名"东坡肉"，流传至今。在 20 世纪 60 年代，"东坡肉"曾一度改名叫"香酥焖肉"。

（二）选料讲究

东坡肉选用地方土猪肉或金华"两头乌"为原料，以三层五花条肉为最佳，原先讲究的是皮薄肉厚，皮薄说明是嫩猪，皮厚则担心是猪娘肉（生猪仔后的老母猪肉），但现在的选择标准是毛孔细，肥膘白净细腻，肉和皮的厚度适中，如果猪嫩皮厚也是一种风味。黄酒宜选用正宗的绍兴加饭酒和花雕，酱油选用浙江本地酿造的一级黄豆酱油为宜。

以下原料按 20 位用料量计算。

主料：猪五花条肉 1 大块（约重 1500 克）

辅料：姜块 50 克、葱结 50 克。

调料：白糖 100 克、绍酒 250 毫升、酱油 150 毫升。

注：与1977版《杭州菜谱》对比：菜名"香酥焖肉"，猪五花肋肉八斤、葱结五两、姜三两、绍酒一斤二两、酱油八两、白糖五两、面粉五两，余同。（面粉用于锅盖密封）

与1988版《杭州菜谱》对比：相同。

（三）工艺流程

1.初步加工

将猪肉刮净皮上余毛，用温水冲洗净，放入沸水锅内约焯水 5 原料与工艺流程
分钟，捞出洗净，切去边角另用，切成 5.5 厘米见方的块 20 块，因猪肉厚薄有所差异，每块大约重 75～90 克。

2.加热烹制

（1）取大砂锅一只，用竹箅垫或蒸架垫底，先铺上葱和姜块，然后将猪肉皮朝下，整齐地排在上面，加白糖、酱油、绍酒，再加葱结，盖上锅盖，用旺火烧开。

（2）用桃花纸封住边缝，改用微火焖 2 小时左右，至肉八成酥时启盖，将肉块翻面（皮朝上），再加盖密封，继续用微火焖半小时至酥。

3.上笼蒸制

将砂锅端离火口，撇去浮油，皮朝上装入特制容器中，再次密封，上笼用旺火蒸半小时左右，至肉进一步酥烂。

（四）菜肴特点

此菜以酒代水，用砂锅密封焖制，火候足时它自美，开盖后呈现的是色泽鲜红、晶莹油润、酥烂得会抖动的肉块，入口质地香糯而不腻。真可谓：色泽红亮、味醇汁浓，香糯不碎、肥而不腻。

（五）技巧技法

东坡肉采用的是焖蒸结合的工艺。首先要选上好的土猪肉，厚薄适中的五花肋条肉，在焖时选用桃花纸、锡纸或面团密封。此菜最讲究的是火候，要控制在 2.5 小时左右刚好至猪肉酥烂、汤汁浓稠后再行蒸制，达到进一步酥烂出油的效果。

（六）评价要素

成品大小均匀，皮面方正且大于肉，色泽油润红亮，肉块酥烂完整，用筷子轻轻夹住而会抖动，其味香糯而不腻口。

（七）传承创新

东坡肉畅销度经久不衰，不仅仅是它的声名，主要是味醇香糯、肥而不腻，虽然现在不像 20 世纪五六十年代那样渴望荤腥、嗜肉如命，但东坡肉还是深受大众喜爱，类似的改版东坡肉层出不穷，如东坡肉配夹饼、配米饭，或改变肉块的大小形状，或与鸡鸭同锅焖制，称东坡鸡、东坡鸭等。但酒店使用砂锅焖制，不利于大批量生产，所以一般采用大铁锅焖制。

（八）大师对话

大师对话

戴桂宝：冯师傅是杭州老花港饭店的厨师长，是我的师傅，也是我的领导，他在 1988 年第二届全国烹饪技术大赛上获得了 5 块奖牌，其中金牌 2 块，下面请我师傅谈谈当时制作（东坡肉）的情况。

冯州斌：1988 年的时候，全国给浙江省名额有 7 个，我们杭州有 5 个，其中一个是我。那时候，省里要求很严的，层层选拔。规定每位（杭州）选手 5 道菜，2 个小时内完成，我其中一个自选菜为东坡肉，宫灯里脊丝是规定原料自选菜，还有西湖醋鱼、清汤鱼圆，那个时候是代表浙江省去的，要求是全国拿到前三名，当时我压力很大，万一我本人拖了后腿，对省里影响很大。

戴桂宝：我记得跟着您到富阳去集训。

冯州斌：为了做好这道菜特意到富阳集训。我研究了好多在这方面的烹饪书籍，自己也在实践中研究。（这道菜）看上去很传统，也很简单，要在全国获奖真的不容易，我们一次一次地试。为了做好这道菜，把杭州的原料都带过去，工具也带过去。在富阳集训的时候，为了达到一定的标准，都用尺量的。

戴桂宝：一定要做到正方形，我记得好像是 5.6 厘米？

冯州斌：5.6（厘米），一次一次地试，（烧）出来每块一模一样的，正正方方的，光泽很亮，比今天做的还要亮，油而不腻。现在杭州大大小小的店都在做，所以我也希望把这道传统菜世世代代传下去！

戴桂宝：我们也希望把正宗的东坡肉传下去，所以请您来再做一次。我记得上次你们还拿了全国的第一名，浙江队拿了全国赛事的总分第一。

冯州斌：金牌最多，总分加起来第一，所以省里也很高兴，我们回来时，省里领导到机场拿着鲜花来接我们的。

戴桂宝：后来还开颁奖会，层层颁奖，就是省里颁奖、市里颁奖、饭店又嘉奖。我们也希望这本书出来，可以为行业、为社会做点贡献。

二十二、名家东坡肉（创新菜）

个人简介

创新制作：沈学刚
现杭州名人名家餐饮投资有限公司合伙人，任出品总监

　　名家东坡肉选用的是金华"两头乌"的肋条肉，切成方块，烧制收汁。减掉了传统的焖制蒸制环节，在节约工时的情况下，不失东坡肉的风味，配以酒糟馒头裹着肉块食用，风味更浓，是深受大众喜爱的一款菜。

（一）主辅原料

主料： 五花猪肉　　900 克
辅料： 酒糟馒头　　10 只
　　　　　姜块　　　　30 克
　　　　　葱结　　　　30 克

调料：冰糖　　　50 克

　　　　白糖　　　60 克

　　　　一品鲜　　35 毫升

　　　　草菇酱油　50 毫升

　　　　老抽　　　30 毫升

　　　　色拉油　　100 毫升

（二）工艺流程

1. 初步加工

将猪肉刮净皮上余毛，切成 4 厘米见方的块 10 块，用水冲洗干净。

原料与工艺流程

2. 加热预制

置锅一只，放水，沸后下肉块焯水，约 3 分钟捞出洗净。

3. 烹制调味

取锅一只烧红后滑锅，留油 100 克，倒下肉块旺火炒制，加入所有调料和葱姜，加水 1000 毫升旺火烧开后，加盖改小火烧制 60 分钟，启盖中火继续烧 20 分钟，待汁水浓稠出锅。

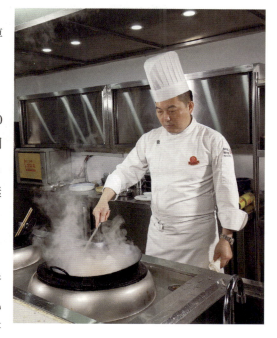

（三）菜肴特点

先炒后烧，色泽酱红油亮，肥肉香糯、精肉酥烂，配以酒糟馒头，别具风味。真可谓：色泽酱红、酥烂香醇，搭配面食、风味更浓。

（四）技巧关键

此菜采用技法为红烧，先经切配和热处理，再加汤汁和调料旺火烧开，改用中小火烧透至浓稠入味成菜。此方法虽然与传统的东坡肉采用的焖制工艺不同，但减少了操作流程，加快了制作速度，适合酒店的批量生产和供应。制作关键在

于选好猪肉，控制好火候和时间。

（五）大师对话

大师对话

戴桂宝：沈总请谈谈这道东坡肉改良版的创新思路。

沈学刚：这个东坡肉也是我们名人名家的特色菜之一，采用的猪肉是金华两头乌，跟原有的东坡肉不同，原有的东坡肉出形是 6 厘米 × 6 厘米大小，比较大一点，现在改良之后是 4 厘米 × 4 厘米大小，还外加了我们自制的酒酿馒头，绝配。在制作的时候先烧 60 分钟左右，再收汁 20 分钟。这个东坡肉肥而不腻，口感非常好。

戴桂宝：后面就不去蒸了，把蒸的这个步骤省略掉了。跟以前东坡肉的不同：第一个是加了馒头，第二个是改小了，第三个是不用蒸了。

二十三、荷叶粉蒸肉（传统名菜）

个人简介

传承制作：徐云锦
原杭州太虚湖假日酒店行政总厨

荷叶粉蒸肉是用五香炒米粉拌五花肋肉，再用西湖鲜荷叶包裹蒸至酥烂，米粉中透有荷叶的清香，入口就能想到西湖的风荷之美，别具佳趣，是一道风味独特、可供旅游携带作野餐佐食的杭州传统名菜。

（一）故事传说

杭州西湖中有数十个荷花品种，夏天观叶、秋天赏花，到了冬天更是一池残荷映余晖。西湖荷花，早在唐宋时就已负盛名，唐白易居的"绕郭荷花三十里，拂城松树一千株"；宋苏东坡的"菰蒲无边水茫茫，荷花夜开风露香"；宋杨万里也曾题咏"毕竟西湖六月中，风光不与四时同。接天莲叶无穷碧，映日荷花别样红"。明王瀛更赞美为"古来曲院枕莲塘，风过犹疑酝酿香"。这些都是吟咏杭州荷花的佳句。据《临安志》等记载，南宋绍兴年间（1131—1162年）在西湖的洪春桥溪流旁边，建造了一个曲院，专门酿造官酒，香远益清，醇风飘溢，后来成为西湖十景之一的"曲院风荷"，吸引着众多游人。何物醉荷花，暖风原似酒，佳景飘酒香，美酒需佳肴。心灵手巧的杭州厨师从这绝妙佳景中得到启发，根据夏季斟酒赏景游客的需要，把用各种佐料浸过的五花肋肉拌上五香炒米粉，就地取材，采摘曲院的鲜荷叶包起来蒸制，创造了"荷叶粉蒸肉"。有诗赞曰："曲院莲叶碧清新，蒸肉犹留荷花香。"荷叶粉蒸肉随着曲院风荷的美名也声誉日增，成为特色菜肴流传至今。

民间还有一种传说，据传南宋爱国将领岳飞在杭州遇难后，有一名随战多年的老卒在街上买了一些熟肉，用纸包着到岳坟去拜祭。谁知走到半路，那张包肉的纸破了，于是老卒到湖畔摘了张鲜荷叶重新包上。祭罢，老卒将熟肉拿回家中食用，荷叶包一打开，阵阵清香四处飘溢，熟肉也显得格外可口。老卒以为是岳飞显灵，就将熟肉分于四邻品尝。这件事一传十、十传百地在杭州的大街小巷流传开来。后来，人们去拜祭岳飞时，都采用了鲜荷叶包熟肉的做法。于是，有一位名厨按照民间的这种习俗，创作出了"荷叶粉蒸肉"这道人人爱吃的夏令菜。

（二）选料讲究

荷叶粉蒸肉选用无膻味的地方土猪肉为原料，最好采摘西湖曲院风荷内的新鲜荷叶包裹蒸制，如果是其他季节做此菜，使用当年干荷叶也可以。

主料：猪五花条肉 600 克

辅料：鲜荷叶　　2 张半

粳米　　　　100 克

籼米　　　　100 克

姜丝　　　　30 克

葱丝　　　　30 克

山奈　　　　0.5 克

桂皮　　　　1 克

八角　　　　0.5 克

丁香　　　　0.5 克

调料：甜面酱 75 克、绍酒 40 毫升、酱油 75 毫升、白糖 15 克

注：与 1977 版《杭州菜谱》对比：猪五花肋肉一斤，鲜荷叶二张、粳米一两五、籼米一两五、桂皮三分、八角三分、山奈（中药材）二分、甜酱一两，余同。

与 1988 版《杭州菜谱》对比：相同。

（三）工艺流程

1.初步加工

（1）将粳米和籼米淘洗干净，沥干晒燥。把八角、山柰、丁香、桂皮同米一起放入锅内，用小火炒拌至呈黄色，冷却后磨成粉。

原料与工艺流程

（2）刮净肉皮上的细毛，洗净，切成长约6.5厘米、宽5厘米、厚2厘米的均匀长方块10块（每块约重60克），切片时在1厘米处剞一刀（不要剞破皮），2厘米处切断。

2.腌渍拌粉

将肉块盛入陶罐，加入甜面酱、酱油、白糖、绍酒、葱丝、姜丝拌和后腌渍约1小时，使卤汁渗入肉内，然后加入米粉搅匀（使每块肉的表层和中间的刀口处都沾上米粉）。

3.包裹蒸制

荷叶用沸水烫一下，每张一切为四，放入肉块包成长方形，上笼用旺火蒸1～2小时至酥糯。

4.装盘点缀

笼中取出荷叶包，整齐排列于盘中。

（四）菜肴特点

此菜上桌时抖开荷叶包，荷叶的清香扑鼻而来，入口肉质酥烂，米粉的糯香、荷叶香与猪肉融为一体。真可谓：清香扑鼻、酥糯不腻，携带方便、风味突出。

（五）技巧技法

此菜采用蒸制工艺。首先，米要快速清洗，防止吸水太多至碎（如干净的米可以省略清洗晾干环节）。其次，炒香料炒米，要小火慢炒，炒黄炒香，但不能炒焦而影响口感。最后，炒米研磨不宜过细，不然会影响菜肴风味。

为了保持荷叶鲜绿，肉质更加清香，可用大碗底垫荷叶，将拌好粉的肉排列在上面，再覆盖荷叶，上笼用旺火先蒸酥熟，再用裁切好的小张鲜荷叶包裹蒸熟的粉蒸肉，食用前再上笼复蒸。

（六）评价要素

荷叶包形状为长方形，大小统一,四角方正，厚薄匀称。食用时能简便打开荷叶，猪肉上的粉料黏附均匀，入口香糯，肥而不腻，并伴有浓郁的荷叶香。

（七）传承创新

荷叶粉蒸肉的传统制作工艺一直延续，但到了如今的快速发展年代，不知是追求速度还是过于浮躁，荷叶逐个包制过程在渐渐淘汰。有些采用整份包制，有些采用下垫上盖，但最终还是逐个包制来得精致，别具一格。现在类似的创新菜肴有荷叶粉蒸排骨、粉蒸酱肉、粉蒸肉圆等。

（八）大师对话

戴桂宝：请徐师傅来谈谈这道菜的制作关键。

徐云锦：这道菜有两个特性：第一个是它的选料讲究，要用农家五花肉，切成条形，切好之后进行腌渍。第二个是米一定要和香料一起炒，粳米、籼米和香料一起炒，炒到金黄色时，研磨成粗粒状，突出荷叶粉蒸肉这道菜的口味。

大师对话

戴桂宝：这道菜的特定风味是粗粒的粉。你刚才是一只一只包，假设一个酒店有 50 桌呢？

徐云锦：这个有办法，制作上大致有两种：位上的就一个一个包，像今天我制作的。万一桌数多的话还可以用大盆，下面垫荷叶，一排排摆好之后，盖上荷叶蒸效果是一样，这样工作效率就提高了。

戴桂宝：原先都是竹笼蒸的，那竹笼缝隙多气跑得也多，所以最原始菜谱上写的是（蒸）两个小时，今天我们用蒸箱蒸，那我想总归不要那么长时间了吧。

徐云锦：这个肯定不要，密封程度比较好的话一个小时足够了。

戴桂宝：很感谢徐师傅来为我们制作这道荷叶粉蒸肉。

二十四、荷叶粉蒸丸子（创新菜）

创新制作：李畅
现任杭州黄龙饭店餐饮部副行政总厨

个人简介

荷叶粉蒸丸子是由杭州名菜荷叶粉蒸肉结合杭州余杭的刺毛丸子演变而来的，既具备粉蒸肉的口味和香味，又融入了刺毛丸子的形状，是一款针对不喜肥肉人群设计的风味菜肴。

（一）主辅原料

主料： 肉末　　　　250 克

　　　　西米　　　　100 克

辅料： 鲜荷叶　　　2 张

　　　　调和米粉[※]　80 克

调料: 肉桂粉　　5 克

黄豆酱　　8 克

小葱　　　20 克

生姜　　　20 克

黄酒　　　40 毫升

原料与工艺流程

（二）工艺流程

1. 初步加工

（1）锅中烧水至沸，下西米焯水约 1 分钟，倒出凉水冲凉；再下冷水西米小火慢煮，直至煮透，捞起用水冲凉待用。

（2）将荷叶剪成圆形，葱姜制水。

2. 搅拌制丸

（1）肉末内加入黄酒、黄豆酱、葱姜水、肉桂粉，搅拌上劲，将其搓成丸子 10 粒。

（2）每粒裹上一层调和粉，再裹一层西米（此时重约 32 克/粒）。

3. 加热成熟

取蒸笼一只，上垫荷叶，将制好的丸子再次用双手来回甩圆，放在荷叶上，加笼盖用中火蒸制 10 分钟。

4. 点缀装饰

出笼后，将丸子移至小荷叶上。

（三）菜肴特点

西米如珠、色润透明，肉质柔软、入口清香，既作菜肴，也算点心。真可谓：色润如珠、清香软糯，回味甘甜、老幼皆宜。

（四）技巧关键

这道采用粉蒸技法的丸子，制丸子的肉末宜选用连膘夹心肉，或肥膘不太厚的五花肉。搓成的丸子要放于涂油的盘子上，以防粘连。蒸制宜采用中弱气加热，以防气过大导致西米脱落。

（五）大师对话

戴桂宝： 下面请李师傅谈谈这道菜的创新思路。

李畅： 这道粉蒸丸子，其实就是我们杭州老底子粉蒸肉的改良版，主要的特点是选择比较精一点的五花肉，然后剁碎，剁碎以后加我们的米粉、调料，这些传统概念还在里面的；再将我们新的元素组合进去。以前那个肉是整块的大块肉，吃起来比较肥腻，考虑到养生、健康等问题，所以就把这个肉改良了。而且在加了西米以后，表面看是晶莹透亮，比较有食欲，再一个就是西米稍微冷掉点以后，吃起来有弹性，增加了口感。

大师对话

戴桂宝： 那么这道菜在选料和制作方面有什么讲究？

李畅： 选料上就是五花肉要选一半精一半肥的，不能太肥。另外，西米过水的时候要注意，要焯到六七成熟，稍微带一点白点。蒸制时火不能太大，大火的话西米会完全脱落掉。而且蒸制的时候水蒸气不要太重。掌握好这几个环节就可以了。还有个调味要注意一下，要加入一点肉桂粉，肉桂粉主要是增加香味，然后就是炒米粉的时候，注意一定要炒成金黄色，再和香料一起磨。磨碎以后调味，这是一个基本的老概念。

※调和米粉配比与制作：粳米粉 80 克、籼米粉 80 克、桂皮 0.5 克、山奈 0.4 克、丁香 0.4 克、八角 0.4 克、黄豆 80 克。将粳米、籼米洗净沥干，与八角、山奈、丁香、桂皮、黄豆，按配方比例用微火炒制微黄色，冷却后打磨成粉。

二十五、一品南乳肉（传统名菜）

传承制作：王政宏
现任杭州饮食服务集团有限公司总经理助理、杭帮菜研究所所长

个人简介

　　一品南乳肉相传是南宋民间痛恨一品官而创制的一款菜肴，花纹美观、大气磅礴，在 20 世纪八九十年代是商务宴请的一道重头菜。

（一）故事传说

　　相传南宋末年，蒙古人大举入侵，抢占了中原大片土地后又直指临安（今杭州）的南宋政权。时任右丞相的贾似道，受命于开庆元年（1259 年）领兵救鄂州（今武昌）之急。哪知卑鄙无耻、卖国求荣的贾贼私下奉表向忽必烈乞降。忽必烈要他在南宋朝廷中做内应，许诺灭宋后对他委以重任。从此，贾似道走上了叛国投敌的道路。他回临安后，谎称大胜，极力主张向蒙古求和，压制陷害主战派大臣，做了无数坏事。更有甚者，贾贼还仗着有昏君庇护，肆意淫乐，竟在西湖葛

岭大造私宅，广纳美女，搜尽了民间珍宝。由于奸臣误国，湖北的襄樊沦陷。边关急奏求救文书也被贾贼扣压不报。南宋百姓正面临国破家亡的灭顶灾难，而贾贼却每日里和宠妾、歌妓一起在"半闲堂"里斗蟋蟀取乐。整个南宋上下无不切齿痛恨贾贼，但皇上昏庸，对奸臣宠信有加，对直言相谏者置之不理。老百姓欲吃贾贼的肉、饮贾贼的血，方解心头之恨。于是，用南乳汁烧肉易名为"一品南乳肉"，食之如啮贾贼之躯，也多少倾泄了一些怨气。这事后来传到了皇上耳朵里，便追问起了根由。得知真相后，皇上慑于众怒难犯，终于狠下心来，下令将贾贼革职查办。后来，贾似道在押往福建途中，被义士郑虎臣刺杀于茅厕里。

对于贾似道，后人众说纷纭，贬褒不一，有人说他卖国求荣，有人说是他挽回和拖延了南宋政权的倒塌，在此不做评论。我们就"一品"而言，如今的一品南乳肉已从贬义变成了褒义，忘记了痛恨一品宰相贾似道而吃肉，而成了菜肴上品珍贵之意，或为好彩头之意。

（二）选料讲究

肋条猪肉以三层五花为最佳，在制作前要批去仔排。应选肉皮稍厚、毛孔较细、表皮光洁、无斑无点的条肉，便于后期刻字。腐乳选用红腐乳，其表面呈自然红色，切面为黄白色，口感醇厚，风味独特。

主料： 五花肋条猪肉　1600 克（整块）

辅料： 菜心　　　　　20 棵（约 300 克）

萝卜球　　　　10 颗（成品 150 克）

莴笋球　　　　10 颗（成品 60 克）

葱结　　　　　100 克

姜块　　　　　60 克

调料： 红腐乳卤　　　30 毫升

红曲米粉　　　10 克

绍酒　　　　　75 毫升

酱油　　　　　15 毫升

白糖　　　　　40 克

精盐　　　　　4 克

味精　　　　　2 克

原料与工艺流程

注：1977年版《杭州菜谱》无收录此案。

与1988版《杭州菜谱》对比：五花条肉500克、绿蔬菜100克、葱姜各2克、红腐乳卤15克、红曲粉5克、绍酒15毫升、白糖 20克、精盐2.5克、味精0.5克，无萝卜球，余同。

（三）工艺流程

1.初步加工

将条肉刮净细毛，洗净。

2.初步熟处理

条肉在沸水中焯水，捞出再洗净。

3.刀工成形

修整边缘，切成长 36 厘米、宽 26 厘米的长方块。

4.花纹处理

用毛笔蘸墨鱼汁，在猪皮面上写"一品"二字，然后用刻刀刻出中间的字和四角的花纹。

5.加热成熟

（1）置锅一只，锅内放竹垫，把肉皮朝下放入锅内，加葱、姜、绍酒、酱油、白糖、精盐 1 克，加水淹没，旺火煮沸，小火加热约半小时。

（2）加红曲粉，继续加热约半小时，至八成熟时捞出。

（3）皮朝下装在方盘上，加入原汤汁，上笼用旺火蒸约 1.5 小时至酥。

（4）另置锅，萝卜球用上汤加盐 2 克、味精 1 克煮熟，起锅装碗待用，莴笋球在沸水中汆一下即可捞出，待用。

（5）重新置热锅加油，放入菜心，加精盐 1 克、味精，炒熟起锅，待用。

6.装盘淋汁

（1）将绿蔬菜放在盘的两边。

（2）将南乳肉从笼中取出，滗出卤汁，覆在盘中。

（3）围上萝卜球、莴笋球。

（4）将南乳肉卤收浓，淋于肉上。

（5）撕去前面刻过花纹字体的肉皮，使字体显露。

（四）菜肴特点

整块烧制，大气艳丽，达到香气扑鼻、下筷即酥的要求。真可谓：造型大气、色泽鲜艳、香气浓郁、肉酥不腻。

（五）技巧技法

选用的五花肋条猪肉，应肉皮稍厚，表皮光洁，以便于刻字。焯水后的猪肉，要清洗干净，而后用重物将整块猪肉压平。刻字前也可先用小火枪喷肉皮，在肉皮上烫出花纹字形，再行刻制更为便捷。此菜先烧后蒸，烧制时最好用大锅，以防小锅把肉挤成明显的锅底状弓形，蒸制时也选用平底器皿。

（六）评价要素

菜芯排列整齐，装盘规整大气，肉皮表面方正，色泽红中透亮，口味咸中带甜，汁水浓厚不宽。

（七）传承创新

南乳肉深受江南民众的喜爱，可能最早是切成2厘米见方的小方块烧制，1956年评选名菜一品南乳肉的是500克一整块的，后来王政宏在第三届全国烹饪大赛上得奖的一整块肉更大。但整块的制作费工费时，现在酒店还是以小方块居多，整块很少，有些将整块烧好后，再切片扣制。在民间也有配夹饼、配刀切、配酒酿馒头一起上桌的。

（八）大师对话

戴桂宝：我第一次看到一品南乳肉，就是我们王所长制作的。那么这一品南乳肉，为什么突然之间从小块变成大块，我们也请王师傅来聊聊这方面的信息。

大师对话

王政宏：随着社会的进步，对饮食的追求，我们老一辈的厨师，就想在这个南乳肉上面创新。因为它的口味本身就很独特，有很浓郁的家乡味道，也深受大家欢迎。后来被评为杭州名菜，我们叫升级版。但这之前，包括之后我还没看到过这个完整的做法。比赛的时候，我把这个菜品作为一个比赛的菜品，也是那次比赛的时候，我最先制做出的这个一品南乳肉。

戴桂宝：所以这款南乳肉就比较大气，适合在一些大型的宴请上使用。

王政宏：对对！它本来上面是很小的一块。比赛上面因为增加难度，就给他做成翻倍，就是本来是 500 克，我给它做成 1000 多克的一块肉。一个制作难度大，另一个气势大。

戴桂宝：气势大！又美观又有气势。那么两款南乳肉的制作中要注意什么？

王政宏：相对来说就是口味吃准，火候到位，那它出来的味道就会是不错的。那么大块的难度在哪里呢？就是它上面有刻字刻花纹，要压平，要刻花纹，颜色烧的一样，要很酥，所以这个难度是成倍成倍增加的。

戴桂宝：小块肉筷子夹夹就可以吃，那大的南乳肉是要再分派吗？

王政宏：这个最主要的是它上来的气魄给大家看一下。就像大的龙虾一样上来时感觉很好，但也是要分的。但它的肉有个特点，就是下筷很酥烂的，看看是很完整一块，但它是比较酥烂的。所以分派上面难度也不大，因为它烧的难度就是要既完整又酥烂。

戴桂宝：你一般要蒸多少时间？

王政宏：像这么大一块基本上要蒸一个小时，烧两个小时，因为这么一大块肉，时间太短则会不入味，其实考虑这道菜最主要还是味道。

戴桂宝：有了气势，有了美观度还不够，味道还是要保持以前小块的味道。

王政宏：作为厨师，首先要把这道菜的味道做好。

戴桂宝：所以小块的南乳肉可以入味，这大块的难入味，所以烧的时间更长，在烧制过程中更讲究。王所长已经谈得很具体了。谢谢王所长为我们制作了这道一品南乳肉。

二十六、南乳扣肉（创新菜）

个人简介

创新制作：王政宏
现任杭州饮食服务集团有限公司总经理助理、杭帮菜研究所所长

南乳肉是一款选用猪五花条肉配以地方特产红腐乳汁烧制而成的菜，有一股浓郁的腐乳香味。先有南乳扣肉还是先有一品南乳肉无从确凿考证，但南乳扣肉肯定是南乳肉改良而来的，它红绿相衬、造型美观、色泽艳丽、肉酥不腻，是一道风味独特的菜肴。

（一）主辅原料

主料： 生净猪五花条肉　　　400 克

辅料： 绿蔬菜　　　　　　　100 克

　　　　葱结　　　　　　　　10 克

　　　　姜块　　　　　　　　5 克

调料：红腐乳卤　　25 克

　　　　红曲米粉　　1.5 克

　　　　绍酒　　　　15 毫升

　　　　酱油　　　　5 毫升

　　　　白糖　　　　20 克

　　　　精盐　　　　1 克

　　　　味精　　　　0.5 克

　　　　熟猪油　　　15 克

（二）工艺流程

原料与工艺流程

1.初步处理

将条肉刮净细毛，切成 2.5 厘米 × 2.5 厘米方块，洗净。

2.加热成熟

（1）置锅一只，放入葱结、姜块，再放猪肉、绍酒、酱油、白糖、红腐乳卤，加水 200 克，小火烧约半小时。

（2）捞出葱、姜，再将红曲粉用少许水调汁入锅，继续烧约半小时。

（3）起锅扣入碗内（皮朝下）加盖上笼用旺火蒸酥为止。

（4）另置热锅加猪油，放入绿蔬菜，加精盐、味精，炒熟起锅，待用。

3.装盘点缀

（1）将南乳肉从笼中取出，滗出卤汁，覆在盘中。

（2）将绿蔬菜放在南乳肉的两边。

（3）将南乳肉卤收浓，淋于肉上。

（三）菜肴特点

赤翠相衬色泽鲜艳，肉酥不腻腐乳香浓，颇增食欲。真可谓：肉红菜绿，色泽鲜艳，香浓酥糯，别有风味。

（四）技巧关键

首先要拔净猪毛，把肉切成小方块；采用先烧后蒸工艺，烧制时要控制好火候，使汁浓肉酥，入扣碗蒸时要密封上笼，防止水蒸气入内。

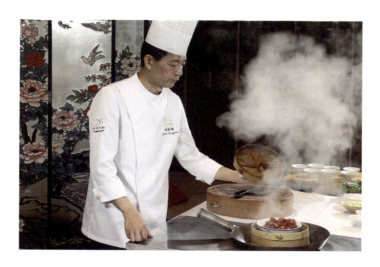

（五）大师对话

戴桂宝： 南乳扣肉是一道老菜，小块肉用霉豆腐汁来烧，很具有我们家乡风味。下面请王所长谈谈这道菜选料和制作的关键。

王政宏： 大家好！南乳扣肉过去在没改良之前，它是小块肉，我们行业里叫骰（tóu）子丁，它就像平时家常菜一样，工艺上面相对来说，没体现杭帮菜的精致。主要这道菜的度的掌握，就是以味道为主。它以我们家乡的南乳红方去烧，这个菜的特点是香气比较浓郁。

戴桂宝： 那么这款南乳扣肉的制作要注意什么呢？

王政宏： 小块的制作上面难度稍微简单一点，相对来说就是口味吃准，火候到位，那它出来的味道应该说还是不错的。

戴桂宝： 谢谢王所长为我们制作了一道味形兼顾的南乳扣肉！

大师对话

个人简介

二十七、咸件儿（传统名菜）

传承制作：李红卫
现任杭州名人名家餐饮投资有限公司董事长

　　咸件儿，又名家乡南肉，是一道杭州传统名菜。旧时在餐馆里先大块煮制，再放入钵头保温，来顾客时现点现切，按件供应，故又称"咸件儿"。老底子它不仅是杭州餐馆排档的常备菜，也是家家户户春节必备的年货，是一款有怀旧特色的传统菜肴。

（一）故事传说

　　说起咸件儿的来历，还有段北宋末年老帅宗泽抗击金军、犒劳将士的可歌可泣的故事。1126年，金兵侵宋，长驱南下，直逼宋朝京都东京（今开封）。京都告急，朝廷将宗泽调任河北任兵马副帅，起兵勤王。宗泽从河北大名一直转战到河南，与金兵大战十余次，连续获胜，极大地鼓舞了全国人民的抗金斗志。宗泽家乡义乌的民众更是欢欣鼓舞，自发劳军，准备将家乡的优质猪"两头乌"送去千里之外的抗金前线慰问。因路途遥远，为防猪肉变质，人们将肉用盐腌渍。一路上经风吹日晒，腌肉异香扑鼻。送到前线正值春节，为庆祝胜利、鼓舞士气，宗泽传令将家乡送来的腌肉犒劳将士。有将士去问宗元帅："这是什么肉？这么香。"宗泽感慨地回答道："此乃吾家乡肉也。"将士们吃了宗泽犒劳的家乡肉后，体会到老帅保家卫国的拳拳心意，群情激奋继续作战，又在宗泽的率领下取得了一连串的胜利，出现了反攻北伐的大好局面。虽然宗泽最后由于受到高宗猜忌而壮志未酬，但人们为纪念宗泽的爱国精神，遂将腌肉命名为"家乡南肉"。

旧时家乡南肉是饭店常备菜，食时现吃现切，按件供应。因为在杭州俚语中"件"是量词"块"的意思，表示份数；而杭州人说话又习惯带"儿"字，故这道端端正正、楞楞廓廓的块儿咸肉，被称为"咸件儿"，是一道富有地方风味的传统菜。"咸件儿"还是美国前驻华大使司徒雷登的最爱。司徒雷登出生于杭州天水桥旁耶稣堂弄。那时弄堂口有好几家"门板饭"都有"咸件儿"卖，司徒雷登从小就爱吃，它11岁回美国读书。14年后他又来杭州，边传教边教书，对咸件儿依旧钟爱如初，常见司徒雷登在小店津津有味地吃咸件儿的场景。

（二）选料讲究

咸肉有腿肉和条肉之分，而制作咸件儿的肉，一定要选用上好的五花肋条肉腌制的咸肉，上好的咸肉肉质结实，表皮不发黄，肥肉白净如白玉，精肉透红似桃花。

主料：带骨咸条肉一块（约重2000克，煮熟后可切30余块）

调料：绍酒　250毫升

注：与1977版《杭州菜谱》对比：菜名："家乡南肉"，带骨猪五花咸肉四块（约重40斤）、咸肉原汤15斤、绍酒二斤。

与1988版《杭州菜谱》对比：菜名："家乡南肉"，绍酒250克，余同。

（三）工艺流程

1.初步加工

将咸肉刮净皮上的余毛和污物，用热水洗净。

原料与工艺流程

2.刀工处理

斩成两块。

3.焯水煮制

加清水至浸没肉身，加入绍酒，用旺火烧沸后，移到微火上煮至七八成熟时捞出。

4.加热成熟

放到笼中蒸熟，如果走形严重可放平压实。

5.改刀装盘

冷却后将肉块周围修削齐整，切成8厘米宽的长条大块，用斜刀切成1.3厘米厚的片块（每块重约60克）。

6.点缀装盘

将菜肴整齐地装入盘中，也可略加点缀。

（四）菜肴特点

五花分层明显，红如桃花，白若洁玉，肉糯味美，色香兼之。观之色，闻之味，就会刺激味蕾，食欲大开。真可谓：红白相间、咸香入味，鲜嫩不腻、下饭好菜。

（五）技巧技法

首先要选用肥白肉红、肉质结实的咸肉。此菜先煮后蒸，在煮时控制水量，使其咸淡适中；在蒸制时要掌握时间，使咸肉既酥又不烂。

（六）评价要素

咸肉优质，香味纯正，厚薄均匀，色泽诱人，糯而不塌，咸味适中。

（七）传承创新

咸件儿是杭州人的最爱，大到酒店，小到食堂，无不供应。有些人就喜欢大快朵颐，不吃上几块不过瘾。但根据现代饮食要求，这样并不是健康的吃法，所以酒店就在大小上做文章，在原来基础上降低厚度，或切成小块，或配上夹饼。

（八）大师对话

大师对话

戴桂宝：咸件儿，又名家乡南肉，它是一道杭州传统名菜，选用的是上好的猪肉，经过腌、煮、蒸而成，是很有地方风味的特色菜肴。今天李红卫董事长来为我们还原和制作这道菜肴。下面请李总聊聊选料怎么选？

李红卫：这个咸肉是我国长三角地区特有的一种传统菜肴。长江以北，包括西南地区、珠三角地区就不叫咸肉，叫腊肉，制作工艺、制作方法跟我们这里的咸肉有点区别，所以这道菜是我们流传了很多年的一个地方特色菜。我们浙江省的猪肉是最好的，有金华两头乌，还有土猪肉，所以我们选用本地的土猪肉来腌制，在冬至以后，用花椒盐来腌制，腌制二十多天，然后再晾干，晾晒要看天气情况，一般也是二十来天，然后把这个咸肉用开水烫，把外面的污垢去掉，用开水煮半小时，再上笼蒸，蒸好之后切片就成品了。

戴桂宝：现在你们酒店供应的咸肉是自己做的吗？

李红卫：我们每年冬至以后都自己加工咸肉，做一次用一年，然后一次大概用料要10万斤。

戴桂宝：那今天这个比较红，是不是你们挂的时间长？

李红卫：这个就是腌制的方法，腌制它也要腌透，所以这个咸肉一定要腌20多天，腌了之后晾晒也很关键，阴凉处也要挂个二十来天。

戴桂宝：夏天用的话，基本上都是放冰箱了？

李红卫：对，成品之后就可以放冰箱，然后拿出来直接使用。

戴桂宝：为什么叫咸件儿呢？因为这道菜以前老底子菜馆里面煮熟了一大块放在那儿，有客人来了切一块，那么一件一件，所以叫咸件儿。别人不知道咸件儿是什么？咸件儿就是我们的咸肉，我们又叫家乡南肉。刚才我听李董事长还在说咸件儿的另一种说法。

李红卫：以前我们家里请帮工，那个泥瓦匠或者油漆工，到我们家算做短工，他的菜就是一块咸肉，但他的咸肉切得很大，一件一件的，所以叫咸件儿。

戴桂宝：因为打工这个饭是白吃的，现在杭州人说白吃饭就叫吃件（健）儿饭。谢谢李董事长今天来为我们还原和制作这道传统名菜！

二十八、栗饼南肉（创新菜）

创新制作：谢军

现任杭州国寿君澜大饭店总经理

个人简介

　　栗饼南肉采用杭州名菜咸件儿同一种原料——五花咸肉，只是前期对咸肉进行了通风吹干处理，使肉质更香更结实，食用时再添上板栗饼，别有风味，是一款情深意浓的怀旧菜。

（一）主辅原料

主料： 咸肉　　　　1块（约用 500 克）

辅料： 姜片　　　　15 克

　　　　葱结　　　　20 克

　　　　板栗饼※　　 12 张

调料： 糖　　　　　30 克

　　　　绍酒　　　　100 毫升

（二）工艺流程

1.初步加工

将五花咸肉刮掉皮上余毛和杂质。

2.加热成熟

置锅加水，烧沸后放入咸肉，加绍酒、糖、葱结、姜片，改小火烧40分钟出锅。

3.加压改刀

（1）将出锅的咸肉用保鲜膜包裹，重物加压3小时。

（2）将压平整的咸肉改刀，切成0.8厘米厚的长方片。

4.食前加热

食前将咸肉和薄饼一起放入蒸箱加热2分钟。

原料与工艺流程

5.装盘点缀

将咸肉和薄饼分别盛入盘中，适当点缀。

（三）菜肴特点

五花咸肉喷喷香，馋嘴的口水嗒嗒滴。真可谓：风味独特、咸香诱人，带饼夹食、风味更浓。

（四）技巧关键

此菜采用煮制工艺，根据咸肉的咸淡程度，控制煮时的水量，如原料盐分较多，则选用大锅，加大水量，降低原料中的盐度。将包裹咸肉板栗饼调整为较大的软薄饼，也不失为一道菜点合一的佳肴。

（五）大师对话

戴桂宝：大家好，杭州传统名菜咸件儿是一道风味性很强的传统名菜。下面让谢总谈谈这个创新版（菜肴）跟以前的咸件儿有什么

大师对话

245

区别?

谢军：大家好！今天制作的咸件儿是一道传统的浙江名菜，在原材料的选择上做了一些区别，这个猪肉我们选用了黑猪肉，它的特点是没有猪的一些臊味，在制作工艺上是用热盐把猪肉进行擦拭、腌制，然后自然风干、晾制，所以它的色泽比较红亮，味道咸香适宜。

戴桂宝：以前的咸件儿是 1.3 厘米厚的大块，那现在你改成小块了?

谢军：我们现在考虑到饮食结构和饮食习惯有所改变，以前的 1.3 厘米，可能只适应一部分特别喜欢吃肉的人；而我们还考虑到有一些人口味不同，所以就把整个比例缩小了，使大家都能够去品尝，而喜欢这道菜。

戴桂宝：食用程度更强，适应人群更广泛。那么旁边这个饼是什么饼?

谢军：旁边配的是栗子饼，栗子饼配肉。因为我们觉得这个咸件儿配了这个栗子饼，能够去掉一点油腻，加了栗子饼以后有了不同的风味。

戴桂宝：现在第一个是改薄了；第二个咸肉跟以前的有所区别，这次用的是黑猪肉，而且是风干的咸肉。还有一个就是增加了薄饼，把饼裹着吃、夹着吃。

谢军：是的，主要是为了能够让咸肉的味道更好地融合到栗子饼里面，这样的话我们觉得无论是从酒店的销售，还是客人的体验，可能会更丰富一些。

戴桂宝：谢谢！谢总刚才已经讲得很清楚了，关于这个改良的目的跟制作的方法。那么这栗子饼的制作有什么关键呢?

谢军：其实，我们这个咸件儿可以配很多饼，这个是我们自制的栗子饼，是用栗子粉做的。大家在家里的话可以去购买一些玉米饼，或者土豆饼，都可以配这个咸件儿来吃。

※板栗饼（12 张）制作方法：

原料：板栗 280 克，牛奶 200 毫升，白糖 90 克，猪油 90 克，可可粉 2 克。

制作方法：

（1）将板栗煮熟去壳，放入搅拌机，加入牛奶、白糖，充分打匀呈糊状。

（2）置锅一只，放入猪油，用小火将板栗糊炒制成板栗团，出锅。

（3）将一半板栗团加入可可粉做皮，一半做馅，直接包裹搓圆按扁，模具扣出，放入冰箱冷藏，食用时用平底锅两面烘翻。

二十九、南肉春笋（传统名菜）

传承制作：吴伟国

原杭州大厦行政总厨

个人简介

　　南肉春笋是选用薄皮五花南肉与鲜嫩春笋同煮，是酒店和家庭菜桌上出现概率较高的菜肴，它用肉香弥补了竹笋的清，用笋的淡中和了肉的咸，是一款生命力持久、配伍绝佳的传统名菜。

（一）故事传说

　　南肉春笋是杭州的传统名菜，又名"腌笃鲜"。它以上等的家乡南肉，即咸肉为原料，配以本地出产的春笋，置于小火上慢煮，名为"腌笃笋"。因为杭州描述小火慢煮，就是依其音（锅中微滚发出"笃笃笃"的声音）取名叫"笃"，咸肉笃笋刚好"笃"出了春天的味道。

　　据传，南肉春笋的来历与清代绍兴山阴县令杨由有关。杨由于康熙年间出任山阴县令，在任期间他普施仁政，加之为人仁慈宽厚，被称为"仁公"。有一年暮春时节，杨由到辖区的边远小镇巡访，因天色已晚，便借宿于一户农家。好客的主人见县太爷到来，非常热情，一边招呼杨由，一边让家人整治菜肴。不一会儿，生炒仔鸡、清炒春笋、水煮腌肉等家常菜便端了上来。杨由和主人打趣道：有笋有肉，日子好过。谁知主人却说：没肉烦，有肉也烦。原来，这户农家年前宰了头猪，想着要好好过个年，便足足留了半头做腌肉。可没想到家人平日里节俭惯了，不舍得吃，转眼天就热了，腌肉也开始滴油，再不吃掉就会出蛆变质，一家人可心疼了，于是现在天天吃水煮腌肉，吃得腻了。杨由听了农家的"烦恼"后，开怀大笑，他一方面为农家能过上丰衣足食的日子而高兴，另一方面也想帮农家解决这一"烦恼"。这时他看到桌上的春笋，春笋现在正是大量上市的时节，价贱而味鲜，何不用春笋与腌肉同煮，一定非常美味了。农家一听觉得有理，便拿出现掘的春笋，放上腌肉煮了起来，不一会儿，浓浓的香味就传了出来。大家一尝，果然鲜美极了。于是，这道县太爷创制的时令菜——南肉春笋就流传开来了。

再说春笋自古以来就被文人雅士所钟爱，号称"至鲜至美之物"，但有关春笋烧肉存在两种不同的看法：一种以南宋林洪为代表，认为笋应食原味，"大凡笋，贵甘鲜，不当与肉为友"；而另一种则以明末清初的李渔为代表，他主张用笋配荤，非但要用猪肉，且须用肥肉。"肉之肥者能甘，甘味入笋，则不见其甘，但觉其鲜之至也"。而南肉春笋就是以笋配荤，"其鲜之至"的经典之作。

（二）选料讲究

咸肉有腿肉和条肉之分，而制作南肉春笋，宜选用五花肋条咸肉，它有肥有瘦，肉质松嫩。笋最好选用自然生长的黄泥春笋，它鲜嫩脆爽，无涩味。

主料：熟净五花咸肉　　250 克
　　　生嫩春笋肉　　　250 克
辅料：绿蔬菜　　　　　20 克
调料：绍酒　　　　　　10 毫升
　　　味精　　　　　　2 克
　　　熟鸡油　　　　　10 毫升
　　　咸肉原汤　　　　100 毫升

注：与 1977 版《杭州菜谱》对比：熟猪五花咸肉四两、绿蔬菜三分、味精五分，余同。

　　与 1988 版《杭州菜谱》对比：熟净五花咸肉 200 克、绿蔬菜 5 克、味精 2.5 克，余同。

（三）工艺流程

1.初步加工

将咸肉切成约 2 厘米见方的块，笋肉用清水洗净，刮去笋衣，旋刀切斜块。

原料与工艺流程

2.加热成熟

锅内放清水 400 毫升，加咸肉原汤，用旺火煮沸后，同时把咸肉和笋块下锅。加入绍酒，烧开后移到小火上煮 10 分钟，待笋成熟，放上焯熟的绿蔬菜，放入味精，淋上鸡油即成。

3.装盘点缀

离火出锅，盛入相应的汤碗。

（四）菜肴特点

汤浓汁鲜、油润光亮、南肉白里透红、香糯不腻，春笋鲜嫩爽口，带有咸肉浓香。真可谓：咸肉香糯、竹笋爽嫩、汤鲜味美、人人喜爱。

（五）技巧技法

此菜如是家庭制作可根据食者的嗜好，喜欢吃老的箬头多留一点，喜欢吃嫩的箬头多切掉一点。对咸肉而言有咸有淡，要根据咸肉的咸淡加以处理，过咸大水焯，头焯水弃之不用，如果不咸则保留原汤同煮。

（六）评价要素

原料块形大小匀称，咸肉白中间红，春笋白净略带肉色。真可谓：咸肉香糯、竹笋爽嫩、汤鲜味美、咸淡适中。

（七）传承创新

自从春笋上市，杭州人就迫不及待开始尝鲜，不仅吃"腌笃笋"，还要和咸肉鲜猪肉一起烧，名为"腌笃鲜"。加咸肉、湖蟹、河虾一起烧，曰为"鲜上鲜"。正如苏东坡说的一样：宁可食无肉，不可居无竹。无肉令人瘦，无竹令人俗。若要不瘦又不俗，最好餐餐笋烧肉。

（八）大师对话

戴桂宝： 下面请吴师傅谈谈南肉春笋的选料和制作关键。

大师对话

吴伟国： 南肉春笋实际上是杭帮菜三十六道菜之一，这道菜看上去很简单，调料也比较单一，也就是盐、黄酒、味精。选料主要是咸肉和春笋，要选五花咸肉。还有春笋最好是三月份的春笋，一定要选自然生长的笋，自然生长的笋有点甜味，有点香味，而且也比较嫩。这道菜做做很简单，但原料难选。

戴桂宝： 今天这个笋选的大了一点。

吴伟国： 这个笋的旺季已经过了，是觉得比较大，在切的时候就很难切，很难取得统一的标准。

（笔者按：拍摄时，因采购的春笋太大，增加了采用旋刀切刀法的难度，难为吴师傅了，并请吴师傅和读者见谅！）

戴桂宝： 那么烧的过程有什么讲究呢？

吴伟国： 烧的过程要按程序下锅，首先这个咸肉要蒸熟，特别是家里腌肉很咸，就会影响口感。如果咸的话，先焯水处理。蒸好以后切2厘米见方的块，春笋切旋刀块。烧的水不要放太多，太多会影响这道菜的口味，一般放400毫升的水，然后再加咸肉原汤，但要注意原汤的咸度，不能多放。然后跟笋一起下锅，煮10分钟，出锅前放点味精，再放点鸡油，还要放小菜芯，如果小菜芯没有，也可以放其他绿色蔬菜，如荷兰豆、黄瓜等。放绿色蔬菜主要是增加色泽、增添美感。

三十、鳝鱼腌笃鲜（创新菜）

创新制作：李柏华

现任浙江汇宇华鑫大酒店高级顾问

个人简介

　　鳝鱼腌笃鲜是在腌笃笋的基础上，添加鳝鱼，既丰富了菜肴的质量，又围绕一个"鲜"字做文章，而且材料新鲜，口味鲜美，是一道腌笃笋加鲜的创新菜肴。

（一）主辅原料

主料： 猪五花咸肉　280 克

　　　　鳝鱼　　　　400 克

　　　　春笋　　　　150 克

配料： 薄千张　　（2 张）100 克

　　　　葱　　　　　50 克

姜	35 克
浸泡枸杞	7 克
调料：盐	10 克
味精	5 克
黄酒	75 毫升
八角	2 克
猪油	50 毫升
白胡椒粉	3 克

（二）工艺流程

1.刀工处理

（1）春笋去壳去老箬头切成 5 厘米长的段。

（2）鳝鱼切成 5 厘米长的段。

（3）猪五花咸肉切成 2.2 厘米见方的块。

（4）将薄千张切小块（长 25 厘米、宽 8 厘米）打结，共 12 个。

（5）生姜切成大片。

（6）将葱 15 克切成 3 厘米的段，余打结。

原料与工艺流程

2.焯水处理

（1）猪五花咸肉焯水约 30 秒，捞出过凉水置旁。

（2）另起锅放水烧沸，下千张结焯水后冷水冲凉置旁。

（3）锅中放水，加入 1/4 黄酒，鳝鱼冷水下锅，水开后 30 秒捞出，过凉水。

（4）另起锅加水，春笋冷水下锅，水开后 20 秒捞出，凉水冲过。

3.加热成熟

（1）热锅中放猪油，投入葱结、姜片煸炒，再放入咸肉翻炒，加水 500 毫升，加入黄酒，烧开后，倒入砂锅用中小火慢炖 40 分钟。

（2）加入春笋于砂锅中，炖 20 分钟后放入鳝段，炖 10 分钟后再放入千张结，再炖 10 分钟加盐，改用小火再炖 10 分钟后倒到铁锅内，取出葱、姜、花椒弃之，用中大火煮 10 分钟至汤浓，中途加入枸杞、味精。

4.装盘点缀

撒胡椒粉，加葱段，倒入容器中。

（三）菜肴特点

口味咸鲜，汤白汁浓，猪肉咸香酥糯，鳝鱼肉质紧致，春笋清香脆嫩。真可谓：汤白汁浓、咸香酥糯，清香脆嫩、鲜味十足。

（四）技巧关键

此菜采用的工艺技法为炖，大火加热烧沸后，改用小火长时间加热。首先咸肉需焯水，葱姜爆香之后再入锅翻炒，加水烧开后，倒入砂锅用中小火慢炖，再按序先后逐个投入原材料，用时约110分钟。

（五）大师对话

戴桂宝： 下面请李师傅谈谈这道鳝鱼腌笃鲜的创新思路。

李柏华： 这道菜由杭州名菜南肉春笋演变而来，加入最肥的野生黄鳝来制作，在江南地区比较流行，是一道新流行的菜。鳝鱼要野生，春笋选黑一点的黄泥春笋，黄泥春笋香、鲜，咸肉最好用五花肉。

大师对话

最主要的是咸肉的咸度很要紧，如果咸了，要预先焯水，再用猪油、葱姜、八角一起炒，炒之后加入料酒、水，咸肉煲20分钟，再把焯过水的黄鳝放在煲里面再煲10分钟，加千张结，这叫家乡味道。

戴桂宝： 主要是加入了黄鳝之后，丰富了这道菜的价值。

李柏华： 丰富了这道菜的内涵，提升了质量，具有独特的鲜味。

戴桂宝： 你对这道菜怎么评价？

李柏华： 这道菜最主要的是咸肉的咸度，要咸淡适中；黄鳝有没有酥，有没有咬劲，一定要有咬劲，不能太酥，太酥这道菜就失败了，千张要入味。像这种菜，胡椒粉一定要放得多一点，因为黄鳝比较腥，多放一点增香，能增加这道菜的风味和口感。

戴桂宝： 李师傅一口气把创新的思路、选料的讲究、制作的关键、评判的标准全说了。那么这道菜的特色与其他菜有什么不同？

李柏华： 这道菜关键就是南肉的味道与黄鳝的味道相结合，最后春笋再来加鲜，香鲜结合，体现了江南一带的风味。

三十一、蜜汁火方（传统名菜）

传承制作：戴桂宝
原浙江旅游职业学院烹饪系主任

个人简介

　　蜜汁火方选用优质火腿，采用冰糖浸蒸而成，是一款杭州传统名菜中久负盛名的重头菜。以前在各饭店酒楼蜜汁火方也算是一款比较奢侈的名菜，如要品尝，需提前预订。

（一）故事传说

　　蜜汁火方的前身可追溯到清朝满汉全席中的"蜜制火踵"以及《随园食单》中的"蜜腿"。民间流传着这样一个故事，据传清代乾隆年间，杭州著名文学家袁枚到苏州城里去拜访时任江苏巡抚的老朋友尹继善，老朋友到来，尹继善自然请客人在公馆用餐。当时菜单中厨师安排了一道"清汤火腿"，制作此菜时师傅忽然感到腹痛，急于上茅厕，于是叫徒弟临时帮助照看锅内的菜。眼看锅内的汤汁将要烧干，而师傅却迟迟不露面，无奈之中，徒弟随手用铁勺在灶台的罐中舀了一点汤加进去。师傅回来，闻得锅中气味不对，用勺子一尝，大喊"糟糕"。原来，徒弟舀进锅内的不是鸡汤，而是蜜糖汁。然而，菜已起锅，送还是不送？急得师傅一时没了方寸。此刻外面已来催促，师傅见再烧此菜已来不及了，不如将错就错，于是就硬着头皮亲自把菜端了出来。说此乃蜜腿，为贵客特制。袁枚一尝"蜜腿"，更觉味甜香浓，赞不绝口，回杭后将此菜编入了《随园食单》："取好火腿，连皮切大方块，用蜜酒煨极烂，最佳。……余在尹文端公（即江苏巡抚尹继善）苏州公馆吃过一次，其香隔户便至，甘鲜异常。此后不能再遇此尤物矣。"后来，杭州厨师将原做法进行改良，用金华火腿中最佳的中腰峰部位，配以本地出产的莲子、青梅、樱桃、桂花等，用冰糖浸蒸三次，取名蜜汁火方，成菜味甜酥烂，易于消化，很受老年人喜爱。

（二）选料讲究

选用火腿很有讲究，式样美观腿爪细、表皮平整无破损、肌肉紧密色红润、脂肪浅淡无异味的为上品火腿。所以要选6～7斤的整腿，式样整洁美观、油头小的正宗金华火腿。如遇到肉质松软、脂肪深黄、有哈喇味的火腿慎买。

主料：带皮熟火腿　1方（400克）

配料：干莲子　　　50克

　　　糖桂花　　　2克

　　　蜜樱桃　　　5粒

　　　蜜青梅　　　1粒

调料：冰糖　　　　150克

　　　绍酒　　　　75毫升

　　　干淀粉　　　15克

注：与1977版《杭州菜谱》对比：带皮雄爿熟火腿一块（约重六两）、糖桂花三分、绍酒一两，余同。

　　　与1988版《杭州菜谱》对比：糖桂花1.5克，玫瑰花瓣少许，余同

（三）工艺流程

1.刀工处理

刮净熟火腿皮面上的余毛，用刀在肉面上切成12个小方块，皮不切断。

原料与工艺流程

2.加热预制

取容器一只放入火腿，加入绍酒25毫升、冰糖25克，再加清水至浸没，上

255

笼用旺火蒸 1 小时，再滗去汤水。第二次重复同样的步骤一次。第三次加绍酒 25 毫升，冰糖 75 克，上笼蒸 1.5 小时。

（蒸制时间：第一次 1 小时、第二次 1 小时、第三次 1.5 小时）

3.辅料加工

将已剥去红膜、捅去莲心的莲子带水加冰糖上笼蒸熟。

4.起锅装盘

将火腿出笼，滗去汤水（留用），皮面朝上覆在盘中，缀上熟莲子、樱桃、青梅。

5.勾芡淋汁

炒锅置旺火上，加水 50 毫升、冰糖 25 克，倒入最后一次过滤的汤水煮沸，撇去糖沫，用湿淀粉勾薄芡，淋在火方、莲子等上面，撒上糖桂花，或再缀以玫瑰花瓣。

（四）菜肴特点

整块出品，配以莲子等点缀，大气美观，它肉酥而味甜，为喜甜食人群所爱。真可谓：色彩美观、肉质酥糯，咸甜馥香、风味独特。

（五）技巧技法

此菜为甜菜。因火腿较咸，在煮整只生火腿时，宜选用大容器煮制，适当放宽用水量，有利于减少火腿的盐分。再通过三次蒸制的预制过程，目的是用糖用酒来拔淡一部分盐分，减少火腿的咸味。

（六）评价要素

整体平整，块形均匀，汤汁稠浓，咸甜适中，腴而不腻。

（七）传承创新

蜜汁火方选取的是优质的金华火腿，是一款比较奢侈的传统名菜。此菜成本高、工序复杂，一般用于宴会，如需零点品尝，以前均需提前预订。随着寻常百姓出入酒店，像这种预约菜肴就不利于销售和经营，于是酒店经过创新改良，逐步推出按位上的蜜汁火踵、雪梨火方等，也可配油炸豆皮，用四方饼裹以火腿一起食用的富贵双方。

（八）大师对话

主持人：今天戴老师为我们制作了杭州传统名菜蜜汁火方，下面请他讲讲制作此菜要注意哪些关键点。

大师对话

戴桂宝：蜜汁火方是 1956 年评的名菜，在五六十年代商品实行计划供应，所以预制时使用的酒和糖，在用量上有一定的控制，相对来说使用量不足。因为火腿比较咸，现在预制可适当放宽用糖量和用酒量，使其更快地减轻火腿内部咸味。

主持人：在原料准备上有哪些要求？

戴桂宝：在煮整只火腿时，适当放宽用水量，有利于减少火腿的盐分，煮好后趁热拆骨备用。还有辅料莲子，最方便的是购买通心莲子，如是带衣有莲心的，要提前用热水涨发，剥去红衣，再用牙签捅去莲心。

三十二、雪梨火方（创新菜）

创新制作：夏建强

现任浙江杭州天香楼大酒店有限公司总经理

个人简介

　　雪梨火方是蜜汁火方的改良版，因老底子的蜜汁火方费时费料，不便于零点，改为雪梨镶嵌，各客位上，既解决了零点难题，又是一款配伍恰当的创新养生菜肴。

（一）主辅原料

（以下配料按六人位用料量计算）

主料： 火腿中腰峰　　　1 块（取用 6 方块约 228 克）

配料： 雪梨　　　　　　6 只（每只约 275 克）

　　　　　鲜莲子　　　　24 颗（约 40 克）

　　　　　白果　　　　　6 粒（约 12 克）

　　　　　葱　　　　　　20 克

　　　　　姜　　　　　　50 克

调料：冰糖　　325 克

　　　绍酒　　250 毫升

　　　淀粉　　5 克

（二）工艺流程

原料与工艺流程

1.辅料加工

雪梨取约 4.5 厘米见方，上下削平，挖掉梨心，浸入水中待用。

2.加热预制

（1）熟火腿刮净皮上的余毛，取一合适方块，将皮朝下放入容器，加冰糖 75 克，酒 125 毫升，加水淹没火腿，加入葱姜用旺火蒸。

（2）一个半小时后滗去汤水，加冰糖 75 克，酒 125 毫升，加水淹没火腿蒸半小时，第二次拔出咸味，滗去汤水。

（3）将削下的雪梨边料放在火腿上，加冰糖 75 克，继续蒸半小时后，滗出汤水（汤水待用）。

（4）置锅加水 200 克，将去心雪梨放入，加冰糖 100 克，煮开后移至小火 5～8 分钟，至雪梨透明。

3.刀工处理

火腿出笼取出，切成边长 3.5 厘米的方块 6 块，嵌入雪梨中。

4.加热成熟

取容器一只放入嵌好火腿的雪梨，将每份装入小盅，加入鲜莲，上笼蒸 3 分钟取出。

5.调味勾芡

炒锅置火上，把第三次用雪梨边皮一起与火腿蒸过的汤水过滤后倒入锅中，撇去泡沫，用湿淀粉勾薄芡，淋在火方上。

6.装盘点缀

装盘后，可在火方上用金箔或花瓣点缀。

（三）菜肴特点

雪梨嵌肉，美观精致，雪梨清香，火腿醇厚，咸甜适口，是一款清肺润喉的养生菜肴。真可谓：火腿醇糯、雪梨润喉，咸甜适口、清肺养生。

（四）技巧关键

制作雪梨火方的梨，根据任务的重要程度和时效要求，可将雪梨切成方块后挖孔，也可将整只雪梨削皮后挖；孔内塞入火腿蒸制，前者精巧雅致，后者丰盛实惠；前者雪梨边角料可和火腿同蒸，既可废料利用，也可使口味更为融合，后者不浪费原料，适合批量制作。

（五）大师对话

戴桂宝：请夏总谈谈这道雪梨火方的制作关键。

夏建强：这道菜叫雪梨火方。当时我们做这道菜的时候，要求是挑选最好的金华火腿，整个流程也是跟传统的制作方法一样的。但是，最关键的是要把雪梨跟火腿的味道融合在一起，就是在蒸最后一遍的时候，把雪梨的边角料跟火腿再一起蒸一下，互相融合一下，火腿里面就会有这个梨的香味了。

大师对话

戴桂宝：最后是把雪梨的边皮跟火腿一起蒸？

夏建强：对对，这个也是为了把火腿的油腻稍微解一下，然后增加这个梨的香味，这是第一步。第二步还有一个要点，就是梨的处理上面，我们选的梨叫皇冠梨，这个梨大小适中，然后它的肉质比较细腻，颜色也比较洁白。但是你在操作的时候，第一个千万不能在空气当中暴露的时间太长；第二个就是不能手经常去摸它，所以处理好以后，必须放在糖水里面，让这个梨与空气隔绝，而且我们烧制的时候必须用不锈钢炊具，还有就是烧的时间越短越好。控制这个梨的温度，这个也是比较关键的问题。

戴桂宝：这道菜我们觉得是改良最成功的一道。我还想问你怎么想到去改良它？

夏建强：我们平时制作的时候，就是整方整方做的，这个也是老祖宗传下来的，但是传到我们手上的时候，一个取料比较麻烦，另一个整方火腿的话，一定要选火腿的中方，那么一只火腿只有这么一块，相对来说成本就要增加。成本增加以后客人就是觉得你这道名菜要卖这么贵？接受不了，食用的时候也感觉量大吃不完，经常有客人在反映，说这个火腿太大，能不能有小份的。我们也试过，但美观上面没有达到一定的高度。也是偶然一个机会，当时家里人咳嗽了，在雪梨里面放点川贝，就是川贝蒸雪梨。还有面点房有一个八宝梨罐，我们有一个丁灶土丁大师，他在做这个八宝梨罐的时候，把梨掏空以后，放上八宝馅。那我想这个馅子放进去蒸好以后甜的，那么蜜汁火腿也是甜的，能不能把它们结合一下，试了一下，那效果还是蛮好，让大家品尝一下，觉得这个梨跟火腿结合没有想象当中不融合。

戴桂宝：这可能是最融合的一道菜。

夏建强：对，梨可以解腻，又润肺。

戴桂宝：那么我再问，刚才你这个是削成方的，里方外方，但假如说里方外圆整只的呢？

夏建强：对对！我当时做的时候，是里面方外面圆。第一次杭州厨神争霸赛上，我就拿这个去试了一下，后来入围了，当时做的时候，也就是外面圆的。这个为什么会做成方的呢？一是高档消费的时候，如果说整只上去的话，又有客人说梨吃不光，连里面的肉一起吃了，这一餐太饱了；还有一个是不够精致，因为梨的大小会不一样，送上去的话美观度不够。

戴桂宝：这个切成里方外方的大概蒸多长时间？

夏建强：我们要先预制一下，先把这个梨在热水里面焯一下水，几乎已经是成熟的，在出菜时，再加热三分钟。

戴桂宝：那么假设是外圆内方的话呢？

夏建强：外圆内方蒸的时间要长，最起码要 10 分钟以上，约 12～15 分钟。一开始焯水，焯好以后，到最后相当于把两个全部融合。我觉得那个方法还是比较贴近这道菜的寓意的，就是一个是雪梨，一个是火腿，把这两个一起蒸个 12～15 分钟的话，这两者的味道可能会更融合一点。

戴桂宝：很感谢夏总为我们解读了这道雪梨火方。

三十三、排南（传统名菜）

传承制作：徐建华

原杭州新侨饭店厨师长

个人简介

　　杭州传统名菜排南，采用浙江的金华火腿为原料，是一款名菜中为数不多的冷菜，是一款名为佐酒、实为下饭极佳的菜肴。

（一）故事传说

　　排南选用金华火腿的上腰峰，切成麻将骨牌形的小块，整齐排列。因"牌"与"排"同音，加上装盘排列整齐，故杭州人称之为排南。

　　排南一菜产生于民国时期，是以市场为导向、迎合消费需求的一次菜肴创新。1929 年西湖博览会时，杭州湖滨一带商贸繁荣，形成旅娱一体的新街区。30 年代初，据说杭州城区能打麻将的"娱乐城"生意红火。有家娱乐城的厨师在烹制火腿时，别出心裁地把熟火腿拆骨去皮，略留玉脂似的肥膘，切成骨牌大小排列，远远望去好似一盘玉脂玛瑙的麻将牌，很是讨彩，入口品尝，味道更佳，火腿的香浓让人回味悠长。这道菜一上市就受到消费者热捧，立即红火起来，风靡一时。

（二）选料讲究

选用优质金华甲级火腿，取上峰或中峰肉一块，去皮后肥膘无须修净，红白相间色泽更好、口感更佳，如有条件采用火踵，煮熟后扎紧凉透取用，口感更妙。

主料： 火腿　1块（净重150克）

调料： 白糖　15克

　　　　绍酒　10毫升

注：与1977版和1988版《杭州菜谱》对比：相同。

（三）工艺流程

1.初步加工

将火腿肉留3厘米厚的肥膘，其余肥膘批去不用。

原料与工艺流程

2.刀工处理

切成厚薄均匀，形似"骨牌"的小方块24块（长×宽×高为12.5毫米×7毫米×2毫米）

3.排列装盘

取盘一只，底层放12块（3行），中层放8块（2行），上层放4块。

4.加热成菜

将白糖加七八克于开水中，溶化后再加绍酒搅匀，浇在排南块上面，放入蒸箱，扣上碗，蒸2分钟左右，开盖后滗去汤汁。

（四）菜肴特点

排列整齐似骨牌，色泽胭红如玛瑙，芳香浓郁咸带甜，佐酒下饭就是它。真可谓：色泽胭红、整齐美观，醇香浓郁、咸中带甜。

（五）技巧技法

根据老菜谱制作，是垒好后再蒸，但在实际操作中，可将切好的火腿平铺在盘中，加糖蒸制后，再行装盘，这样蒸制时糖分容易渗入火腿，但这两种方法存在火腿易变形的弊端。由于蒸的时间短加热没到位，蒸的时间长火腿要变形（故在 1977 版《杭州菜谱》中蒸 1～2 分钟，在 1988 版《杭州菜谱》中改为 1 分钟），所以在批量制作时，最好大块火腿先行加糖加酒蒸制，冷却后再按工艺流程改刀，这样既能拔淡火腿的咸味，又能避免走形。

（六）评价要素

刀口光洁、成形一致，排列整齐、略带肥膘，口感醇香、咸甜适中。

（七）传承创新

火腿用糖蒸制后，咸味虽然减少，但在提倡低盐饮食年代，制作此菜时最好配以哈蜜瓜、雪梨等水果夹食，也可用黄瓜片、粉皮卷起来食用。

（八）大师对话

戴桂宝： 请徐师傅来为我们谈谈排南制作的关键步骤。

徐建华： 关键就是这个金华火腿最好是大水煮，为什么？因为火腿比较咸，如果靠蒸是不是可以？也可以，但它的咸味比较大，因为本身它切的就是骨牌块，所以用水煮，把它的咸味拔淡。另外就是在处理火腿的过程中要略微留一点肥膘，一个看起来好看，另一个是口感好。

大师对话

戴桂宝： 红白相间，吃起来不会很干。

徐建华： 对对！首先在切的过程中，骨牌块大小一致，在排的时候肥膘的这一面朝向外面，让客人有一个好的感受。其次就是在操作的过程当中要加 15 克糖、10 克绍兴老酒，上蒸笼去蒸，这样它的酒香味跟甜味正好把火腿的咸味中和掉。

戴桂宝： 麻将块也可以叫骨牌块，军旗也可以叫骨牌块，现在刚好是这个形状，假如说这个火腿很厚的或者不规则的，那么这种情况怎么处理？

徐建华： 因为这个就是按菜谱上面传统的（还原）。在家里面制作，如果说没有这样的原材料，形状没有那么好，但同样也可以操作。根据原材料，可以达到这个要求那是最好，达不到这个要求也可以，这个没啥问题。

戴桂宝： 刚才徐师傅介绍，因为整块火腿比较咸，采用大水煮的方法，最主要是把咸味拔淡来达到这道菜的效果。那么我在想，现在是蒸了一分钟，实际上这道菜料多加一点，多蒸几分钟，有没有关系？

徐建华： 这个没关系，按照菜谱上写的一分钟是不够的，为什么？因为它里面的糖都化不掉。

　　戴桂宝： 刚才我们用热水还是没化掉，所以也可以延长几分钟的蒸制过程。

三十四、桂花菠萝排南（创新菜）

创新制作：屠杭平

现任杭州望湖宾馆有限责任公司副总经理

个人简介

　　桂花菠萝排南是由杭州传统名菜排南演变而来的，是用菠萝汁蒸金华火腿，使此菜变得和淡、清秀，是一款适用餐前佐酒的冷碟。

（一）主辅原料

主料： 火腿中腰峰　1块（300克，实用150克）

辅料： 带皮菠萝　　半个（650克）

调料： 蜂蜜　　　　80毫升

　　　　 干桂花　　　1克

　　　　 白兰地　　　2毫升

（二）工艺流程

1.刀工处理

原料与工艺流程

（1）将压制紧实的金华火腿取中腰峰一块，去皮，切成长4厘米、宽2.5厘米、厚1厘米的骨牌块。要求三分肥七分精（单块重量12～13克），共12块。

（2）新鲜菠萝去皮取肉，切同样大小的骨牌块8块。

2.浸汁蒸制

（1）将余下的菠萝碎肉150克，加入250毫升矿泉水和蜂蜜放入榨汁机榨成汁，并用纱布加网筛过滤。

（2）将菠萝蜂蜜汁倒入装有火腿块的盘中，以没过火腿为佳，倒入白兰地，撒上一半干桂花，封上保鲜膜蒸10分钟，捞出火腿块。

（3）用蒸过火腿的汤汁，放入菠萝块蒸2～3分钟，捞出菠萝块沥干。

3.装盘点缀

取盘一只，按第一层8块火腿，第二层6块菠萝，第三层4块火煺，最后一层2块菠萝的次序一层一层叠摆整齐，再撒上干桂花点缀。

（三）菜肴特点

用火腿的咸香突显菠萝的甜，菠萝的酸甜又化解了火腿的油腻，两者互补、相得益彰。真可谓：香气宜人、咸淡适中，滋味醇和、酸甜开胃。

（四）技巧关键

首先，在制作前要对火腿进行压制处理，使火腿结实，这样在后期刀工处理时能切出光洁的表面。其次，批量制作时可将厚度恰当的火腿大块用菠萝蜂蜜汁蒸制，这样虽然蒸的时间要加长，但后期制作容易，切成小块后可以直接装盘，也可以和菠萝一起蒸制后装盘。

（五）大师对话

戴桂宝：下面请屠总谈谈这个菜肴的创新思路。

屠杭平：大家好！排南是传统名菜，以前比较咸。而我本身是西餐出身，西餐当中有一个传统名菜叫菠萝火腿排，我就是借鉴了这个对排南进行了一定的改良。主要的目的就是想融入这个菠萝，还有就

大师对话

是减轻这个火腿的咸味。

    戴桂宝： 就是融入菠萝味道跟桂花味道。

    屠杭平： 对！火腿蒸的时候加入了蜂蜜，然后把这个多余的菠萝肉融入这个火腿里面进行蒸制。

    戴桂宝： 再为大家谈谈在制作这道菜的时候，需要注意哪些方面？

    屠杭平： 首先，这个火腿事先应该要先煮熟再压紧，然后蒸 10 分钟左右，让这个火腿里面的咸味慢慢渗出来，再让这个菠萝的香味进入这个火腿里面。

    戴桂宝： 刚才屠总在制作过程中间也谈了，假如这个火腿本身咸味比较足，那我们可以糖多放一点。

    屠杭平： 蜂蜜适当的再多放一点。

    戴桂宝： 火腿比较淡的，糖（蜂蜜）可以少放一点。

三十五、火腿蚕豆（传统名菜）

传承制作：吴俊（俊霖）
现任浙江君澜酒店管理有限公司餐饮总监

个人简介

　　杭州传统名菜火腿蚕豆选用的是刚上市的新鲜嫩蚕豆配以上好的火腿炒制。此菜色泽艳丽，口味清香甘甜，是一款春季时令菜。

（一）故事传说

　　鲜嫩蚕豆可作为时令蔬菜，可炒可炸；老蚕豆可作为休闲果，可咸炒可气爆。清人王士雄在《随息居饮·食谱》中记载："（蚕豆）嫩时剥为菜馔，味极鲜美。"说起火腿蚕豆，还有一段与南宋大诗人杨万里有关的食林轶事。据说杨万里嗜食蚕豆，每年春末夏初，他都要嘱咐家人多买蚕豆，从蚕豆上市一直吃到落令，百吃不厌。为此，他还专门写诗赞曰："翠荚中排浅碧珠，甘欺崖蜜软欺酥。沙瓶新熟西湖水，漆榼分尝晓露腴。味与樱梅三益友，名因蚕茧一丝绚。老夫稼圃方双

熟西湖水，漆榼分尝晓露腴。味与樱梅三益友，名因蚕茧一丝绚。老夫稼圃方双

学，谱入诗中当稼书。"

有一年又到了蚕豆上市的季节，而杨家厨房也正逢新老交替，老厨师年老告病休养，而新厨师初来乍到就听说了主人爱食蚕豆的传闻，心里便有些按捺不住，想在新主人面前好好表现一番。他买来刚上市的早熟蚕豆，豆眉呈淡绿色，这时的蚕豆可连皮烹食，皮软肉嫩，别有滋味。他想：蚕豆虽鲜，但略嫌寡淡，还缺一样原料来提鲜增味，不如用火腿试试。于是，他从柜子里取出了一块上等金华火腿，细细地切成了丁，和蚕豆一起焯水后，放入锅内煸炒起来，不一会儿，一股浓浓的香味就从厨房传了出去。杨万里闻"香"而至，问厨房在烧什么菜。得知是蚕豆后，他好奇地尝了一口，呀，太美味了！他不禁连说了三声：妙、妙、妙！从此，这道火腿蚕豆就成了杨府的当家菜，而这位首创的新厨师也成了杨万里最喜爱的厨师，一直在杨府服务了几十年。

（二）选料讲究

蚕豆，又称"胡豆""罗汉豆""佛豆"。《本草纲目》记载："豆荚状如老蚕，故名。"蚕豆上市一般在5—7月，蚕豆由外壳、豆眉、豆皮和豆肉组成。此菜宜选本地的当季嫩蚕豆，剥去外壳后，剔除过老过小的，选用较嫩且匀称的带皮蚕豆。鉴别蚕豆老嫩，则需观看豆眉，豆眉呈绿色肉质嫩，可连皮烹制食用，豆眉色深，应剥去豆眉，如豆眉转黑，说明过老，应剥去豆皮取肉食用。

主料：嫩蚕豆　　　　300 克

辅料：熟火腿上方　　50 克

调料：白汤　　　　　80 毫升

　　　白糖　　　　　10 克

　　　精盐　　　　　2 克

　　　味精　　　　　1 克

　　　湿淀粉　　　　10 克

　　　熟鸡油　　　　10 毫升

　　　熟猪油　　　　25 毫升

　　注：与1977版《杭州菜谱》对比：甲级火腿中腰肉一两五钱、鸡汤二两、白糖五分、精盐五分、味精五分，余同。

　　与1988版《杭州菜谱》对比：熟火腿上方75克、白汤100克、味精2.5克，余同。

（三）工艺流程

1.初步加工

将带皮蚕豆除去豆眉，用冷水洗净，在沸水中略焯。

2.刀工处理

熟火腿切成 0.3 厘米厚、1 厘米左右见方的指甲丁。

原料与工艺流程

3.加热调味

锅置中火上烧热，下猪油至六成热时，将蚕豆倒入，约炒 10 秒钟，把火腿丁下锅，随即放入白汤，加白糖和精盐，烧 1 分钟左右，加入味精，用湿淀粉调稀勾芡，颠动炒锅，淋上鸡油，离火，盛入盘中即成。

（四）菜肴特点

红色火腿丁配以鲜嫩的蚕豆，色泽鲜艳。真可谓：红绿相间、色泽鲜艳，清香鲜嫩、回味甘甜。

（五）技巧技法

此菜为生炒，是指小型原料，不经上浆挂糊，直接用旺火热油快速颠翻成菜的一种加工技法。但要掌握好火候，一旦过旺，容易起焦痕。另外，芡汁不能过厚过多，以薄亮少芡为佳。

（六）评价要素

火腿方正、厚薄大小匀称，腿丁酱红、蚕豆鲜嫩碧绿，芡汁薄亮、豆肉酥嫩无焦痕，咸淡适中、清香回味有甘甜。

（七）传承创新

在实际运用中，有些为了降低成本，改为火蒙蚕豆，蚕豆炒好后撒上火腿末；有些为了提升菜肴档次，将蚕豆剥皮，用纯豆肉和火腿丁同炒，使之菜肴更为精致。

（八）大师对话

戴桂宝：请吴总谈谈火腿蚕豆的取料。

吴俊霖：这个蚕豆一般取自于清明和立夏之间，火腿用金华火腿，但这个火腿在操作之前必须要蒸熟。

大师对话

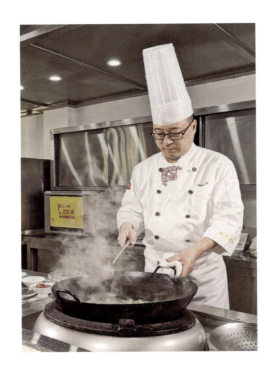

戴桂宝：这个蚕豆不仅要新鲜，还要比较嫩。下面请吴总谈谈在烧制过程中应掌握什么关键？

吴俊霖：在烧制菜肴的时候，一个因为是猪油下锅，猪油的温度太高，蚕豆下锅要有焦痕，油温不好太高。另一个就是在芡打完之后，出锅之前要加上鸡油来增香。

戴桂宝：还要向大家解释一下这道传统名菜，为什么在加盐的同时要加糖。

吴俊霖：一般我们这么讲的，加糖不甜，加醋不酸，起到一个增鲜的作用。但今天这道菜肴是放了金华火腿，所以一定要加糖，起到一个中和与调鲜的作用。

三十六、双味火腿蚕豆（创新菜）

个人简介

创新制作：张守双

现任杭州友好饭店行政总厨

　　双味火腿蚕豆是由杭州传统名菜火腿蚕豆创新而来的，是用嫩蚕豆去皮炒制火腿豆板，用相对老的蚕豆制饼煎制，两味相拼，是一款老少皆宜的创新时令菜。

（一）主辅原料

主料： 剥皮嫩蚕豆　　450 克

辅料： 熟火腿上方　　75 克

调料： 鸡粉　　　　　3 克

　　　　味精　　　　　1 克

　　　　生粉　　　　　5 克

　　　　白汤　　　　　50 毫升

白糖	2 克
精盐	1 克
湿淀粉	3 克
熟鸡油	3 毫升
色拉油	100 毫升（实耗 25 毫升）

（二）工艺流程

1.预热处理

将蚕豆按老嫩或品相优劣分成 1/3 与 2/3 两份，将品相次的 2/3 的蚕豆板在沸水中煮 2 分钟，成熟后放入容器内。

原料与工艺流程

2.刀工处理

将熟火腿切成 1 厘米左右见方、0.3 厘米厚的丁 25 克，切 3～4 毫米见方的粒 50 克。

3.搅拌制饼

将成熟的豆瓣用擀面杖敲成糊，加入鸡粉、味精、生粉和火腿粒一起搅拌，视干湿情况，可适当加水少许，而后捏成饼状。

4.加热煎制

置平锅一只，加色拉油 5 毫升，放入豆饼，煎片刻后翻面，至两面微黄离火，等待装盘。

5.加热调味

置锅加水，烧沸后倒入 1/3 的优质豆瓣，焯水后沥净余水。

另置锅中火烧热，下色拉油滑锅，锅内留油 20 毫升，把火腿丁倒入，约炒 10 秒钟，再将蚕豆下锅，随即放入白汤，加白糖和精盐，烧 1 分钟左右，加入味精，用湿淀粉调稀勾芡，颠动炒锅，淋上鸡油，离火。

6.装盘点缀

将火腿炒蚕豆盛入碗中，将煎好的饼出锅放入盘中一侧，点缀即成。

（三）菜肴特点

炒豆板拼煎豆饼一豆二吃，两种口味老幼喜爱。真可谓：口味多样、清香鲜嫩，焦香糯软、回味甘香。

（四）技巧关键

此菜是一款炒、煎双拼菜肴，首先，豆瓣在制糊前要焯水，要使豆瓣完全成熟，避免有豆腥味。其次，制豆饼时因加有火腿末，所以要控制用盐量。再次，炒制豆瓣的勾芡要紧薄芡汁。最后，淋鸡油。

（五）大师对话

戴桂宝：请张总厨聊聊这道创意菜的创作思路。

张守双：首先这个产品，是做了两种吃法：一种是炒的，一种是煎的。这个炒以前传统的是带壳的，随着现在饮食习惯的改变，我们就把壳剥掉了，口感更好一些。还采用了一个煎的烹饪方法，为什么？因为蚕豆买回来它会有老一点的，有嫩一点的，嫩一点的用来炒，口感是最好的。老一点的也是用同样的配料，做了一个煎的。

大师对话

戴桂宝：这种方法也很适合现在的年轻人。

张守双：是的。

戴桂宝：蚕豆饼在制作过程中间有什么关键？

张守双：第一个关键就是新鲜的蚕豆买回来，剥完壳之后煮，煮不要超过 5 分钟，不要煮的时间太长，煮好了以后把它打成泥，打泥的过程当中要用力地敲打上劲，完了再加盐调好味，加切好的火腿丁，把它们放到一起做成饼状。

戴桂宝：刚才在煎的过程中间有什么讲究？

张守双：在煎的过程当中有两个。第一个油不能太多，多了它也容易化掉；第二个从健康角度来说，油少一点，小火少油是重点。

戴桂宝：这个蚕豆饼在制泥的时候要敲打上劲。最后在煎的过程中间要少油，假如说油多的话，这个蚕豆饼就要散掉。还有我们刚才在聊天过程中间也谈到，就里面的火腿粒，是切成火腿粒，不是火腿末。为什么切火腿粒呢？因为火腿粒，吃起来有火腿的口感，也就是说层次感。一边是松的嫩的，一边是火腿粒，那么不仅是吃到了火腿香味，还吃到了火腿原汁原味的一颗颗的小丁。

三十七、叫化童鸡（传统名菜）

个人简介

传承制作：胡忠英
现任杭州饮食服务集团有限公司餐饮总监

　　杭州传统名菜叫化童鸡，又称叫化鸡、杭州煨鸡，是用荷叶包裹童鸡，外涂酒坛黄泥烤制。上桌打开，闻之香气四溢，食之滋味别致，是一道来杭游客都渴望品尝的名菜，也是一道家宴和馈赠亲友的上品。

（一）故事传说

　　传说很久以前的一天，一个乞丐，因饥寒交迫昏倒在地。他的难友为了抢救他，在露天拾柴烧起篝火，给他取暖。有位同伙顺手得鸡一只，准备给他烧来吃，但没有工具无法烧制，此时有人急中生智，用烂泥把鸡包起来，把泥团放篝火中烤煨。他们一边拾柴，一边烤煨，忙了整整半天，估计差不多成熟了，忐忑不安地敲开泥团，只见鸡毛黏在烤干的泥团上随之脱落，且香味四溢，品尝之后鲜美酥烂、齿颊留香，众人闻香而至，纷纷赞美这种别致的煨法。

后来，这种用泥包裹的烤鸡方法传入杭州的菜馆，并加以改进，采用具有地方特色的越鸡、绍酒、西湖荷叶，并在鸡腹中填满佐料，然后用荷叶及箬壳包扎，再在外边裹上一层用绍兴酒脚、盐水调和的酒坛泥，放在文火中烤三四小时。到顾客食用时，整个泥团拿到餐厅当场拆开。由于它是经密封烧烤的，保持了鸡的原汁和原味，加上用地方名酒拌泥裹烤，酒的香醇气味经火一烤沁入鸡肉，打开泥团一股醇香扑鼻而来，增添了情趣。

（二）选料讲究

选用头小体大、肥壮细嫩的三黄（黄喙、黄脚、黄羽）鸡为好，又以未生过蛋的嫩母鸡为最佳，做好的煨鸡肉质细嫩、松软适口。假如没有嫩母鸡，用刚成熟未配育过的小公鸡或嫩线鸡※也是一种选择。但用公鸡做出的煨鸡会太老，用老母鸡做出的煨鸡会太柴。

主料：嫩鸡　　　　　　　　　1 只（约重 1500 克）

辅料：猪网油　　　　　　　　250 克

　　　　猪腿肉（肥瘦相间）　75 克

　　　　京葱（或小葱）　　　100 克

　　　　姜丝　　　　　　　　5 克

　　　　葱段　　　　　　　　5 克

调料：酱油 35 毫升、白糖 10 克、花椒盐 10 克、精盐 2 克、味精 2.5 克、绍酒 75 毫升、八角 1 瓣、山奈粉（中药）1 克、熟猪油 25 毫升、绍酒脚（沉淀的酒渣）100 克、粗盐 75 克

耗材：

鲜荷叶 2.5 大张（可以 2 大 1 小）、白报纸 1 张、酒坛泥 3500 克、箬壳 3 张、细绳 4 米

辅助用具：

棉布 1 块（约 65 厘米 × 65 厘米）

注：与 1977 版《杭州菜谱》对比：川冬菜五钱、酱油五钱、辣酱油五钱、白糖一钱五分、精盐三两五钱、味精八分、山奈粉四分、鲜荷叶四张、箬壳二张、酒坛泥六斤，无粗盐、无棉布，余同。（川冬菜作为辅料与猪肉同炒，花椒盐、辣酱油随碟）

　　与 1988 版《杭州菜谱》对比：透明纸一大张，无箬壳、无棉布，余同。

※线鸡：意为阉鸡，指正在阉割的鸡或阉割过的鸡。后者也有俗称熟鸡、扇鸡、献鸡、镦鸡、太监鸡。为什么叫线鸡？因为在对其做外科手术时，是用一根细线来摘除公鸡睾丸的。

（三）工艺流程

1.初步加工

将鸡宰杀，煺毛，洗净，在左翅膀下开长约 3.5 厘米的刀口取出内脏、气管和食道，用水淋洗洁净，沥干。

原料与工艺流程

2.刀工处理

剁去鸡爪，取出鸡翅主骨和腿骨，用刀背将翅尖轻剁几下，再在鸡腿内侧竖割一刀（使调料能渗入鸡肉），鸡颈根部用刀背轻敲几下，将颈骨折断（皮面不能破），便于烤煨时包扎。将猪腿肉、京葱切成丝。

3.腌渍入味

将山奈、八角碾成粉末，放在瓦钵内，加入绍酒 50 克、酱油 25 克、精盐 1.5 克、白糖、葱段、姜丝拌匀，将鸡放入腌渍 15 分钟，其间翻动 2～3 次，使调料均匀渗入鸡体内。

4.炒制馅料

炒锅置旺火上烧热，用油滑锅后，下熟猪油，放入葱丝、肉丝炒透，加绍酒 25 克、酱油 10 克、精盐 0.5 克和味精，炒熟装盘待用。

5.填料包扎

（1）取盘一只、铺开猪网油，放上腌渍过的鸡，用筷子将炒好的肉丝塞入鸡肚子内。

（2）把鸡头紧贴胸部扳到鸡腿中间，再把鸡腿扳到胸部，两翅翻下使之抱住颈和腿，然后用猪网油包裹鸡身。

（3）取大盘一只，用 2 张荷叶垫底，上放 3 张长约 38 厘米的笋壳，再放上小荷叶一张，然后放入用猪网油包好的鸡，依次包裹。

（4）用麻绳在外面先捆两道十字形，然后像缠绒线团那样平整地捆扎成类似鸭蛋形的无角扁方形。

6.涂泥贴纸

（1）将酒坛泥砸碎，加入绍酒沉渣、粗盐和水捣韧。

（2）将泥平摊在湿布上，把包扎好的鸡放在泥中间，注意使鸡腹朝上，防止煨烤中汤汁漏出流失，将湿布四角提起，把泥裹紧鸡身，用手沾水拍打湿布四周，使泥牢固地贴在麻绳上（涂泥厚约2.5厘米，要求厚薄均匀，以免出现煨焦或不熟的现象）。然后除掉湿布，包以白报纸，以防煨烤时泥土脱落。

7.烤制成熟

采用烘箱，先用220℃高温（也可上下有别，上温250℃，下温220℃），将泥团中鸡身逼熟，以防止微温引起鸡肉变味、变质。40分钟后，将温度调至160℃左右（也可上下有别，上温160℃，下温150℃），持续烘烤3～4小时即可熟烂。

8.装盘随碟

将烤好的叫化鸡泥团放在盘内端入餐厅，当场敲开泥团，里面浓缩的香醇气即四溢扑鼻，增添食客佳趣。然后去掉外层荷叶，放入备好的腰盘，打开内层荷叶，端上餐桌，随带花椒盐供蘸食。

（四）菜肴特点

文火煨烤，保留原汁，沁入荷香酒香肉香，醇香味美，别有一番风味，真可谓：香气四溢、鸡肉酥嫩，汁醇味美、别具风味。

（五）技巧技法

在腌渍前要先除去鸡大骨，再拍碎鸡胸骨、颈骨，其目的是便于包裹。在包裹时要分层包裹，每层包裹的接口都要朝上，防止包裹和烤制时汁水外溢，也方便食用时打开。

此菜为包裹烤制，即利用热空气加热，先透过酒坛泥和荷叶，使鸡均匀受热，既保持了鸡的本味，又增添了荷叶等香味。但烤制时要根据自身烤箱的功率，调整好温度，恰到好处地保持成品湿润和油亮。

（六）评价要素

敲开泥土，能干净利落地取出荷叶煨鸡，此时已芳香扑鼻，打开荷叶较为方便，色泽枣红油亮，汤汁尚有留存，食之鸡肉酥嫩、汁醇味美。

（七）传承创新

传统的叫化鸡均用黄泥包裹，用明火或烤箱烤制，但出于对卫生的要求，避免酒坛泥和鸡接触。杭州酒家、名人名家等店采用铁盒作为阻隔物来避免泥巴和鸡接触，即在铁盒外再包裹泥巴烤制。有些地区完全禁止酒坛泥入厨房，那只能采用锡纸、面粉、盐巴作为包裹材质，也可达到缓导热、缓释热的效果，可惜没了酒坛泥的香味。

（八）大师对话

戴桂宝：请胡师傅谈谈关于杭州名菜叫化童鸡的情况。

胡忠英：我今天做的这道叫化童鸡，是一道杭州传统名菜，我们为了保持这道鸡的这种原汁原味，用荷叶、酒坛泥，花几个小时煨烤，烤好以后，酥而不烂，鸡肉非常鲜美，保持了原汁原味。

大师对话

戴桂宝：那么在制作过程中，你放的调料与选的材料有什么讲究？

胡忠英：原来为什么放肉丝呢？因为以前肉比鸡贵，所以叫化鸡里面放肉丝，一个是增加它的鲜味，另一个是增加猪肉的香味。但我在烤的时候，加了点香料，就是八角和山柰。那为什么放这个呢？因为我们杭帮菜是南料北烹古都味。所以我们杭州菜有的菜里面也像北方一样，大料桂皮放一点，为了增加叫化鸡的香味，也放点八角跟山柰。

戴桂宝：以前在做的时候，还有放辣酱油，后来辣酱油是蘸蘸的，旅游（手册）菜谱中有提到。

胡忠英：辣酱油实际上也是后来创新的，因为传统上在杭州是不用辣酱油的，上海人很喜欢吃辣酱油，可能是厨师为了迎合一些人的口味。

戴桂宝：我看杭州菜谱上有。

胡忠英：对对，再加点辣酱油蘸一下。我们杭帮菜经过几十年不断创新、发展，也是可能根据当时有些人的饮食习惯，厨师进行了创新而增加了它的味道，再上一碟辣酱油，他自己喜欢蘸就蘸着吃，像现在辣酱一样起到这个作用。

戴桂宝：下面再跟大家谈谈，因为传统都用烂泥包的，现在是因为食品卫生的要求，所以烂泥不用了。我以前出国做叫化鸡，说烂泥禁止用，后来用锡纸包，假设您遇到这个情况，会用什么包？

胡忠英：我到过国外几次，每次都有做叫化鸡的。我们是用面粉，面粉和好以后就相当于跟烂泥一样，把鸡放进去，然后包裹起来进行煨烤，最后它的味道跟烂泥包差不了多少。

戴桂宝：用面粉，稍微烂一点的面粉吗？

胡忠英：也不烂。

戴桂宝：面粉和好摊成皮，包起来。

胡忠英：效果也跟烂泥差不多。

戴桂宝：面粉大约有 1 厘米厚？

胡忠英：1 厘米厚。这样包起来它里面的温度很均匀。

戴桂宝：锡纸包有一个缺点，就是锡纸包很容易里面焦，水分跑掉。

胡忠英：锡纸一个薄，烤的时候（热量）直接进到里面去了。另一个是跟砂锅一样（注：砂锅具有传热慢、保温性强的特点），因为砂锅炖东西跟不锈钢锅炖东西口味不一样的，所以当我到国外去，烂泥没有，就用面粉，这样口感就差不了多少了。

戴桂宝：对对！不过现在杭州酒家、名人名家都在用铁盒烤。

胡忠英：这个铁盒烤，按照我的想法，味道变了。它这个烤实际上相当于普通烤鸡一样，因为它表面已经是金黄色，是烤鸡的颜色，虽然从口味、配料上一样，它的香料、酱油、山柰也一样，但成熟的鸡下面有汤水，而上面没有，上面就金黄色的跟烤鸡一样。

戴桂宝：对对，你一说我想起来，我开始也觉得铁盒很好，实际上铁盒是空的，所以鸡放的时候汤水是没有全身浸没的，汤汁在下面，所以上面烤出来是跟烤鸡一样的。

胡忠英：所以这个做法从某种角度是可行的，因省人工，一个人做一两百个也很轻松，但包烂泥你就做不了这么多。

戴桂宝：所以还是面粉包裹，或者锡纸多裹几层，效果跟泥烤的差不多，但是跟铁盒烤的有一点区别，上面是干的没有汤水。

胡忠英：铁盒烤完全不一样，没汤汁，金黄色的。

戴桂宝：那么在制作这道菜时，一般烤多长时间？为什么要前面火大，后面火小？

胡忠英：因为叫化鸡，尤其像到了冬天，里面的温度基本在 0℃ 左右，需要一下子把温度升上去，如果你慢慢烤的话里面容易变质。很新鲜的鸡，因为火慢慢进去，我们有个行话，就是霉都霉掉了（杭州方言"霉掉"，音 méi diào，指的是食物酥塌塌、没有咬劲）。先用旺火大火，用 250℃ 一下子烤熟，但我们要求是酥，所以再用中火烤。又因客人还未到，所以我们采用小火保温，客人来一个打开一个，都很热很烫。假如你还是用中火烤的话，他的肉质就太酥，会不好吃。所以

我们分三个阶段，旺火、中火、小火，小火是保温的。

戴桂宝：保温过程中虽然还是在加热，但是汤水不会少、不会柴。

胡忠英：对对。现在一般的菜保温，保温箱一般在80～90℃，在这个温度保温，对汤汁来说也没影响的。但叫化鸡是烂泥包起来的，假如在100～120℃保温，经过试验感觉到口感还不一样，还是得在160～180℃保温，这样基本烤好以后，保温一两个小时客人吃起来味道差不多。

戴桂宝：刚才胡师傅已经谈得很清楚了，把叫化鸡的来龙去脉，跟在制作中的关键和烤制的要求都讲了，谢谢胡师傅，为咱们这次杭帮菜的传承贡献力量。

三十八、黑松露叫化鸡（创新菜）

创新制作：赵小伟
现任杭州名人名家餐饮管理有限公司出品总监

个人简介

　　黑松露叫化鸡是杭州名菜叫化童鸡的衍生版，原先叫化鸡用荷叶和酒坛泥包裹，已不符合食品卫生要求，所以改用了铁盒，内衬荷叶，加上黑松露增香。在食用前用木质榔头敲三下，同时附上祝福语，营造氛围，是一款仪式感较强的创新菜肴。

（一）主辅原料

主料： 萧山嫩母鸡　　1 只（净膛约 1000 克）

辅料： 生姜　　　　　30 克

　　　　　京葱　　　　　20 克

调料：黑松露酱　　　　60 克

　　　一品鲜酱油　　　70 毫升

　　　精盐　　　　　　8 克

　　　胡椒粉　　　　　3 克

　　　白糖　　　　　　5 克

　　　鸡粉　　　　　　20 克

　　　清高汤　　　　　400 毫升

耗材：鲜荷叶　　　　　1 张

　　　红泥　　　　　　250 克

　　　桃花纸　　　　　1 张

（二）工艺流程

1.初步加工

将净鸡剁去鸡爪，用水冲洗干净，沥干。

原料与工艺流程

2.码味腌渍

取盆一只放入鸡，加入生姜、京葱、精盐、胡椒粉、白糖、鸡粉腌 12 小时。其间翻动 2 次，使调料均匀渗入鸡体内。

3.入盒涂泥

（1）在鸡肚子内涂上黑松露酱，放入刚才腌渍时的生姜、京葱，取铁盒一只，放荷叶一张，将鸡放在荷叶上，剪去荷叶边缘，倒入高汤和一品鲜酱油，盖上铁盒盖。

（2）案板上铺开桃花纸（双层），涂上红泥浆 3 勺，用刮子刮平，再盖上桃花纸（双层），加水湿润，盖到铁盒之上抚平，放入烤盘中。

4.加热成熟

烤箱温度调至上温 260°、底温 240°，将装有鸡的烤盘放入烤箱，2 小时后取出烤盘。

5.装盘上桌

将烤好的叫化鸡铁盒放在容器上，上面贴上红纸，随跟木质榔头端至餐厅，在堂口由宾客用榔头敲三下，寓意：一敲身体健康；二敲心想事成；三敲步步高升。

而后由服务员打开铁盖，端上餐桌，此时浓香四溢，激起食欲，平添气氛。

（三）菜肴特点

色泽黄亮、酥而不烂，有浓郁的黑松露香味，真可谓：色泽黄亮、形态美观、肉质酥嫩、浓香四溢。

（四）技巧关键

此菜为包裹烤制，利用热空气加热，先透过红泥和铁盒，使其受热均匀，既保持了本味，又增添了荷叶和黑松露等香味。但要根据铁盒和泥层的厚薄来控制烤制时间，恰当留有汁水，如果烤的时间过长则会失去鸡的湿润和油亮，使口感老柴。

（五）大师对话

戴桂宝：赵总为我们制作了创新版的叫化鸡，全称叫黑松露叫化鸡。下面请他为大家讲讲这道菜的改良思路。

大师对话

赵小伟：大家好！叫化鸡以前的味道还不够浓郁，用黑松露后底味会比较浓郁，跟鸡融合在一起，在口感、香味上都有突破。

戴桂宝：现在这道鸡我看还有其他地方有个创新，因为以前大家都用烂泥包，现在因为卫生的要求，不能使用烂泥，所以你改用了不锈钢金属盒，并在外面再涂一层薄薄的烂泥，而且用纸隔开。你里面放的是荷叶吗？

赵小伟：对，一张新鲜的荷叶，用不锈钢这个"蛋"，最主要一个是卫生，其次是传热比较快，以前做个叫化鸡要三个多小时，现在一般两个小时就可以了。

戴桂宝：改良的目的：第一个是避免用烂泥；第二个是加快传热；第三个是增加香味。下面再请赵总讲讲这道叫化鸡的选料和制作关键。

赵小伟：一个是选料非常要紧，鸡的品种很关键，我们选的是萧山的小母鸡，150天左右的小母鸡，而且是未下过蛋的，吃起来肉会比较滑。另一个就是腌渍，要里面全部够味的话要腌渍12小时。还有就是烤制过程，烤的话上火要260℃，底火要240℃，烤2小时。

三十九、八宝童鸡（传统名菜）

传承制作：方黎明
现任杭州新三毛餐饮管理有限公司董事长

个人简介

　　八宝童鸡采用整鸡脱骨手法，制作工艺较为复杂，加上选料讲究、配料多样，既是一款配料精致的传统名菜，也是一款营养丰富的养生菜。

（一）故事传说

　　"八宝童鸡"这道菜源于河南开封，是一味地地道道的北宋宫廷菜。北宋末年，金兵入侵，大批百姓随着宋室南迁至临安（今杭州）。他们中大多数人饱经战乱后一文不名，成为流离失所的难民，一时生活没了着落。一天，临安最大的酒楼"丰乐楼"门口来了一位衣衫褴褛的老者，他贫病交加，昏倒在地。酒楼老板心地善良，不忍见有人倒毙街头，就让小二将老人扶进店中，又请来大夫为老人看病。俗话说"病来如山倒"，老人这一病足足过了一个多月才缓过劲来，其间一直是酒楼的老板和伙计在照看，老人非常感动。他想：救命之恩，无以回报，干脆就把传家之宝送给老板吧。原来，老人祖上几辈都是宫廷御厨，老人自己也在御膳房内掌厨。靖康之乱后，老人家破人亡，只身随着逃难的人一路南下，辗转来到临安，却不料差点倒毙在"丰乐楼"门口。老人让小二请来老板，讲述了自己的身世，又从身上拿出了一本私家菜谱赠给老板，这是几代御厨总结的菜肴精华。老板得之，如获至宝，又怜老者孤身一人，干脆认老人做义父。

第二天，"丰乐楼"推出了新菜"八宝童鸡"，就是以优质童子鸡，拆净大骨，并保持鸡皮丝毫无损，将火腿、鸡胗、干贝、大虾米、冬菇、莲子、糯米、笋尖八种荤素配料填入鸡腹内，蒸制而成。此菜鸡形丰腴饱满，融多珍于一肴，聚数味于一体，营养丰富、鲜嫩香酥。此菜一出，成为"丰乐楼"最有名的招牌菜。之后，"丰乐楼"又陆续推出了几道来自"大内"的新菜，都受到食客欢迎。

一天，宋高宗微服出宫，一路逛到涌金门。他看到"丰乐楼"飞檐翘脊、雕梁画栋，就信步走了进去。店小二殷勤地招呼高宗一行，并向他们介绍起特色菜来，高宗表示很有兴趣一尝。于是，"丰乐楼"的特色招牌菜一道道地上来了。吃着吃着，高宗总感觉有那么一丝熟悉的滋味，直到八宝童鸡端上了桌，"这不是朕最爱吃的养生鸡吗？"高宗脱口而出，一旁的内侍也连连附和。这时小二才知是皇帝驾临，连忙叫出老板。面对高宗的询问，老板战战兢兢地道出了由来。高宗闻之，不胜唏嘘，非但没有怪罪，反而马上召见了老御厨，赏赐了一些财物，又特许"丰乐楼"经营宫廷菜系。消息一出，"丰乐楼"门庭若市，慕名而来的食客争相品尝宫廷菜式，就连宋高宗也会不时微服光顾，一时名扬天下。"八宝童鸡"也从此流传下来，成为脍炙人口的杭州名菜。

（二）选料讲究

嫩母鸡要选健康壮实的，宰杀煺毛后，整鸡完整，不开膛不破肚，皮质白净完好，无疤无破损。

主料：嫩母鸡　　　　1 只（毛重 1500 克）

辅料：熟火腿　　　　25 克

　　　糯米　　　　　400 克

　　　水发冬菇　　　20 克

　　　熟鸡胗　　　　25 克

　　　通心白莲　　　20 克

　　　干贝　　　　　25 克

　　　嫩笋尖　　　　25 克

　　　开洋　　　　　15 克

	生姜（1块）	35 克
	葱结（1个）	30 克
调料：	精盐	10 克
	味精	3.5 克
	绍酒	30 毫升
	湿淀粉	15 克

注：1977版《杭州菜谱》未收录此菜。

与1988版《杭州菜谱》对比：糯米50克、精盐5克、绍酒15克，余同。

（三）工艺流程

原料与工艺流程

1.刀工处理

（1）冬菇洗净、去蒂切丁。

（2）把火腿、鸡胗、笋分别切成指甲丁。

（3）生姜切丝、切片；葱切段、打结。

2.初步热处理

（1）糯米、莲子洗净，用水浸泡。

（2）干贝用水洗净盛入碗中，加冷水 100 克、姜片 5 克，用旺火蒸约 30 分钟至熟。

（3）开洋用沸水浸泡待用。

3.拆骨腌渍

（1）将杀白鸡斩掉脚爪，进行整鸡出骨。先从鸡脖根部下刀开口，脱出鸡脖，再从翅膀处开始，按次剔除两边鸡翅的大骨和中骨，再将鸡肉拆至腿部，逐只拆掉两根大骨，再将肉退至尾部，下刀将鸡肉和鸡壳分离，并保持鸡身外表皮层完整不破，出骨后将鸡身翻回原状，用水洗净。

（2）加料酒 15 毫升、盐 5 克、姜丝 5 克、葱段 5 克，腌渍 15 分钟。

4.灌装定型

（1）把火腿、鸡胗、笋、冬菇，与糯米、开洋、干贝、莲子一起加盐3克、味精2.5克拌匀。

（2）拿出鸡，捡出姜葱，用水略冲，从脖颈处灌入八宝糯米，在鸡脖子处打一个结，以防肚内的原料外漏。

（3）将鸡投入沸水中烫3分钟，使鸡肉绷紧。用麻绳绑定造型。

5.加热成熟

将烫过的鸡用冷水洗一遍，随即装入大碗内，放上葱结25克、姜片25克，加绍酒15克、清水250毫升，上笼用旺火蒸约2小时至酥。

6.装盆淋芡

（1）将鸡从汤水中取出，去掉绳子，鸡肚朝上摆放在盘中间，也可加蔬菜围边。

（2）将汁水倒入炒锅，加入余下的精盐2克、味精1克烧沸，加湿淀粉勾薄芡，淋在鸡身上。

（四）菜肴特点

表皮完整，色泽明亮，戳破肚皮内有料，入口品尝鲜美嫩。真可谓：选料讲究、造形完整，肉质鲜嫩、营养丰富。

（五）技巧技法

此菜主要采用的加工技法为带水蒸，是将原料放入容器，加入适量汤水，放入蒸箱中加热，使其形态不变。在填塞糯米八宝料时也不能过多，如果塞得太满、蒸制时鸡皮容易爆裂。在投入沸水中烫鸡时，可以调整形状，使其美观。

（六）评价要素

形状完整、不破不裂、丰满美观，芡薄明亮、肉质鲜嫩、咸淡适中。

（七）传承创新

拆骨八宝鸡只能整只上桌，在高档宴会上不便于分派，所以有些酒店采用鸡翅拆骨灌入八宝糯米，用同样方法蒸制按位上桌，称八宝鸡翅盅，也有刷糖液后炸制，称脆皮八宝鸡翅。

（八）大师对话

大师对话

戴桂宝：杭州传统名菜八宝童鸡是一款制作难度较大的菜肴，整鸡拆骨就是这道菜水平的体现。今天我们请方黎明先生为我们制作了这道菜，下面请方总谈谈这款菜该如何选料。

方黎明：大家好！刚才我为大家做了一道八宝童鸡，选料首先是要本鸡，这个鸡的鸡身要好，皮的脂肪要厚一点。为什么呢？便于后一步整鸡拆骨。最关键鸡皮要完整，不能有破。然后就是糯米也要选好，有些糯米涨性不太好，要选好的糯米。火腿要选那种精致型的火腿。

戴桂宝：今天你拆骨没用一把小刀，全程都是大刀。听说你那个时候表演也是用大刀。

方黎明：对对！那个时候八几年的时候，我们杭州很重视工匠精神。我参加杭州市技术能手表演，整鸡拆骨三分零二十八秒。

戴桂宝：电视镜头对着的情况之下，为大家表演。

方黎明：是是！我不用小刀。这个里面有一些技巧，就是首先要把里面的骨头先给它挵（杭州方言，音 tuó，意为牵扯、脱离）出来，这样就快了，就是说要耐心做这道菜，不能着急。

戴桂宝：刚才方总用绿色蔬菜来点缀，实际都是按照原先传统做法还原，今天这不过用这个菜心点缀一下。

方黎明：对对！那么我再补充一点，现在我们按照传统做法是勾芡的。我这么想，假如说弄好以后给它油炸也行。

戴桂宝：我们后面的是改良创新版，就是刷糖油炸。谢谢方总为我们还原了这道杭州传统名菜八宝童鸡。

四十、八宝脆皮鸡（创新菜）

创新制作：朱启金

现任浙江西子宾馆行政总厨

个人简介

　　八宝脆皮鸡是由杭州传统名菜八宝童鸡创新而来的，不仅提升了八宝作料的质量，又采用烤炸工艺，使鸡皮松脆，是一款人见人爱、风味突出的菜肴。

（一）主辅原料

主料： 杀白童子鸡　1 只（约 1000 克）　　浸泡糯米　　400 克

辅料： 松茸丁　　　12.5 克　　　　　　　贝丝　　　　10 克

　　　　鞭笋丁　　　15 克　　　　　　　　鲍鱼丁　　　15 克

　　　　香菇丁　　　10 克　　　　　　　　火腿丁　　　15 克

　　　　甜豆　　　　16 克　　　　　　　　葱　　　　　25 克

　　　　海参丁　　　15 克　　　　　　　　姜　　　　　25 克

调料：猪油　　　　25 克　　　　上色糖水※　　　适量

　　　　酱油　　　　20 毫升　　　色拉油　　　　1500 毫升（约耗 60 毫升）

　　　　料酒　　　　20 毫升

> ※上色糖水配比：白醋 500 毫升、大红浙醋 300 毫升、玫瑰酒 200 毫升、麦芽糖 250 克、鲜柠檬汁 50 毫升。

（二）工艺流程

原料与工艺流程

1. 初步加工

（1）葱切长段、姜切丝；

（2）童子鸡去骨，加酱油 6 毫升、料酒 10 毫升、葱姜腌渍 30 分钟。

2. 预制加热

将辅料（海参除外）及猪油、料酒 10 毫升、酱油 14 毫升拌入糯米中，上笼蒸制成饭，而后再将海参拌入。

3. 填充定型

将拌好的糯米灌入鸡肚中，并用钢针封住口子，随后用沸水淋烫定型。

4. 吹风上色

将鸡挂起，滴净水分。用刷子在鸡的表皮刷上糖水，并悬挂在风口处 2 小时，中途再刷糖水一次，再吹 2 小时 。

5. 加热增色

把烤箱温度调制 120℃，鸡悬挂烤箱中烘烤 50 分钟，使鸡基本成熟，并增加皮色。

6. 加热成熟

置锅放油，旺火升温至 220℃，将鸡放入油锅中淋炸，直至表皮松脆，色泽均匀红亮，起锅沥净余油。

7. 装盘点缀

将鸡装入浅盘，或用小金橘、薄荷叶装饰即可。

（三）菜肴特点

色泽红亮皮香脆，口感糯嫩料丰富。真可谓：色泽红亮、外香里糯，填料丰富、风味独特。

（四）技巧关键

此菜采用的加工技法为清炸工艺，是将原料加工处理后，用调味品码味腌渍，不经挂糊上浆，直接用旺火热油使之成熟的一种技法。为了使鸡皮上色增脆，在风口晾4小时，还要间隔两小时在鸡表皮刷糖水一次。但为了确保成品酥糯，在炸前增加了一道入箱烤制工序。

（五）大师对话

戴桂宝： 下面让朱师傅谈谈这道菜的改良思路。

朱启金： 大家好！这道八宝童鸡有两种：一种是传统版的清蒸；另一种是半烤半炸的改良版八宝脆皮鸡。为什么要改良？不仅是把原料作了提升，口味与以前有所变化，而且现在的年轻人喜欢炸，改良版八宝鸡里面糯、外面脆。

大师对话

戴桂宝： 我看八宝料的质量也有所调整。

朱启金： 是的，八宝里面的原料作了提升，加了鲍鱼之类，比较健康的原料。

戴桂宝： 还有刚才在做的过程中间，刷的糖水是哪些配料？

朱启金： 今天糖水里面有麦芽糖、大红浙醋、白醋、玫瑰酒。

戴桂宝： 在酒店里面用肯定很受年轻人欢迎。

朱启金： 是的，假如是五六十年代的人，还是喜欢吃传统多一点，假如是80后、90后，还是喜欢吃炸的比较多。一般现在年纪轻的人，都是喜欢这个造型，红亮光泽好。

四十一、糟鸡（传统名菜）

传承制作：吴黎明
现任奥地利杭州华侨华人协会会长

个人简介

　　糟鸡是杭州传统名菜，制作以绍兴酒糟和绍兴越鸡为主要原料，经煮熟后糟汁浸渍而成，是一款冬季佐酒佳肴。现在有了冰箱冷藏，糟鸡也已成为杭州市民夏日最爱的菜肴之一。

（一）故事传说

　　有些说糟鸡是采用萧山鸡，但笔者观念是绍兴鸡，糟鸡是一道杭州从前引进的绍兴菜肴，绍兴城乡和绍兴嵊州一直就有醉鸡糟鸡，绍兴城乡以糟卤浸渍为主，嵊州以糟腌为主，而萧山从古至今没有糟鸡这一类菜，所以传说萧山农夫偷鸡而创造了糟鸡一说没有依据。

　　既然是绍兴菜，那我们就引用绍兴故事来讲讲糟鸡的趣闻。相传有一农家，父母早亡，留有三个儿子，老大、老二娶的都是富家女，带来了满屋子的嫁妆，老三娶的媳妇娘家贫穷，没啥嫁妆，跟来的是一双巧手。大媳妇、二媳妇凭借着自己的嫁妆多，都想争着当家理财，三媳妇虽贤惠、能干，仍常被两个嫂子看不起。日子一长，妯娌间时常争吵，使兄弟三人外出干活有了后顾之忧。后来三兄弟商量决定，叫三个媳妇各做一道以鸡为主的菜，但烹调时，不允许用油，声明谁烹制得味道好，这个家就由谁来当。第一天，大媳妇烹制了一锅清汤鸡，三兄弟尝后，谁也没说什么；第二天，二媳妇烧了一只白斩鸡，众兄弟尝后，觉得淡而无味；第三天，三媳妇将一只大盖碗端上，碗盖一揭开，顿觉酒香馥郁，一股诱人的香气扑鼻而来，三兄弟齐声喝彩："好吃，好吃！"两个嫂子嘴馋，也跟着丈夫尝了尝，只觉鸡肉又鲜又嫩，别有风味。于是大家众推三媳妇为当家人，从此家庭和睦兴旺。

（二）选料讲究

鸡选用当年肥嫩雄鸡，阉割过的嫩线鸡为最好；糟选用普通绍兴酒糟，而非红糟，如用红糟会导致鸡肉和汁水为红色，看似鸡肉未煮熟如血水未尽一般。

主料： 越鸡　　　　　1 只（重约 1500 克）

调料： 绍兴糟烧酒　 250 毫升

　　　　　绍兴香糟　　 250 克

　　　　　精盐　　　　 125 克

　　　　　味精　　　　 5 克

注：与1977版《杭州菜谱》对比：越鸡1只（约重五斤）、酒糟二斤、曲酒（50°糟烧酒）三两、绍酒五两，余同。

与1988版《杭州菜谱》对比：相同。

（三）工艺流程

1.初步熟处理

将净鸡放入沸水锅中焯 2 分钟，取出洗净血濛。

原料与工艺流程

2.加热至熟

将焯水过的鸡，放入锅中加水至浸没，在旺火上烧沸，移至小火上焖 20 分钟左右，端离火口让其冷却。

3.分档码味

（1）将鸡取出沥干水，放在砧板上先斩下头、颈，用刀从尾部沿背骨对剖开，剔出背脊骨，拆下鸡翅，再取下鸡腿，并在腿内侧厚肉处划一刀，将鸡身斜刀切成两片（共切四片）。

（2）用精盐75克和味精拌匀，擦遍鸡身、翅、腿各个部位。

4.制汁调味

将香糟、精盐50克，加冷开水200毫升调匀，放入糟烧酒，搅匀待用。

5.糟酒浸渍

取瓦罐一只，将搅匀的酒糟放1/3入罐底。用一块消毒过的纱布盖住罐底酒糟，将鸡身、翅、腿等放入罐内，另取纱布袋一只（大小能盖住罐面），装入余下的酒糟，覆盖在鸡的上面，压严密封罐口存放1～2天即可。

6.切块装盘

食用前，翻开上面的酒糟纱布，取出鸡肉，改刀切块装盘。

（四）菜肴特点

此菜糟香气扑鼻、鲜嫩不腻，是冬令的下酒好菜。真可谓：糟香浓郁、鸡肉鲜嫩，别具风味、佐酒佳肴。

（五）技巧技法

浸渍技法中的糟是将原料置于糟盐的浸渍液中密封入味增香的一种加工技法。糟有生糟、熟糟之分，此菜为熟糟。取瓦罐一只，先在底部铺上糟，用一块大纱布平铺在糟上，四角留在容器外，再放入盐擦过的熟鸡块，用纱布包裹鸡肉，然后倒上余下的糟汁。这样一块纱布就足矣，方便实用。大批量浸渍时，可先制酒糟包，在容器底部和鸡的上面各放一只。

（六）评价要素

鸡肉块面匀称，鸡皮黄亮不破，糟香浓郁扑鼻，口感鲜嫩且咸淡适中。

（七）传承创新

杭州糟鸡是用酒糟和白酒为浸渍料，也可将酒糟改为酒酿，或将白酒改为黄酒，也别具风味。糟制原料可以是鸡翅、鸡爪、鸡肝、鸡胗，以及猪舌、猪肚，也可用毛豆、茭白等蔬菜一起糟。

（八）大师对话

大师对话

戴桂宝： 大家好！维也纳碧和轩老板吴黎明先生，为我们制作了杭州名菜糟鸡。吴先生原是杭州花家山宾馆的厨师，20世纪90年代赴奥地利至今，现是维也纳杭州商会会长，为中奥文化交流做出了贡献。因疫情的原因，吴先生将在维也纳为我们谈谈糟鸡制作的关键。

吴黎明： 糟鸡是一只熟糟菜肴，需先将鸡煮熟后再浸渍。鸡下锅后旺火上烧沸，即可改用小火焖制，不能烧太烂、太酥。

戴桂宝： 是不是还要冷却后浸渍？

吴黎明： 要冷却后才能分割擦盐，待鸡块凉透，倒入凉的糟汁。如热鸡热汁容易使鸡肉收缩，并使汤汁油腻。如热鸡凉汁容易使鸡变质变味，影响口感。一定要让鸡完全冷却后再放入容器中浸渍。

戴桂宝： 感谢吴先生在遥远的维也纳为我们送上菜肴制作视频。

四十二、寻味香糟鸡（创新菜）

个人简介

创新制作：高征钢
现任杭州楼外楼菜馆行政总厨

　　寻味香糟鸡受杭州名菜糟鸡的启发研制而成，是将原先的熟料糟渍，变为现在的生料糟渍，使冷食成为热食，是一款面世后很受食客追捧的菜肴。

（一）主辅原料

主料： 净本鸡　　　1 只（约 450 克）

辅料： 净冬笋　　　60 克
　　　　嫩糟姜　　　75 克
　　　　菜心　　　　40 克（4 棵）

调料： 手工红糟　　150 克
　　　　黄酒　　　　150 毫升
　　　　干淀粉　　　20 克
　　　　白砂糖　　　10 克
　　　　精盐　　　　12 克
　　　　味精　　　　10 克
　　　　高汤　　　　150 毫升
　　　　食用油　　　750 毫升（实耗 60 毫升）

（二）工艺流程

1. 刀工处理

原料与工艺流程

　　（1）将鸡去骨，皮朝下，用刀轻轻排剁，切成 2 厘米左右见方的块。

　　（2）冬笋切成 1 厘米见方、4 厘米的长条。

　　（3）嫩糟姜吸水后切成 1 厘米见方、2 厘米的长条。

2.鸡块码味

鸡块中加盐 1 克，搅拌码味。

3.调糟封坛

（1）取容器一只，倒入红糟 125 克，加入黄酒将其搅散，加糖，加盐 10 克、味精 9 克搅匀。

（2）把调好的红糟，分别用 2 块纱布包好并打结。

（3）取一红糟包，纱布结朝下垫入罐底，装入鸡块，另一红糟包纱布结朝上，盖在鸡块上面。

（4）加盖，封坛 2 天。

4.开坛拍粉

48 小时后，将糟过的鸡块从坛中取出，用纸吸去水分，将生粉倒入鸡块中，搅拌均匀。

5.调制糟汤

将余下的红糟 25 克放入碗中，加盐 1 克、味精 1 克、高汤 150 毫升，搅拌均匀置旁。

6.加热成熟

（1）将青菜芯焯水，加油 1 毫升。

（2）置锅一只，滑锅后下油，待七成油温后将鸡块下锅炸制。

（3）锅中留油 10 毫升，下冬笋、糟嫩姜，翻炒，加入炸好的鸡块，淋入红糟汤，略收颠翻出锅。

7.装盘点缀

将鸡盛入容器，加上菜芯，点烛保温。

（三）菜肴特点

生糟加热糟味更浓，色泽红亮，油润嫩滑。真可谓：糟香四溢、色泽红亮，滑嫩鲜美、诱人食欲。

（四）技巧关键

此菜先采用浸渍中的生糟技法，再将原料经油炸后，淋入不加芡粉的味汁，使之入味的炸烹加工技法，是一款多种技法相结合的菜肴。最后在出菜时点燃蜡烛是为了使糟卤受热更为飘香。

（五）大师对话

戴桂宝：今天我们请到了楼外楼行政总厨高征钢先生，高总厨为我们制作了寻味红糟鸡。以前糟鸡是冷菜，现在把它改良成热菜，我们让他谈谈创新的思路。

大师对话

高征钢：大家好！这道菜的想法也来自于我们杭州名菜糟鸡。这道菜创新的地方在于它的烹调方法不一样。原来这道名菜糟鸡，它是熟了之后再给它糟的。那么我现在是生糟，与原来糟鸡的风味是不一样的，风味上面可能糟香味更加浓郁。

戴桂宝：那么你调成热菜的目的是什么？

高征钢：因为冷菜可能有一定的局限性，现在寻味红糟鸡把它做成热菜，那么相对来说适合东南西北，全国各地的食客都能接受。

戴桂宝：刚才你在制作过程中间用了糟姜，这个糟姜是成品买来的，还是你们自己做的？

高征钢：这个红糟嫩姜是我们自己做的。

戴桂宝：怎么样的配方？

高征钢：现在就是500克的嫩姜加红糟50克、黄酒50克、盐5克、味精5克、白糖5克，充分搅拌在一起，然后放在密封的罐子里面，两到三天以后可以使用。

戴桂宝：2个50克，3个5克，很好记。请你说说这道菜需要掌握哪些关键？

高征钢：我觉得这道菜首先食材要选择嫩姜，而且要自己动手做，然后在鸡的加工过程中，要给它去骨，去骨之后再放在这个坛子里面，红糟也要通过自己调味之后，按照传统的方法给它糟下去，放在这个密封的罐子里面，两到三天以后再拿出来，之后我们再给它拍上生粉、过油，再加上应季的蔬菜烹制。

戴桂宝：为什么不是油滑而要炸？

高征钢：不同的方法我们都试了，炸的、滑炒的还是煮的，最终我们觉得是要炸。为什么呢？因为炸，它的香味更足，滑炒的话它的香味凸显不出来，而煮的话肯定它的香味没有烹出来的效果好。在炸之前，这个鸡从密封的罐子里面拿出来之后，表面的水分一定要稍微用干净的毛巾给它吸一下，便于生粉能粘得住这个原料，使原料里面的水分不吐出来。炸的油温一般在六成半，太低不行，太高也不行。所以油温的掌控很关键。还有就是炸的时间，炸过头了，这个鸡肉很容易老，肉质发柴，影响口感。

戴桂宝：所以你炸的是不脆的。

高征钢：下去时油温一定要高，表面要有一点结皮，此时油温一定要给它降下来，保持它的水分不吐出来。第一个是香，第二个让它的水分锁在里面不能出来。所以在炸的油温和时间上是比较讲究的。

戴桂宝：刚才我们品尝过了，糟香味比较足，而且还适合很多人群。感谢高总厨为我们制作这道创新菜，也欢迎大家到楼外楼去寻味。

四十三、火踵神仙鸭（传统名菜）

传承制作：叶杭胜
原浙江赞成宾馆副总经理

个人简介

　　火踵神仙鸭是将火腿踵儿和当地麻鸭，密封慢火炖。火腿益肾养胃补脾，鸭肉补阴清热、利水消肿。该菜原汁原汤，具有较高的营养成分，是一款滋补强身的养生菜肴。

（一）故事传说

　　火踵炖鸭为什么叫火踵神仙鸭？相传很早以前，那时没有钟表计时，小厨师们在炖鸭子时，常常因掌握不住火候而受到师傅的责罚。有一天，一个小厨师又把鸭子炖过头了，害怕被师傅责罚，他哭得十分伤心。这时候，一位白发老者出现在他的面前，关心地询问事因，小厨师一五一十地告诉了老人。老人听完笑了笑，告诉了小厨师一个简单的方法，说以后炖鸭子的时候，可准备三炷香，一炷烧完再点一炷，待三炷香烧完，鸭子就炖好了，说罢飘然而去。小厨师见状恍然大悟，明白自己遇到了高人指点，赶紧朝门外拜了三拜。第二天，小厨师便依此方法炖鸭，火候真的恰到好处。大家听说这事，都来观看小师傅炖鸭，点着的香烟雾缭绕，好像在仙境之中，突然想到那位白发老者或许是神仙下凡，便把这道菜称为"火踵神仙鸭"。

（二）选料讲究

鸭要采用新鲜肥鸭，又以雄鸭为佳，其滋补养生功效比母鸭强，民俗有"烹煮老雄鸭，作用比参芪"之说。火踵则选用金华火腿无哈喇味的优质踵儿。

主料：肥鸭　　1只（约重2000克）

辅料：火踵　　1只（约重350克，取用一半）

　　　葱结　　30克

　　　姜块　　15克

调料：精盐　　15克

　　　味精　　3克

　　　绍酒　　15毫升

注：与1977版《杭州菜谱》对比：菜名"火踵炖鸭"，味精五分，余同。

　　与1988版《杭州菜谱》对比：相同。

（三）工艺流程

1.初步加工

（1）将煺毛鸭的背部近尾处横向开口，取出内脏，洗净腹腔，挖掉鸭臊①，切去鸭掌，检查余毛并拔净，再在背脊部直剖一刀（约原料与工艺流程4厘米），重新冲洗一遍。

（2）姜去皮拍松、葱打结。

（3）将鸭子放入沸水锅中煮3分钟，去掉血漾。

（4）火踵用热水洗净表面的污腻，再用冷水刷洗干净。

---

① 鸭臊：指鸭的尾脂腺。尾脂腺位于鸭屁股背侧，呈对称分布。除去这两边的尾脂腺，可大大减少异味。这异味俗语：鸭臊味。

2.加热成熟

（1）取大砂锅一只，用竹篾垫底，放上葱结和姜块，鸭腹朝上（原菜谱鸭腹朝下）和火踵并排摆在上面，再放上葱结、姜块，加清水约3500克，加盖，用纸封口，置旺火上烧沸，移至微火上焖炖至火踵和鸭子半熟。

（2）启盖，取出葱、姜弃之，火踵捞出剔去踵骨，仍放入锅内，再把鸭子翻个身，盖好锅盖，在微火上继续焖炖至火踵、鸭子均酥为止。

（3）捞出竹垫，撇去浮油，将火踵取出，加入绍酒、精盐。

（4）将半只火踵切成0.6厘米厚的片（8片），整齐地覆盖在鸭腹上面，盖好锅盖，再炖5分钟，使调料和原汁渗入鸭肉内，最后加入味精。

3.装盘成菜

端离火口，连砂锅上桌。

（四）菜肴特点

此鸭为原汁原味，加入火踵鸭汤更为浓郁香醇，正所谓：火踵鲜红、鸭肉肥嫩，汤浓味香、诱人食欲。

（五）技巧技法

火踵神仙鸭采用带水炖的技法，大火烧开，改小火长时间加热。此技法的特点为汤多味鲜、原汁原味，形态完整、软熟不烂。在制作此菜前，首先要切掉鸭臊，去除血污；背上剞一刀，防止遇热收拢，腹部正面鸭皮破裂；砂锅内摆竹垫，以防鸭子黏锅。炖时加盖是防止鸭身变黑。此菜看似简单，实为关卡重重。

（六）评价要素

汤汁浓郁杂质无，鸭身完整皮不破，肉酥味鲜火腿香，期待续碗解嘴馋。

（七）传承创新

火踵神仙鸭整只炖之，火腿酱红，鸭肉白嫩，有时为了增加色泽，丰富原料，加入笋干或厚千张丝，离火前加入菜心；也有些像百鸟朝凤一样加入水饺或馄饨。

（八）大师对话

戴桂宝: 叶师傅是我的前辈，我在他身上学到了不少东西。下面请叶师傅谈谈为什么叫神仙鸭？

叶杭胜: 因为火踵神仙鸭老的杭州人家庭都在做这道菜。那么这

大师对话

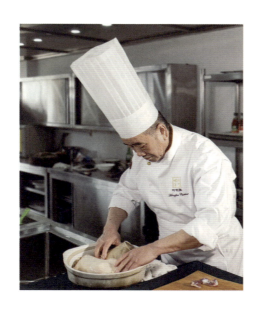

道菜它要求是雄鸭，雄鸭比较鲜美，烧的时候它是用点三炷香来计时间。火踵跟鸭子放进去之后，砂锅上面盖桃花纸。桃花纸的作用：第一是比较密封，能加快成熟；第二是香气不让它出来。炖好了之后，打开盖子，一股香气扑面而出。那么老百姓给他取了名字，叫火踵神仙鸭。

戴桂宝：那么在烧的中间要讲究什么呢？

叶杭胜：鸭子要挑比较好一点的麻鸭，鸭龄两年以上。

戴桂宝：以前还要（选）肥一点。

叶杭胜：因为以前我们挑鸭子，要肥一点，为什么？以前油水少，油润的好吃一点。那么火踵跟鸭一起炖下去，关键是火候，时间一定要到位，到成熟的时候，火踵拿出来，把骨头拆掉，把火踵切片盖在鸭上面。那么烧很简单，就是加上盐、绍兴黄酒，还有生姜、葱，所以这道菜是原汁原味的。

戴桂宝：看似烧烧很简单，实际上难度很大，要鸭子酥了但皮不破，皮要保持完整。

叶杭胜：因为这个鸭子肚皮朝上，所以我们开膛取内脏是从背部入手，肚子是不破的，看上去表面很完整，出品比较好看。

戴桂宝：你背后又剖了一刀，是为了保证正面肚皮不破，收缩的时候比较完整。实际上火踵跟鸭子是一起烧的，但是现在很多人就火踵切片在上面盖一盖。

叶杭胜：对对，它的火踵的味道跟那个鸭味道没有融合起来，所以本身的原汁原味出不来。我们以前做法就是火踵跟鸭子，生的时候就一起煮，一直到成熟，所以火踵的香味跟鸭子的鲜味完全融合起来。

305

四十四、笋干老鸭煲（创新菜）

创新制作：任越华

现任杭州张生记厨务总监

个人简介

　　笋干老鸭煲是由杭州火踵神仙鸭演变而来的，是在火踵神仙鸭的基础上加入杭州天目山笋干，使汤汁更为鲜美，是一款普及很广的菜肴，曾在 20 世纪 90 年代风靡杭城，以杭州张生记酒店最为有名。2000 年，张生记选送的笋干老鸭煲被评为新杭州名菜，它是一款名气大、销量大的杭州新名菜。

（一）主辅原料

主料：净膛老鸭　　　　　1 只（约 1000 克）

辅料：火踵块　　　　　　300 克

　　　　水发天目山笋干　　300 克

　　　　生姜　　　　　　　50 克

　　　　葱　　　　　　　　10 克

　　　　干粽叶　　　　　　2 张

调料:	料酒	10毫升
	味精	2克

（二）工艺流程

1.初步加工

置锅一只烧水至沸，将鸭入锅焯水1分钟，取出凉水冲洗干净，拔净余毛。

原料与工艺流程

2. 加热成熟

（1）置砂锅一只，底部放入干粽叶、葱结、生姜（拍松）、火腿块，再放上鸭子（肚皮朝上），倒入热水2700毫升，加盖置火上，大火烧开后改为中小火。

（2）每隔60分钟加水一次，补足原来的水位，连续炖3小时，加水3次。

（3）最后一次加水后，再炖半小时加入笋干，改为大火炖半小时（此时已用时4小时）。

（4）撇去浮油，加入料酒，掀开锅盖放入味精即成。

3.起锅装盘

连砂锅上桌，待客人将鸭肉食用后，鸭汤可端回厨房，加入面条青菜同煮，再次上桌可作为主食。

（三）菜肴特点

开盖时热气腾腾、芳香扑鼻，观之鸭子完整不烂，动箸骨肉分离，品之鸭肉酥香、笋干鲜嫩、汤汁浓醇。真可谓：醇香扑鼻、酥而不烂，汤浓味鲜、生津开胃。

（四）技巧关键

此菜肴为带水炖，制作的关键在于火候的掌控，火候不足鸭肉不酥，火候过头鸭皮破裂，以4小时左右为恰当的调控时间。应根据上菜时间提前炖制，保证火候恰当。另外，中途要撇去泡沫，加3次水，保证鸭子表皮不发黑。

（五）大师对话

戴桂宝： 请任总谈谈这道老鸭煲的选材。

任越华： 选料非常要紧，首先要用隔年的老鸭，统称麻鸭，这些鸭子不能太肥，而且要选金华两头乌的火腿，以及天目山的笋干。这

大师对话

三种原料是非常关键的。

戴桂宝： 你说说看，假设是一年的老鸭，你要炖多长时间？

任越华： 我们正常在操作的老鸭基本上都是一年以上，一年两个月也有，正常操作4小时必须炖到，这样老鸭才会达到那个鲜度，营养价值会更加高。如果不到一年的或者隔年的老鸭肉质会松散，鲜味肯定也不会到。

戴桂宝： 还有你今天的笋干是怎么处理的？

任越华： 我们这个天目笋干，首先把老头去掉，在这个头上剪开，再把它撕成小条，自来水稍微打开一点，泡在水池里面，冲15分钟，最多20分钟。

戴桂宝： 就是咸度有一点，又没冲干净，但是减淡了，是不是？

任越华： 对！我们这道菜里面没有加什么调料，只加了一点料酒。那个笋干、火腿有一定的咸味，笋干不能冲太淡，冲的一点味道都没有的话，那它没有本味了，也不能把笋干的内部鲜味融合到那个老鸭汤里面去。

戴桂宝： 关键是什么？

任越华： 就是中途加水，这个笋干老鸭煲中途加水是非常要紧的。

戴桂宝： 怪不得别人来问我，他们说张生记的老鸭煲上面是不发黑的，我们炖出来的老鸭煲为什么发黑？所以你说中途加水是关键。

任越华： 因为老鸭在炖的时候肯定水蒸气会蒸发掉，这时候我们肯定中途要加水，加水是一个关键，而且要加开水，如果不加水，鸭肚子上就容易干，就容易结皮、容易发黑。

戴桂宝： 加3次水？

任越华： 对，3个半小时加3次水，还看你的火候调节。首先我们烧的时候必须大火顶开，再是小火慢炖，慢炖的时候水蒸气也会散发，这中途我们加3次水，3次加的都是开水。

戴桂宝： 刚才你说笋干有咸味、火腿有咸味，那最后盐就不放了，放点味精，甚至现在都不放味精。

任越华： 对啊！因为这个老鸭氨基酸含量高，笋干本身有很多鲜味，融合在一起，这个鲜味其实也够。

戴桂宝： 那么我们这个鸭吃完了，你这个汤是不是还有二次利用？

任越华： 等到客人把这个老鸭基本上都分完、吃完，还剩点底汤，或者一个鸭架子，或者火腿没吃完，这时候我们就拿到厨房叫大厨再加面条、青菜，煮了当主食吃。

戴桂宝： 加点高汤又是一盆主食。

任越华： 对！又是一盆主食了！

戴桂宝： 今天任总为我们制作了杭州名菜——笋干老鸭煲，实际上是以前火踵神仙鸭的改良版，但是它又作为杭州新名菜来呈现给大家。近 30 年来，这道老鸭煲十分畅销。不仅是张生记这道老鸭煲销量很好，甚至连全杭州的酒店都卖这道笋干老鸭煲。张生记最多的时候一天要烧多少？

任越华： 我进张生记也很早了，那时候只有两家店，南肖埠销量最高，因为这家店有一万多平方米，销量最多的时候，一天卖五六百只老鸭煲。

四十五、泉水柴棍老鸭（创新菜）

创新制作：任越华
现任杭州张生记厨务总监

　　泉水柴棍老鸭主要是为高端宴请而设计，是把带骨的整鸭拆骨改良，和辅料一起切条进行捆扎，位上分吃，是一款笋干老鸭煲的升级版分食菜肴。

（一）主辅原料

主料:	净老鸭	1 只（约 1000 克）	笋干条	100 克
辅料:	火腿块	300 克	火腿条	40 克
	笋干丝	25 克	竹荪	10 段（约 80 克）
	鱼圆	10 颗（约 220 克）	红枣	10 颗（34 克）
	小菜心	10 棵（100 克）	葱结	1 只（15 克）
	生姜	15 克	浸泡粽叶	2 片
	泉水	3000 毫升		
调料:	味精	2 克	料酒	10 毫升

（二）工艺流程

1.初步加工

将鸭子去屁股弃之，斩下鸭脖、鸭翅，再将鸭身一分为二，生姜切片。

原料与工艺流程

2.加热成熟

置砂锅一只，将粽叶垫底，放入葱结、一半姜片、火腿块，以及斩下的鸭脖、鸭翅，之后放入鸭身。加入泉水3000毫升，加盖后封保鲜膜放入蒸箱，蒸3个半小时，取出使其冷却。

3.切条捆扎

（1）冷却后，掀去保鲜膜，撇去浮油，拿出鸭身，剔除骨头、将肉切成1厘米见方、7厘米的长条。

（2）先将两根笋干丝平行铺在案板上，横向放上笋干条6根、鸭肉条2根、火腿条2根，用笋干丝捆扎，共扎10捆。

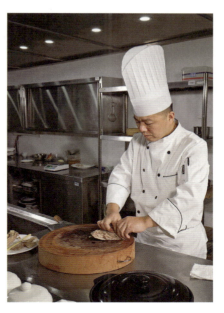

4.分盅加热

分别将捆好的鸭肉放入十只汤盅内，原汤用网筛过滤后逐个倒入汤盅，每盅再放一颗红枣（去核）、一段竹荪、一片生姜，加黄酒后，盖上盅盖，入蒸箱蒸30分钟。

5.装盘点缀

小菜心修整后焯水，鱼丸加热。取出炖盅，掀盖后每盅放小菜心、鱼圆各一，分别加入味精。

（三）菜肴特点

此菜位上，肉酥汤鲜，无骨无刺，适用人群广泛。真可谓：原汤香醇、肉酥味鲜，生津开胃、老少皆宜。

（四）技巧关键

泉水柴棍老鸭采用炖的技法。首先，在炖之前最好将鸭块和火腿焯水，冲洗干净去掉杂质。其次，因要分装，鸭子炖的时间不宜过长，如果鸭肉过酥，则不利于刀工分割。

（五）大师对话

戴桂宝： 张生记最有名的就是笋干老鸭煲，但是因为笋干老鸭煲带鸭壳，所以作为高端商务宴请不适用，现在通过改良制作了泉水柴棍老鸭。今天我们请任总来谈谈，这只改良版的老鸭。

大师对话

任越华： 戴老师你刚才说得非常正确。我们现在因为商务宴请比较多，高端的人员越来越多。我们的老鸭是带骨的，现在为了客人更加方便，所以把骨头拆了，改成每人位上，而且制作工艺也有改良。首先这个水，我们用的是虎跑的泉水，而且这个老鸭也是隔年的老鸭。之前我们是用文火去慢慢炖，现在是用蒸箱密封蒸制，所以它的香味不会蒸发掉。蒸出来的老鸭汤就是清的，原味都在里面。

戴桂宝： 为了丰富食材加上了鱼圆。

任越华： 加了鱼圆、竹荪，再加一颗红枣。

戴桂宝： 红枣又给它去核。那么你再说说这道菜的调味和制作方面的情况。

任越华： 首先，我们把这个鸭的下脚，比如头、爪子、翅膀都去掉，取正料，不过这些头、爪子不是扔掉，还是放在这个汤里面。加上我们的泉水，再加上火腿，密封蒸3个半小时，这时候它的味道全部已经融合在里面。等到这个鸭子冷却以后，就把这个油稍微滗掉一点，因为太油的话吃起来会腻。

戴桂宝： 切成条，捆成把，把扎成之后再蒸半个小时。

任越华： 再蒸半个小时。因为这个笋干是后期放的，放早的话笋干没有脆性，所以我们要把笋干放在后面跟那个鸭汤一起蒸。

戴桂宝： 你这个蒸鸭的时间跟那个整鸭的时间是相同的啊？

任越华： 对！必须4个小时以上。

戴桂宝： 你这个盅里面的调味怎么调？

任越华： 盅里面原味，就加一点点料酒去去腥。味精不放都没关系，盐也不用放，因为火腿、笋干都有味。

戴桂宝： 经久不衰的老鸭煲在时代的变迁下以及提升人们的口味上，又创新改良了一道新的柴棍老鸭，提升了老鸭煲的品质。实际上也是老鸭煲，只不过拆骨罢了。

任越华： 对！拆骨了。另外，一个是浓汤，一个是清汤，后者吃起来更加不腻。

四十六、杭州卤鸭（传统名菜）

传承制作：束沛如
原杭州市中策职业学校办公室主任

个人简介

　　杭州卤鸭宜选用肥鸭卤制，"卤"是传统的冷菜技法，它有别于卤水浸渍，是加酱油、白糖、黄酒加热至汁水浓稠并至熟的一种方法。它热制冷吃，具有色红酱香、滋润醇厚的特点，是一款杭州最家常的传统名菜。

（一）故事传说

　　在清代卤制食品就已相当普及，有卤鸡、卤鸭、卤肉等。顾仲的《养小录》、袁枚的《随园食单》中都有关于"卤鸡"的记载。而江浙一带河网密布，本地产的麻鸭有500多年养殖历史，故而江浙一带颇为流行卤鸭。老底子杭州有大暑吃卤鸭的习俗，民谚云"卤鸭童子鸡，大暑补身体"。大暑时节人体消耗很大，卤鸭既有营养又不腻口，成为节令饮食的首选。

在民间还有一则关于卤鸭的故事，说有个地方叫鸭盛里，以养鸭子出名。有位赵阿大专卖卤鸭，在收鸭子时经常耍小聪明占小便宜，一次试图赖账被戳穿之后，坏了名声，烧好的鸭卖不出去，生意惨淡。所以，他只好第二天把鸭子在老卤汁里回锅再烧，几天下来横烧竖烧，鸭子被烧得油光锃亮，但依然无人问津。赵阿大急得走投无路，只好带了两只熟鸭来恳求著名书法家祝枝山帮忙。祝枝山听完情况，看看熟鸭，顺手撕了一块尝尝，感觉味道很好，就对赵阿大说："做生意要讲信用，要讲质量，叫信义通商。这鸭味道很好，一定能卖出去。"随后，祝枝山提笔写了几个字："特别卤鸭，味美价廉。"老百姓听说祝枝山题词了，都慕名来买，发现确实好吃，加上赵阿大后来老实经营、称头公平，卤鸭生意一下子兴隆起来，赵阿大做卤鸭的手艺也随之流传开来。

（二）选料讲究

卤鸭选用肥鸭为宜，但不宜过大太肥，也不能太瘦过老。过大卤汁不能渗入而不入味，太肥皮层很难上色；太瘦的鸭卤好后变成"鸭壳"，意思是肉少骨多不实惠。所以选用5～6斤的绍兴麻鸭为最佳。

主料：	宰净肥鸭	1只（约重2000克）		
辅料：	葱	15克	姜	10克
	桂皮	4克	八角	一粒
调料：	绍酒	50毫升	酱油	350毫升
	白糖	250克		

注：与1977版《杭州菜谱》对比：姜一钱、八角一分、桂皮二分，余同。

与1988版《杭州菜谱》对比：姜5克、桂皮3克，无八角，余同。

（三）工艺流程

1.初步加工

将鸭子洗净，沥干水分。

2.刀工处理

切去鸭爪，除去鸭臊，葱切成段，姜拍松，桂皮掰成小块。

原料与工艺流程

3.加热成熟

锅洗净，放入白糖125克及酱油、绍酒、桂皮、八角、葱、姜，加清水1100

毫升烧沸，将鸭入锅，在中火上煮沸撇去浮沫，卤煮至七成熟，再加白糖125克，加热至快成熟时将鸭翻身，手勺不断地把卤汁淋浇在鸭身上，卤至色泽红亮、汁水稠浓时起锅。

4.装盘淋汁

冷却后，斩成小条块装盘，临食前浇上卤汁即可。

（四）菜肴特点

此菜色泽酱红光亮、卤汁醇香浓稠、肉质鲜美酥嫩、口味咸中带甜。真可谓：色泽光亮、滋润醇厚，肉质鲜嫩、口味香甜。

（五）技巧技法

卤的特点是色泽酱红、滋润醇厚，多选用畜禽类原料及其内脏来制作。其卤鸭采用的是冷菜的热卤技法，不同于卤水浸渍，而是中小火使其入味、自然收汁的一种方法。

在清洗鸭子时，要仔细检查腹腔是否有血块，检查食管、器官是否残留，并且不忘剔除鸭臊。在制作时为了防止黏锅，可在锅底放入竹垫和葱姜。除家庭单只卤制之外，以大锅卤制为宜，多余的卤水可作为"老卤"次日卤制时加入使用，能加快起色增香。

（六）评价要素

一看颜色，酱汁红润，色泽光亮，观之就能勾起食欲；二看火候，既要入味又不能严重收缩造成破皮；三看卤汁，自然收汁不勾芡，凉的卤汁能自然挂上鸭皮为好；四看刀工，刀面均匀无连刀；五尝口味，先感到馥郁的酱香和适中咸味，接着有一丝醇厚的甜味。

（七）传承创新

卤鸭，虽说"大暑补身体"，但酒店、卤味店一年四季都有供应，家庭食用也不分季节。多年来卤鸭口味始终没变，都是"老底子"的味道。相对近几年来说，有些加陈皮、加橘子汁，有些加蜂蜜、加少许辣椒，在口味上有细微创新。

（八）大师对话

戴桂宝：我们请束老师谈谈杭州卤鸭的制作关键。

束沛如：杭州卤鸭是杭州传统名菜，做这个鸭子有几个要求：第

大师对话

一是选择当年生的嫩鸭，最好是绍兴的麻鸭；第二是以前我们要求的鸭子要肥，现在一般要求瘦肉型。在制作中，基本上放的调味品是普通的酱油、糖和黄酒，还有生姜、葱、八角、桂皮这些香料。一般糖要分两次放，第一次下去基本就有了味道，当汤汁收浓的时候，还有一半糖再放下去。这样的话，很快就能够让整个表皮发亮发红。

戴桂宝：糖分两次，前面放一半是为了防止结底；后面再加是为了收汁，使糖色上去。

束沛如：这个鸭子的主要特点，一个是鲜嫩，另一个是咸中带甜，这是我们江南的口味，杭帮菜的口味。

戴桂宝：现在外面有些人是勾芡的。实际上这只鸭子是不勾芡的，实实在在的收汁。

束沛如：按照我们传统做的，它是自来芡，就是鸭子里面的浓汁水烧出来以后再收浓，自然有芡汁。这个鸭子能一直传到现在，主要还是受大家欢迎。

戴桂宝：这道鸭子生命力最长。

束沛如：传统名菜就是这样，有生命力。

戴桂宝：再跟我们讲一讲，这只鸭子今天烧了近一个小时，那么假如家庭用老鸭的话要烧多久？

束沛如：一般很少选老鸭，如果用老鸭做，则先在水里面煮到半成熟，然后再开始卤制。如果是直接卤的话，估计一个小时不够。当它这个汤色收浓了以后，肉还没酥，所以蛮讨厌（麻烦）的。

戴桂宝：假如说先煮的话，会不会上色很难上？

束沛如：一般没有问题，酱油和糖慢慢收浓的话，完全可以上色。

四十七、御香油卤鸭（创新菜）

创新制作：张勇

现任浙江省人民大会堂（浙江国际会议会展中心）董事、副总经理

个人简介

　　御香油卤鸭是受杭州卤鸭的启发而来，采用冷菜热做，选用老鸭作原料，增添了香料和调料，使鸭子更香且不失油润，是一款深受各群体喜爱的的菜肴。

（一）主辅原料

（以下原料按三盘用料量计算）

主料： 新鲜净老鸭　2只（约重1700克）

辅料： 干葱头　　　5个（125克）

　　　　生姜　　　　2块（100克）

　　　　大蒜子　　　10颗（80克）

　　　　小菜头　　　36颗（360克）

调料：财神蚝油　　120 毫升

　　　海天生抽　　60 毫升

　　　精盐　　　　2 克

　　　白糖　　　　135 克

　　　鸡精　　　　20 克

　　　甜酒酿　　　180 克

　　　红曲粉　　　1.5 克

　　　南林鸭香精　1 包（24 克）

　　　3A 粉　　　　1.5 克

　　　花生油　　　150 毫升

　　　色拉油　　　1800 毫升（实耗
200 毫升）

香油料：八角　　　4 颗（10 克）

　　　桂皮　　　1 块（5 克）

　　　香叶　　　6 片（1.5 克）

　　　干辣椒　　8 个（7 克）

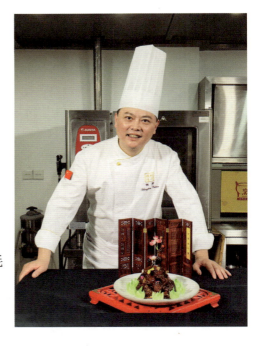

（二）工艺流程

1.改刀焯水

（1）干葱头对切、生姜切扁丁块。

（2）老鸭切块（鸭脖去皮切三段，鸭头上下对切，鸭身去脊骨，切成 6 厘米的方块）。

原料与工艺流程

（3）置锅一只，加冷水，放入鸭块等水沸后，撇去浮沫，片刻捞出，用水冲净。

2.熬制香油

置锅一只，加入花生油，二成热时，倒入干葱头、生姜、大蒜子，用微火炒 2 分多钟，再加入八角、桂皮、香叶、干辣椒，炒制 8 分钟，捞出香料装入纱布袋，香油留在锅内待用。

3.加热调味

（1）原香油锅加热至 6 成，倒入焯水过的鸭块，翻炒至香，使鸭块表皮收紧离火。

（2）加入财神蚝油、海天生抽、白糖、甜酒酿、红曲粉、南林鸭香精、3A 粉拌匀。

（3）取高压锅一只，锅底垫上竹箅放入香料包，再将鸭块连汁水和油一起倒入高压锅，加入色拉油浸没老鸭。

（4）中火加阀烧至出气后，改小火烧 15 分钟关火，焖 3 分钟。

（5）另置锅一只，加水烧沸后加盐 2 克，色拉油 5 毫升，放入菜心氽熟。

4.收汁出锅

将高压锅开锅，撇去余油，倒入铁锅，加入鸡精收汁。分成 3 份盛装，用菜心点缀。

（三）菜肴特点

此菜色泽酱红，香气浓郁，味足油重咸带甜，肉质紧实又酥软。真可谓：色泽酱红、干香醇口，肉质香甜、味浓油润。

（四）技巧关键

焖是将初步熟处理的原料，投入汤汁用旺火加热至沸，调味后用中小火长时间加热，使之成熟并收汁至浓稠成菜的一种加工技法。其有黄焖、红焖、油焖，多用砂锅焖制。此油泡卤鸭采用油焖的方法，只是比普通油焖用油更多一点，即将砂锅换成高压锅焖制，成菜后使用过的油可以在焖制下一锅鸭时加点新油继续使用。

（五）大师对话

戴桂宝：张总好！请为大家谈谈这道鸭子改良、创新的思路。

张勇：好的。因为杭州菜当中有一道凉菜叫卤鸭，那卤鸭一般都是热制冷吃的，而且卤鸭在整个饭店的经营当中，占的份额比较小。通过自己的改良，在（卤鸭）原有的基础上增加了很多香料，让它的味道更加丰富，而且这道菜是热制热吃，是比较受欢迎的一道菜。

大师对话

戴桂宝：把这道鸭变成热菜，实际上来说就是价值提高了。

张勇：鸭子价值体现出来了。

戴桂宝：你为大家谈谈这道鸭，制作方面要注意什么？

张勇：制作这道鸭的关键点：一个在炒鸭子的时候，要炒得干一点，把这个水分给逼出，包括这个皮稍微带一点收缩，那就感觉比较到位。另一个在调好味道以后，是进高压锅压的，全过程中不加一滴水，将油作为一个介质，去把这个调

料给逼进去，产生一种更加丰富的味道，而且油可以把这个糖给焦化，产生一种很漂亮的颜色。

戴桂宝：（这道菜）颜色特别漂亮，卤鸭稍微凉一点就暗了。

张勇：卤鸭时间放长就发黑了。

戴桂宝：别的原料有时候焯水是用热水出水，你刚才用冷水焯水，这是什么目的？

张勇：冷水下锅焯这个鸭子，是为了更好地把这个原料的血腥味给去掉。一般厨师在制作这些有腥膻味的原料时，都会选择冷水下锅，像羊肉这些。

戴桂宝：特别是气味重的，一些野味，因为鸭跟鸡比起来还是相对味重（有鸭臊味）。那么这道鸭，刚才我们用的是两只鸭，但做好成品之后，实际上我们装盆只装了1/3，两只鸭有3份可装。

张勇：对，3份。

戴桂宝：那么张总为什么做两只鸭呢？因为在烧制过程中间，一只鸭很难烧制。用两只鸭分量大一点，烧的就能入味一点。

张勇：对，就像羊肉一样，一块羊肉不好烧，一定要整只羊烧。

戴桂宝：东坡肉也一样，最好大锅烧。

张勇：对，东坡肉也一样，原料越多，它的味道能够充分地搅和在一起。

戴桂宝：张总还有一点没提到，就是火候应该如何掌握？因为刚才你用卡式炉做的。

张勇：刚才大家看到我是用卡式炉做的，就是说这个鸭子下到高压锅里面以后，我加的是冷油，因为如果油温高的话，它很容易把糖给焦化，可能后面这个颜色就很难把控了，我用的是小火，给它慢慢地炊上来，而不是开大火。时间必须掌握好，等到出气以后15分钟关火，再焖3分钟，让它自然冷却，然后再放到大锅里去收一下汁。这样颜色、口味能够保证，味道能够给它巩固。

四十八、百鸟朝凤（传统名菜）

传承制作：罗林枫
原浙江商业职业技术学院烹饪教研室主任

百鸟朝凤又名"水饺童鸡"，由馄饨鸡、馄饨鸭演变而成，是把水饺比作百鸟，把鸡鸭比作祥瑞的凤凰，寓意吉祥，是一款传统的杭州名菜，也是一款典型的菜点合一菜肴。

（一）故事传说

杭州的"百鸟朝凤"就是水饺清汤鸡，又名"水饺童鸡"。肥嫩香酥的越鸡，围以皮薄馅鲜的水饺，形象生动，汤汁清香味醇，营养丰富。据记载，此菜早在明代以前就在杭州出现了。那时的水饺统称馄饨，因此称之为"鸡馄饨"，就是"水饺童鸡"的前身。

有说这道菜，也与乾隆皇帝有关：清乾隆为表孝心，向太后贺寿时，为了迎合太后慈悲为怀的心愿，特意安排了放生的节目。宫女们抬来了100只笼子，每只笼子装一只鸟请太后放生。太后满面春风，带头打开第一只笼子，随后宫女们随其打开其他笼子，一瞬间百只小鸟不停地在院子中飞舞，并叫个不停，好不欢快！众人同声称颂皇太后好生之德。御厨们也预先根据此意策划好菜肴，精心设计制作了这道"百鸟朝凤"，太后吃后连连称好，从此这道菜便流传下来了。

（二）选料讲究

此菜宜选重约 4 斤的萧山嫩鸡为原料，萧山鸡也称"沙地大种鸡"，素以体大、味美著称。纯种的萧山鸡与萧山杂种鸡不同，除个体肥大外，全身羽毛呈红黑色，喙、脚胫均为金黄色；活泼好动，粗壮结实；肉质鲜嫩脂肪少，含有丰富的微量元素及矿物质，对人的肌体有较高的滋补作用。

主料： 净嫩鸡　1 只（约重 1250 克）

辅料： 猪腿肉　　300 克

　　　　　面粉　　　100 克

　　　　　姜块　　　5 克

　　　　　姜末　　　5 克

　　　　　葱结　　　5 克

　　　　　葱末　　　3 克

调料： 精盐　　　7.5 克

　　　　　味精　　　5 克

　　　　　绍酒　　　20 毫升

　　　　　酱油　　　5 毫升

　　　　　芝麻油　　5 毫升

　注：与1977版《杭州菜谱》对比：菜名"水饺童鸡"，净嫩母鸡一只（约重二斤）、瘦猪肉末二两五钱、姜块二钱、姜末五分、葱结二钱、葱末五分、绍酒一钱、盐二钱、味精六分，无酱油，余同。

　　与1988版《杭州菜谱》对比：猪腿肉200克、火腿皮（或筒骨）1块、绍酒 25 克、熟鸡油15克，无姜末葱末，无酱油，余同。

（三）工艺流程

1.焯水处理

将鸡在沸水中焯一下，去净血水，捞出洗净。

原料与工艺流程

2.加热成熟

取砂锅 1 只，用小竹架垫底，放入葱结、姜块，加清水 2500 毫升在旺火上加热至沸，放入鸡和绍酒后加盖，等沸腾时改小火加热至酥（约 40 分钟）。

3.和面制馅

（1）面粉加水揉成软硬适宜的面团，用干净湿毛巾盖住，饧 10 分钟。

（2）猪腿肉剁成末，加水 25 毫升、精盐 1.5 克、酱油、味精 1 克和葱姜末，搅拌至有黏性，再加芝麻油拌制成馅料。

4.擀皮包制

将饧好的面团，擀成直径约 7 厘米的皮子（20 张），放入馅料，包制成水饺。

5.调味成菜

（1）置锅加水，旺火至沸，放入水饺煮熟。

（2）待鸡炖至酥熟，取出姜块、葱结和蒸架，撇尽浮沫，加入精盐 6 克、味精 4 克，将水饺围放在鸡的周围，置火上稍沸，离火即成。

（四）菜肴特点

此菜原汤生炖、汤清鲜美、鸡黄肥嫩，加上水饺浮于周围，形似百鸟朝凤，寓意吉祥。真可谓：汤鲜味浓、营养丰富，菜点合一、寓意吉祥。

（五）技巧技法

炖是将大块或整形原料，放入足量水中，大火加热至水沸后，用小火长时间进行加热，使原料熟软酥糯的一种加工技法。其特点为汤多味鲜、原汁原味、形态完整、软熟不烂。炖又分为带水炖和隔水炖，此百鸟朝凤采用的是带水炖。在制作时要撇去浮沫，及时加盖，以防浮沫黏附在鸡身上，影响美观。最后视鸡的油润情况而决定是否加鸡油，若是鸡本身油润，则不加。

（六）评价要素

先三看再三品。一看整鸡形态是否完整，二看鸡身是否洁净黄亮，三看水饺是否不破不糊不沉；一品饺子皮薄韧爽鲜，二品汤汁清鲜香浓，三品鸡肉酥嫩不柴。

（七）传承创新

百鸟朝凤是一道菜点合一的菜肴，受此启发，在炖鸡的基础上，创新品种穷出不尽，有加大馄饨、加菜汁饺、加芋饺、加咸汤圆的；也有使用乌骨鸡作为主料，汤圆作为辅料，黑白分明，又是一番趣味。

（八）大师对话

戴桂宝： 罗老师，您好！请为大家谈谈这道菜的起源和特点。

罗林枫： 百鸟朝凤在很早的时候，就是我当学徒的时候做过很多次。这道菜主要是讨彩头，有吉祥的意思，那时候每一桌的宴席当中基本上都要摆上这道菜。它本身菜肴的特点是原汁原味，原料跟点心结合在一起，所以这道菜很受广大消费者的欢迎。

大师对话

戴桂宝： 还有大家在说到底是放馄饨还是放水饺。

罗林枫： 当时百鸟朝凤放馄饨也有。

戴桂宝： 有时候放馄饨，有时候放水饺。

罗林枫： 对，都有，有些客人他喜欢吃馄饨，但吃水饺的多数。那么后来馄饨就不放了，都放水饺，那个水饺是放上去了又当点心又当菜，大家都比较欢迎。

戴桂宝： 在烧制过程中间应该注意什么？

罗林枫： 这道菜看似很简单，但这道菜要不让这个鸡坍下来，要完整；而且鸡又要咬得下，要烧烂了不坍掉，酥而不烂，还是有难度的。

戴桂宝： 刚才烧了大概25～30分钟。

罗林枫： 差不多半个小时吧。它的形状很漂亮，有时候有的厨师喜欢肚子朝上。当时我师傅告诉我说，应该是背朝上，头看得出来，就好像凤凰一样，在形状上好看一点。另外一个因为炖了半个小时，肚子朝上时它的两个大腿间的皮很容易破掉，比较难看。

戴桂宝： 刚才没有破。

罗林枫： 刚才没有，刚才我们是翻过来的，所以这道菜看似很简单，但做起来也要注意：一个时间不能太长，另一个尽量不要弄破皮。另外，水饺要一只只比较清爽干净，我们今天的还可以，煮好放进去，看上去很清爽，还浮在上面，饺子如果煮过头了，这个水饺要往下沉的，就很难看了。

戴桂宝： 这个才是纯粹的原汁原味，这就是纯鸡汤。

罗林枫：对，纯鸡汤。本身有鸡油，鸡油稍微有点黄黄的。有时候也放两三个小菜心。今天我们没放，菜谱上没有，是按照菜谱上做的，这也蛮好的。

戴桂宝：谢谢罗老师为我们录制这道传统名菜。

四十九、鸾翔凤集（创新菜）

个人简介

创新制作：韩永明

现任浙江旅游职业学院厨艺学院专业教师

　　鸾翔凤集是杭州名菜百鸟朝凤的升级版，在原先菜肴的基础上增加了鸽蛋、瑶柱等配料，寓意群贤会聚、鸾翔凤集。如果说百鸟朝凤适用于晋升、庆生等宴会，那么鸾翔凤集更适用于商务宴请和朋友聚会，是一款彩头吉祥的宴会菜肴。

（一）主辅原料

主料： 净土鸡　　　　1只（约重1400克）

辅料： 象形鲜肉水饺　20只（约400克）　　熟鸽蛋　10只（约200克）

　　　　　瑶柱　　　　　10粒（75克）　　　　草菇　　10粒（125克）

　　　　　火腿　　　　　100克　　　　　　　　姜块　　40克

葱结　50 克

调料： 味精　　　　5 克　　　　　绍酒　　　　25 毫升

　　　　精盐　　　　10 克　　　　　熟鸡油　　　50 毫升

原料与工艺流程

（二）工艺流程

1. 初步处理

（1）杀白净鸡斩下鸡爪，去爪尖。拔净余毛，用清水冲净。

（2）火腿切 1 厘米厚的块。

（3）姜拍松、葱打结（2 只）。

（4）熟鸽蛋去壳。

2. 加热预制

（1）瑶柱放入盛器，加葱结 1 只、姜 1/4 块，加水蒸约 15 分钟。

（2）置锅 1 只下冷水，放入净鸡烧沸，待约 1 分钟去净血水，捞出洗净。

（3）置锅将水烧开，草菇焯水，捞出用清水冲洗。

3. 加热调味

（1）将蒸好的瑶柱，捡去葱姜，1/2 瑶柱、1/2 鸽蛋和草菇、鸡爪一同塞入鸡肚子。

（2）取砂锅 1 只，铺上竹垫，加入开水 3000 毫升烧开，放入鸡、葱结、姜块、火腿，加酒，盖盖，沸后转小火炖 40 分钟，再放入余下的配料，将鸡翻身加盐再炖 20 分钟，至鸡酥熟。

（3）另起锅烧水至沸，将鸟形水饺下锅，浮起后捞出。

（4）砂锅起盖，抽取竹垫，将鸟形水饺围放在鸡的周围，加味精，淋上熟鸡油即成。

（三）菜肴特点

　　水饺象形漂亮，鸡肚有货实在，加上寓意吉祥，上桌时常常使宴会达到高潮。真可谓：配料多样、寓意深长，汤汁清鲜、营养丰富。

（四）技巧关键

此菜没采用沸水焯水，而改用冷水下锅至沸，其目的是去其血水和异味；铺竹垫是为了防止鸡皮直接贴在锅底导致焦煳；炖制时如果产生浮沫，则用勺撇去。水饺可根据需要更换口味，可荤可素，但不建议使用口味较重的馅料，以免抢味。

（五）大师对话

戴桂宝：（韩经理）请谈谈这道菜的创新思路。

韩永明：这道菜（水饺鸡）原先也在售卖，后来因为客人普遍反映，说这道菜已经卖的时间太长了，他们对这个口味已经非常熟悉了，就说能不能高端起来。然后我们就顺着这个思路想，随着现在人们对美食的要求越来越高，不单单是原先一个吃饱，还要吃好、吃精。我动了一下脑筋，就是加入了现在比较高端的食材，比如鸽子蛋，时令性又比较强的草菇，还有一些比较鲜的瑶柱。

大师对话

戴桂宝：今天放的是整块火腿。

韩永明：对，今天放的是整块火腿，又加了草菇的鲜、瑶柱的鲜。

戴桂宝：再谈谈这道菜的选材与制作关键。

韩永明：首先我选用的鸡是我们的高山本鸡、新鲜的时令草菇，还有营养价值比较高的鸽子蛋，然后选用特别能够提鲜的瑶柱，我们把这些原料融入这道鸡煲里面，更能体现档次，口味上更加有一个复合的鲜味。

戴桂宝：在烧的过程中间应注意哪几个环节呢？

韩永明：在煮的时候，火力一定要小一点，开始要大火烧开，后期要小一点。这样使得等会儿这个鸡煲煮出来的汤水清澈一点，更能够让水饺和其他原料体现出来，又改变了原有的那种汤比较浓的感觉，因为现在大家都崇尚比较健康的饮食。

戴桂宝：刚才韩经理已经讲得很仔细了，非常感谢！也非常希望这道菜能得到广大爱好者的喜欢。

五十、杭州酱鸭（传统名菜）

传承制作：章乃华

原浙江雷迪森酒店集团有限公司常务副总经理（主持工作）

个人简介

　　杭州酱鸭是杭州人过年必备的年货，家家户户各种咸腊年货一起挂满堂前，特别是酱鸭经过几个太阳的晾晒，香味更足，是一道让人垂涎欲滴的传统名菜。

（一）故事传说

　　杭州酱鸭体大饱满，肥而不腻，咸淡适中，颇受食客的喜爱。早在清代时就已成为达官贵人应时酬送的礼品，有"官礼酱鸭"的美誉。"酱"有两种字义：一是作名词，指糊状调味品，用发酵后的豆、麦等做成的甜酱、豆瓣酱，用水果等制成的果酱、芝麻酱，用辣椒、大蒜等制成的辣酱。二是指动词，腌制技法中用酱油腌制食品也称"酱"，其成品在原料前冠以工艺技法称"酱肉""酱萝卜"。这酱鸭中的酱字，就是后者的技法。

酱油在宋代已出现，在南宋的《山家清供》记载用酱油、芝麻油炒春笋、鱼、虾。《吴氏中馈录》记载用酒、酱油、芝麻油清蒸螃蟹。后来人们把一时吃不完的鸡鸭、鱼、肉、瓜果等都用酱油腌制，产出了一系列的"酱"系菜肴，酱这种烹饪技法开始走进家庭。鸭子入肴也古已有之，俗话说："烂蒸老雄鸭，功效比参芪。"而杭嘉湖平原水网交错，河湖密布，泥螺、鱼虾等资源丰富，有着饲养鸭群的优越自然条件，本地出产的麻鸭已有500多年历史。杭州人自古有小雪腌酱鸭的习俗，每到小雪这一天，杭州家家户户都开始腌制酱鸭，现在杭城城郊仍延续着这一食风。

（二）选料讲究

选择翅翼长齐、羽毛丰满、臀部下垂、胸腋肌肉发达、脂肪不多，体重在5斤上下的麻鸭。若要讲究，在宰杀前以水拌少量米饭喂养1~2天，能减少臊味。20世纪40年代初期，在杭州有一家颇有声誉的颐春斋酱鸭店，就采用此法。

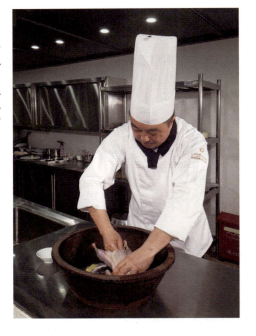

主料：净鸭　1只（重约2500克）

辅料：葱结　30克

　　　　葱段　10克

　　　　姜片　40克

调料：酱油　1500毫升

　　　　精盐　50克

　　　　花椒　20克

　　　　绍酒　15毫升

　　　　白糖　10克

注：与1977版《杭州菜谱》对比：葱段一钱、姜块一钱、火硝五厘，无葱结，无姜片，无花椒，余同。

　　　与1988版《杭州菜谱》对比：葱段5克、姜块5克、火硝0.25克，无葱结，无姜片，无花椒，余同。

（三）工艺流程

1.初步加工

将净鸭洗净，斩去鸭掌，除去鸭臊，用小铁钩钩住鸭鼻孔，挂在通风处晾至水干。

原料与工艺流程

2.椒盐炒制

将盐和花椒微火同炒，成花椒盐。

3.初步腌制

（1）将鸭放入盆中，在鸭身外均匀地擦上花椒盐，再用葱结、姜片30克和着花椒盐将鸭脖、腹腔擦遍到位。

（2）将鸭头扭向胸前夹入右腋下平整地放入缸内，上面用竹片和石块压实，在0℃左右的气温下腌24小时后将鸭翻身。再过24小时出缸，此时有血水渗出。将鸭拎出滴净沥干。

4.酱油腌制

（1）将鸭放入缸内，加入酱油以浸没为度，再放上竹架，用石头压实。在气温0℃左右浸48小时将鸭翻身，再过48小时出缸。

（2）在鸭鼻孔内穿细麻绳一根，两头打结，便于晾晒；再用竹片一根，弯成弧形，从腹部刀口处塞入肚内，使鸭腔向两侧撑开。

5.上色晾晒

将腌过的酱油加水50%，放入锅中煮沸，撇去浮沫，将鸭放入，用手勺舀起卤水不断地淋浇鸭身，至鸭呈酱红色时捞出沥干，在日光下晒2～3天。

6.加热成熟

放入大盘内（不要加水），淋上酒，撒上白糖、葱段和余下的姜片，上笼用旺火蒸至鸭翅上有细裂缝时即熟，出锅。

7.改刀装盘

倒出腹内卤水，冷却后切块装盘。

（四）菜肴特点

酱鸭经过晾晒，蒸熟后肉色酱红，香味充足，是下酒和饭的佳肴，也是一件

杭州过年必备的年货。真可谓：香味十足、肉色酱红，咸中带鲜、富有回味。

（五）技巧技法

此菜采用先腌后蒸的烹调技法。腌制采用先用盐干腌，后用酱油湿腌。用盐的主要目的是促使鸭肉脱水，使其流走一部分血水，酱油湿腌才是真正的腌制手段。如制作时的气温升到超过7℃，腌制时间可减少甚至减半。大批量腌制时，中途应将鸭子上下互换位置。腌制后出缸，最好在通风处挂干，再在太阳下晒2～3天，老底子腌酱鸭、酱肉，都是根据天气来安排下缸时间。如估计四五天后天气晴朗，趁机下缸，出缸时刚好经太阳晾晒，能产生一种特有的香味；如遇阴雨天鸭子长久不干就会发霉出花，产生异味。

现在保存酱鸭建议放入冰箱，既避免水分风干使其太硬，又可防止出花变质，想吃随取随蒸。一般为整只腌制，在蒸制前，别忘了要先将鸭臊去除，再行蒸食。

（六）评价要素

此菜应避免色泽暗淡、肉质干瘪过硬或过于酥烂松散。以颜色酱红，油润饱满，酱香浓郁，刀口整洁，口感微咸带鲜为上品。

（七）传承创新

在传统酱鸭的基础上，可根据口味适当加入辣椒或白糖之类来调整风味。也可在后期蒸制时，加上喜欢的佐料。现在餐饮市场上，酱鸭除切块当冷菜外，作为热菜也很普遍，如酱鸭糯米饭、酱鸭春笋等。

（八）大师对话

戴桂宝：传统名菜杭州酱鸭是我们杭州人必备的年货，记得老底子家家户户挂在堂前，特别是鸭子经过几个太阳的曝晒，有一种特别的香味，让人垂涎三尺。今天我们很荣幸地请到了杭州国大酒店集团总裁章乃华先生来为我们制作和还原这道杭州传统名菜。下面我们请章总谈谈这道菜的制作关键和技巧。

大师对话

章乃华：谢谢戴老师的邀请，今天来到旅职院操作杭州酱鸭这一道传统名菜。这道菜制作当中，我有几个心得，第一个就是选鸭子的时候，要把鸭子选好。鸭子洗净以后通常会沥干半小时，把鸭子的血水沥掉，传统的做法是用亚硝酸盐进行擦制，为了让颜色漂亮，有点亚红色。现在不允许了，这样做对身体不好，现在的做法是通过淮盐和椒盐的配制，让它产生一种特殊香味来进行擦身。那我们也考虑到现在的鸭子吃饲料长大，跟传统的这种自然放养有些不一样，鸭臊味较重。所以我们在擦的过程中，会加点葱姜进行擦制，这样可以避免腥味。擦完以后，我们通常会取一只缸，把鸭子平放在缸里面，最后上面压上石头，放在0℃左右的地方，先压制36小时。压的目的主要是让鸭里面的水分能够渗透出来，这样就使鸭肉更紧实一点，压完以后的鸭子，我们会冲洗一下，再沥沥干，最后把沥干的鸭子再没入酱油里面，传统做法48小时，我们杭州菜谱上有写。

戴桂宝：这个我认为一般腌个三天或四天都可以的。

章乃华：对对！这个倒无所谓，关键看那个酱油的咸度。我们通常也是这样的，中间在两天左右的时间，也要翻一个身。在四五天的时候，我们要对鸭子进行一个上色，上色就是把浸鸭子的酱油水倒到锅子里面烧开，烧开以后浇在鸭子身上，在鸭子的表面迅速凝固，做一个定色，第二个让里面的油脂能够渗出来，使得整个表面马上有光亮。之后，我们可以去太阳底下晒。一般来说冬天通过太阳曝晒3～5天。那么让鸭子全身有阳光味，有非常诱人的香味，这个香味不是说通过烹饪手段调制出来的。当然让鸭子去晒晒阳光，本身也是烹饪的手段。

戴桂宝：所以现在酒店里面在讲，我们是自制的，自制的就是晒太阳了，不是自制的，就外面买的，它就是烘箱烘出来的。

章乃华：现在这道菜变成一年四季都在做，所以很多地方在烘箱里烘出来，口感可能会差不多，但是香味上肯定没有冬季做的时候好。我们经常怀念小时候的味道，就是因为它是通过阳光晒了以后，鸭身上有个阳光味。

戴桂宝：刚才章总在讲这个酱鸭开始用盐制，是为了把里面的血水跟水分析出，便于后面酱油浸的时候渗入，按照菜谱里面鸭臊是没去掉的，刚才你在上笼蒸的时候就将鸭臊切去，这说不定以前菜谱漏掉也有可能。

章乃华：也有可能，因为反过来讲，现在大家生活条件好了，对菜肴口感、风味更讲究。所以我们希望带给人舌尖上的口感，这个口感不好的东西提前给去掉，这是希望把最美的味道贡献给顾客。

五十一、手撕酱鸭（创新菜）

个人简介

创新制作：陈建俊
现任杭州新新饭店餐饮总监兼行政总厨

　　手撕酱鸭是在杭州名菜酱鸭基础上创新而来的，其把原来的切块食用，改为去骨手撕，加配料拌制，是一款食用方便的佐酒好菜。

（一）主辅原料

（以下原料按二盘用料量计算）

主料：酱鸭一只（约 750 克）

辅料调料：

蒸制用：黄酒 50 毫升、白糖 20 克、鸡精 10 克、葱 30 克、姜 8 克

拌制用：香菜 50 克、洋葱 25 克、油炸花生米 80 克、藤椒油 5 毫升

（二）工艺流程

1.蒸汽加热

酱鸭加入白糖、鸡精，淋上黄酒，放上姜片、葱结，上笼蒸制 35 分钟取出，捡去葱姜凉透。

原料与工艺流程

2.刀工处理

香菜切 6 厘米长的段，洋葱切丝（丝宽 3 毫米）。

3.手撕调味

（1）将鸭头、鸭翅、鸭腿切件。

（2）剩余鸭肉全部去骨手撕成长条丝状。

（3）鸭丝放入盛器中加洋葱、油炸花生米，加入藤椒油，手拌均匀，再加入香菜段拌均匀。

4.装盘点缀

鸭头、鸭翅造型摆盘，堆上拌好的鸭丝，加以点缀。

（三）菜肴特点

此菜最大的特点就是可以根据个人喜好增加配料，调整口味，真可谓：老菜新做、荤素搭配、酱香微麻、层次丰富。

（四）技巧关键

此菜采用蒸、拌技法，先蒸后拌；在拌制过程中，只加配料，不加咸味调料；去骨手撕时，残碎骨头千万不能混入鸭丝中。

（五）大师对话

戴桂宝： 下面请陈总监来谈谈手撕酱鸭的创新思路。

陈建俊： 大家好！今天我做了这道手撕酱鸭，跟大家做交流、沟通。这道手撕酱鸭是根据我们传统的酱鸭改良而来。首先我们选用的这个鸭是麻鸭，比普通的鸭子要多蒸个 5 分钟左右，使其的肉质酥烂一点，那么去骨以后，不管是老年人还是小孩子都嚼得动。另外一个创新是口味上，根据南方人的口味，可以加点花椒油，总之在口味上、刀工处理上有所创新。

大师对话

戴桂宝： 还有一个就是以前带骨头的酱鸭，在高端宴会上食用不方便，现在拆

骨了之后在高端宴会上也可以上桌了。

陈建俊：领导、普通的百姓都可以方便食用。

戴桂宝：那么刚才一只鸭子能做两份。

陈建俊：这只鸭子可以做两份。我选用750克一只的酱鸭，加上作料、配料（香菜、洋葱、花生米）可以制作两份。

戴桂宝：口味上可以随意进行调整？

陈建俊：南方地区可能吃辣的少一点，像这个季节湿度大，加一点花椒油祛祛湿气；如果喜欢吃辣的，可以加点辣提提味。

戴桂宝：非常感谢陈总监为我们制作这道创新菜——手撕酱鸭。

五十二、栗子炒仔鸡（传统名菜）

传承制作：吴强
现任浙江旅游职业学院厨艺学院副教授

个人简介

栗子炒仔鸡为杭州传统名菜，用金桂飘香之际的鲜栗和嫩滑的仔鸡同炒，香鲜嫩美，实为难得之口福，是一款金秋时节应季应时的菜肴。

（一）故事传说

栗子，又称板栗，有"干果之王"的称誉。在古书中，栗子最早见于《诗经》一书，可知栗的栽培史在我国至少有 2500 年的历史。栗子在古代的食物中占有重要地位，文人墨客对它更是颂扬备至，屡见于诗文。李白有"羞逐长安社中儿，赤鸡白雉赌梨栗"；范成大有"紫烂山梨红皱枣，总输易栗十分甜"等诗句。栗子的营养价值很高，《名医别录》认为，栗子对人体的滋补功能，可与人参、黄芪、当归等媲美。南宋爱国诗人陆游就有一首关于食栗疗体衰的诗："齿根浮动叹吾衰，山栗炮燔疗夜饥。唤起少年京辇梦，和宁门外早朝来。"陆游晚年被齿根浮动症所困扰，但深谙医道的陆游，知道这种病的根源是肾虚所致，于是给自己开了药方，每晚坚持吃栗子来调理治疗，病情也是因此大为好转。

栗子在服食方法上，须细嚼，连液吞咽，则有益，若顿食至饱，反至伤脾。北宋文人苏辙有诗曰："老去日添腰脚病，山翁服栗旧传方。客来为说晨兴晚，三咽徐收白玉浆。"他自述晚年得腰腿痛的毛病。得到一旧方子，于是就养成了吃栗子的习惯。每天早晚将栗放在嘴里直至嚼出白浆，然后分几次慢慢吞咽，长久坚持有养生治病疗效。明代大医学家李时珍深为叹服："此得食栗之诀也。"

（二）选料讲究

金秋时节，栗子成熟之季，正是当年新鸡最为肥嫩的时候，这时选用新栗和嫩鸡同炒，一脆一嫩，其味更佳。但如用老栗子，则预先成熟去衣。

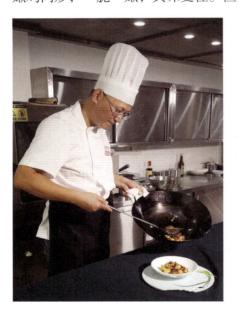

主料： 去骨嫩鸡肉　　　250 克

辅料： 鲜嫩栗子肉　　　100 克

　　　　葱段　　5 克

调料： 绍酒　　10 毫升

　　　　酱油　　20 毫升

　　　　米醋　　2 毫升

　　　　白糖　　10 克

　　　　精盐　　1.5 克

　　　　味精　　1.5 克

　　　　湿淀粉　35 克

　　　　芝麻油　15 毫升

　　　　熟菜油　750 毫升（约耗 75 毫升）

注：与1977版《杭州菜谱》对比：菜名"栗子炒嫩鸡"，葱段3钱、酱油五钱、醋五分，余同。

与1988版《杭州菜谱》对比：葱段2克、酱油25克，余同。

（三）工艺流程

1.刀工处理

将鸡肉皮朝下，用刀交叉排剁几下（到深度为鸡肉的 2/3），然

原料与工艺流程

后切成 2.5 厘米左右见方的块。

2.码味上浆

将鸡块盛入碗中，加入盐，用湿淀粉 25 克调稀搅拌上浆。

3.预调芡碗

将绍酒、酱油、白糖、米醋、味精放在碗内，用湿淀粉 10 克调成芡汁待用。

4.加热成熟

炒锅置中火上烧热，滑锅后下菜油，至五成热时，把鸡块入锅划散，10 秒钟左右用漏勺捞起，待油温升至七成热时，再将鸡块、鲜栗一起倒入（如使用煮熟的老栗子，不必滑油），5 秒钟左右倒入漏勺。

5.炝锅兑芡

原锅留油 15 克，放入葱段煸至有香味，倒入鸡块和栗肉，立即将碗芡倒入，颠动炒锅，使鸡块和栗子包上芡汁，淋上芝麻油，出锅装盘即成。

（四）菜肴特点

此菜甜脆或香糯的栗子和鲜嫩的仔鸡肉同炒，色泽黄亮，滋味鲜美，实为难得之口福。真可谓：栗子脆爽（香糯）、色泽光润，鸡肉嫩滑、滋味鲜美。

（五）技巧技法

滑炒特点是柔软滑嫩、芡汁紧包。此栗子炒仔鸡采用的是滑炒的技法，所以要先上浆码味，在滑炒前先旺火冷油滑锅，以防黏锅，最后的芡汁要厚薄适中、紧裹原料。老菜谱是按照青椒仔鸡标准，刀工成形是 1.7 厘米见方的块，加热收缩后成小丁。为了突出鸡块，故在此处适当放宽块形，为 2.5 厘米见方。

（六）评价要素

板栗完整、色黄无斑点，鸡块大小匀称、形态饱满。整菜色泽明亮润泽，芡汁紧包，板栗香糯、鸡肉入口柔软滑嫩。

（七）传承创新

栗子炒仔鸡的辅料板栗最好选用新鲜嫩板栗，如是老板栗就要预先成熟至酥，最好保持完整。用菱粉板栗泥、板栗条作辅料，也是不错的搭配。

（八）大师对话

戴桂宝：下面请吴老师谈谈这道菜的制作关键。

吴强：这道菜在制作过程中有几个关键：第一个鸡肉因为比较厚，需要用刀排剁一下，主要是为了入味、易成熟；第二个在上浆的时候，一定要上劲；第三个在下油锅的时候，油温一定要吃准。第一次下油锅的时候，控制油温在五成，时间不能太长，这是为了保持鲜嫩，时间在10秒钟左右；第二次要求油温在七成，原料下锅以后迅速出锅，最主要的目的就是收干原料表面的水分，使兑汁芡下锅以后更容易上色和入味。

大师对话

戴桂宝：这道菜看似原料很简单，但是要制作好这道菜也是比较难的。吴老师请谈谈这款菜，假如成形到位的话，应该是怎样的？

吴强：这道菜如果成形到位的话，要求色泽光润、鸡肉嫩滑、栗子酥糯。

五十三、双味板栗鸡（创新菜）

创新制作：金小明
现任杭州湾智慧谷总经理助理兼餐饮总监

  传统名菜栗子炒仔鸡，使用的嫩板栗因采购难度大，又不宜保存，而老板栗未至酥糯就已碎裂，增加了制作难度，所以索性用板栗泥来创新制作菜肴，采用一泥二味，是一款典型的因原料缺陷而急中生智的创新菜肴。

（一）主辅原料

主料： 鸡脯肉　　　2 块（实用 250 克）

辅料： 熟栗子肉　　75 克

　　　　小青菜心　　30 克

调料： 葱花　　　　5 克

　　　　绍酒　　　　10 毫升

　　　　白糖　　　　1 克

精盐　　3.5 克

味精　　2 克

芝麻油 5 毫升

湿淀粉 55 克

糖桂花 20 克

鸡蛋清 20 克

面糊：鸡蛋黄 6 克

　　　清水　　60 克

　　　面粉　　60 克

　　　干淀粉 125 克

　　　泡打粉 10 克

　　　色拉油 250 毫升

（二）工艺流程

1.刀工处理

将鸡脯肉平刀批成 22 片大薄片。

原料与工艺流程

2.码味上浆

将批好的鸡脯片放入碗中，加入盐 1 克，将湿淀粉 45 克用少许水调稀倒入，搅拌上浆，使上浆后鸡片纹路明显。

3.成泥制馅

（1）将蒸熟的栗子肉磨碎，放入葱花、盐 1.5 克和味精 1 克，拌匀调味。

（2）将调过味的板栗，捏成 12 个橄榄形，每个约 4 克，捏成 10 个圆柱形，每个约 3 克，均为 7 厘米长。

4.包裹成形

（1）分别将浆好的鸡脯片摊平，放上栗子馅，包裹成 10 厘米左右长的橄榄型 12 只，7 厘米左右的条状 10 只，并修去多余角料。

（2）将条状卷用保鲜膜一只只包起来。

5.兑汁调糊

（1）将绍酒 10 毫升、白糖 1 克、精盐 1 克放入碗内，用湿淀粉 10 克调成碗芡待用。

（2）将蛋黄打散，加水 60 毫升，加入面粉、干淀粉和泡打粉搅拌均匀，再慢慢加入色拉油使其充分融合，置旁待用。

6.定形炸制

（1）将包好的圆柱形鸡脯卷放入蒸箱 40 秒定形，揭去保鲜膜。

（2）将定形好的鸡脯卷裹上面糊，放入四成热的油锅中，使其炸熟后捞出。

7.滑油勾芡

（1）炒锅置中火上烧热，加入色拉油，烧至三成热，将橄榄形鸡脯入油锅中滑油，中途放入小青菜心，使两者至熟，出锅倒至漏勺沥净油。

（2）锅中留底油，放入少许水，加入调好的碗芡，倒入橄榄形鸡肉卷、小青菜、1 克味精，颠翻炒锅使芡汁均匀包上鸡脯，淋上芝麻油。

8.装盘点缀

（1）将橄榄形鸡肉卷盛入碗内。

（2）将炸好的鸡肉卷装盘，淋上糖桂花，并加以整体点缀。

（三）菜肴特点

此菜炸鸡卷和滑炒鸡柳二味拼装，口味多样、美观大气，淋上糖桂花增香添色，给人惊奇。真可谓：栗子香糯、鸡脯鲜嫩、色泽明亮、回味悠长。

（四）技巧关键

脆炸板栗鸡卷和滑炒板栗鸡柳均采用鸡脯片包裹板栗泥，工艺比较复杂、制作要求相对较高。首先，鸡脯批片要批成厚薄均匀的大片；其次，在上浆时，使用的湿淀粉要适当调稀，搅拌动作幅度不宜太大，尽量使鸡片完整不碎。

（五）大师对话

戴桂宝：这道双味板栗鸡，一味是滑炒鸡柳，一味是鸡卷，都是用板栗作为馅料。下面让金总为大家谈谈这道菜肴的改良思路。

大师对话

金小明：主要是以前我们杭州名菜里面的板栗炒仔鸡，那个板栗很容易碎。

戴桂宝：板栗烧酥就容易碎掉，不烧酥又太硬。

金小明：对！用板栗制成泥跟鸡一起来制作，这样比较精致，也比较容易消化。

戴桂宝： 下面为大家谈谈这道鸡柳的制作关键。

金小明： 板栗鸡柳的关键是鸡脯肉，鸡脯肉批片要批均匀，然后上浆的时候要恰到其分，制作的时候长短要一致。

戴桂宝： 那么你刚才（用保鲜膜）包起来的目的是什么？

金小明： 主要是直接滑炒它要裂开，用保鲜膜给它先定形。

戴桂宝： 那么还有一个鸡卷。

金小明： 鸡卷制作的关键就是那个糊。那个糊的比例一定要恰到其分。还有一个油温的控制，油温一般在控制在二到三成，不能超过三成，超过的话它就会不成形。

戴桂宝： 虽然我们把这个糊的配比都记下来了，但是制糊有什么关键？

金小明： 关键主要是那个蛋黄跟水打的时间不能过长，刚刚打均匀有一点小泡出来就可以了。然后调粉的时候，泡打粉要调匀。加油的时候要缓缓地加，不能一下子倒进去，慢慢地加入进去，然后给它打发起来就可以了。

戴桂宝： 杭州传统名菜栗子炒仔鸡，实际上之前是用鲜板栗做的，这个鲜板栗是新鲜的嫩板栗，这样炒出来很爽口。但因为后来鲜（嫩）板栗很难采购到，所以大家用老板栗来制作。老板栗煮熟之后就容易碎，这样这道菜的美观度就不怎么样了，假如说不让板栗碎掉，那么这个板栗就会太生，口感不好。基于这种因素，创新了这道用板栗泥制作的双味板栗鸡。

五十四、火蒙鞭笋（传统名菜）

传承制作：杨吾明
现任浙江新世纪大酒店副总经理

个人简介

　　火蒙鞭笋是杭州传统名菜，因原料价格较高，时令期比较短，所以在普通酒店难以品尝到此菜，是杭州餐桌上一款较为高端的夏季时令菜。

（一）故事传说

　　竹笋的种类很多，宋代僧人赞宁撰写的《笋谱》就记有 84 种之多，有冬笋、春笋、毛笋和鞭笋等。其中鞭笋是竹笋中比较特殊的一种，其他笋能长成竹子，而鞭笋则是毛竹在泥土中长成竹鞭的嫩茎。因长在泥土中，不见光照，故鞭笋尖的肉特别白净、脆嫩、鲜美。

　　传说火蒙鞭笋的成名得益于一个厨娘的创意。话说某年夏天，刚入小暑，天气就持续高温，又闷又热。人们大多畏热居家不出，酒楼生意十分清淡，每天只有稀稀拉拉几位客人。老板整天唉声叹气，抱怨着没生意养不起人，要解雇伙计。店内的几个小伙计心中忐忑，他们想到厨房的王嫂心地善良又肯助人，便向她诉说。果然，王嫂听后也急了，她想：店里生意再差下去，老板肯定会解雇人员的，到时不光小伙计，就是自己的这份工作也难保。帮人就是帮己，一定要想个办法让店里的生意好起来。她边想边在厨房里转了起来，当她看到早晨刚买来的一篮鞭笋，顿时心中有了主意。现在客人不来主要是"疰夏"，不想吃油腻，而鞭笋鲜嫩味美、香脆爽口，再配以香浓的火腿，两者合烹，鲜上加鲜又色泽鲜艳，很能引人食欲。再加上一些噱头，不怕客人不来。王嫂便跑到老板那儿，说了她的想法。老板一听大为赞同，于是马上操作起来，王嫂开始试菜，老板也忙着准备。

次日一早，酒楼门前就摆出了一篮篮鞭笋，门口还贴了一副对联："小暑到，火蒙鞭笋忘不了；伏天至，舒舒服服下馆子。"横批："秀色可餐。"一时围观者众多。老板发话，凡当天进店用餐者，均免费赠送一份火蒙鞭笋。话音未落，好奇尝鲜者就一拥而入，准备好的数十份火蒙鞭笋顷刻送完了。大家吃后都感到鲜嫩爽脆，回味无穷。于是，这家酒楼菜式不错的消息不胫而走，人们都慕名前来品尝，酒楼生意也越来越好。老板重奖了厨娘王嫂。就这样，这道火蒙鞭笋慢慢流传开来，成为杭州夏天的时令菜。

（二）选料讲究

主料鞭笋是竹根的嫩尖，它尖嫩端老，所以关键是要把握好取舍，取其可以食用的鲜嫩无渣的部位，舍弃纤维较粗的"笋箷头"（杭州方言，箷音 bù，杭州人称笋的老端、菜的根部为箷头，如老箷头、菜箷头）。

主料： 嫩鞭笋	300 克	
辅料： 熟火腿末	15 克	
调料： 白汤	250 克	
精盐	2.5 克	
味精	2.5 克	
湿淀粉	15 克	
熟鸡油	25 克	
熟猪油	25 克	

注：与1977版《杭州菜谱》对比：盐一钱、湿淀粉五钱，余同。

与1988版《杭州菜谱》对比：相同。

（三）工艺流程

1.初步加工

将鞭笋剥壳，除净笋衣，洗净。

原料与工艺流程

2.刀工处理

将鞭笋切去老箨头后对剖，用刀将笋轻轻拍松，再切成长 4～5 厘米的条。

3.加热勾芡

炒锅置中火上，下猪油，放入鞭笋，颠锅略炒，随即加入白汤，盖上锅盖，移至小火上煮 5～6 分钟后，加精盐、味精，用湿淀粉调稀勾薄芡。

4.装盘点缀

起锅装盘，撒上火腿末，淋上熟鸡油即成。

（四）菜肴特点

此菜火蒙映在象牙色的鞭笋上色泽雅丽，笋壮鲜嫩，食时爽脆，真可谓：红白相映、鲜嫩脆爽。

（五）技巧技法

此火蒙鞭笋采用生炒技法，直接将鞭笋下锅用旺火热油翻炒，调味后勾薄芡出锅。为了防止鞭笋太老，也可以采用滚刀手法加工，切成较窄的滚刀块。其入锅时应避免油温太高，防止笋块出现焦疤。

（六）评价要素

鞭笋块形一致，火蒙成形统一（或细末或细粒），观之色雅泽亮，食之鲜嫩脆爽、咸淡适中。

（七）传承创新

火蒙鞭笋是一道成本较高的时令菜肴。在市面上现在衍生品种很多，均以火腿和鞭笋为原料，但采用不同的技法。如采用火踵块的火踵鞭笋盅，如将鞭笋顶丝切薄片的火腿蒸鞭笋等。

（八）大师对话

戴桂宝：请杨总谈谈火蒙鞭笋的制作方法。

大师对话

杨吾明：刚才制作的一道火蒙鞭笋，是杭州夏令的一道季节性很强的时令菜。我们在选料当中，选用的是临安出产的粗壮的鞭笋、金华出产的火腿。在切配过程当中要把鞭笋对剖开，然后拍松，在拍的过程当中，要注意轻重，如果拍得重了容易碎，拍得轻了起不到作用。火腿要切得尽量细。在烹饪过程当中要注意火力不能太高，如果火力太高，可能会使笋焦掉，加入白汤以后要加盖煮透，一般就五分钟左右，这样子容易入味。另外是去掉鞭笋当中的这个涩味，装盆以后，要撒上（火蒙），淋上鸡油。这道菜色彩雅丽，吃起来比较爽口，真正是一道夏令的季节性菜。

戴桂宝：菜谱上就跟刚才您做的一样，是切长条段的，但是我们在实际操作中有时候也切细细的旋刀块，你认为这样如何？

杨吾明：这道菜在实际的运用中，一般都是旋刀块，因为考虑到鞭笋利用率，鞭笋如果利用率高了，可能会带一点老箨头，旋刀块把纤维切短了以后，口感会比较好。

戴桂宝：今天我们取的嫩头，取了之后对剖，轻轻一拍，里面只拍出细的裂纹，这样可以入味，假设拍的重的话就拍碎了。那么还有一个关键的就是我们在煮的时候要煮透，加盖，有可能是五分钟，有可能时间还要稍微长一点。最后就是我们今天切的是段，假如说我们能切细细的旋刀块也是可以的，那样的话取料会稍微简单一点，没那么精，用料稍微宽松一点，能降低一点成本。

五十五、金丝鞭笋拌火腿泡沫汁（创新菜）

个人简介

创新制作：徐迅
现任浙江旅游职业学院教研室主任

　　金丝鞭笋拌火腿泡沫汁由杭州传统名菜火蒙鞭笋演变而来，在口味上增加了火腿风味、在造型上融入了西餐新技术，达到了味觉和视觉上的提升，是一道中西合璧的创新菜。

（一）主辅原料

主料：带壳鞭笋　　1000 克

辅料：杏鲍菇　　　100 克

　　　　熟火腿　　　50 克

调料：白糖 3 克、火腿汁 150 毫升、老抽 3 毫升、大豆卵磷脂 1 克、湿淀粉 5 克、黄酒 30 毫升、色拉油 500 毫升（实耗 50 毫升）、苦苣菜嫩芽 1 段、香菜嫩芽 1 段

（二）工艺流程

1.初步加工

先将鞭笋去壳，再削去笋衣、斩去老端。

2.刀工处理

将鞭笋嫩端切斜片后再切成长丝，杏鲍菇去两头后切长约8厘米的丝，熟火腿切长约6厘米的丝。

3.加热成熟

炒锅置中火上，下色拉油40毫升，放入鞭笋丝和杏鲍菇丝，颠锅，洒入料酒，随即加入火腿汁50毫升、清水50毫升、白糖，盖上锅盖，转小火煮5分钟左右，加入熟火腿丝45克翻拌，用湿淀粉勾薄芡，淋亮油10毫升，起锅。

4.制泡

取一不锈钢碗，倒入火腿汁100毫升、老抽、大豆卵磷脂，用手持搅拌棒搅打成泡沫。

5.装盘点缀

炒好的笋丝装盘，面上撒余下的熟火腿丝，将打好的火腿泡沫汁堆放在菜肴一侧，并用新鲜苦苣菜嫩芽、香菜嫩芽点缀。

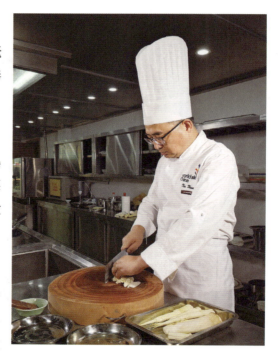

（三）菜肴特点

此菜色泽雅丽，鞭笋鲜爽脆嫩，杏鲍菇软韧，火腿香郁，是一款夏季时令菜。真可谓：夏季时菜、色泽雅丽，脆韧兼顾、回味香郁。

（四）技巧关键

此菜采用生炒加工技法，生炒的特点为鲜香爽嫩、汁薄入味。因主料鞭笋纤维较粗，要先切斜片再切丝，以免纤维太长而口感差。在加工时要加入火腿汁和火腿丝，增加菜肴的香味与口感，起锅前要勾薄芡。

火腿汁配方：选择无异味的陈年火腿骨、边角料与拍松的生姜块、葱结一起放入冷水锅（火腿原料与水的比例为1∶5），大火烧开后即转小火，约2小时即可。

（五）大师对话

戴桂宝：请徐老师为大家说说这道菜的改良过程。

大师对话

徐迅：很高兴能够接到戴老师的委托，做一个杭州传统名菜的改良。这个是我自己的一些体会，希望能够为杭帮菜的传承与发扬尽一些绵薄之力。因为我有中餐的背景和西餐的教学经验，所以想在这道菜里面加一点西餐的元素，于是取名为金丝鞭笋拌火腿泡沫汁。创新的理念有两个：一个加了西餐的泡沫，泡沫大家可能有点了解，它属于分子料理的一个内容，这个泡沫有火腿的味道。鞭笋取材方面跟原来有一些不一样，原来是切成条状，我现在把它切成丝。我觉得这样口感会更加嫩，所以切的时候考虑斜切的方法。还有加了一个新的食材，就是杏鲍菇。为什么要加呢？也是为了配合它的口感，因为鞭笋是爽脆的，杏鲍菇有一点点韧性，那么吃到嘴里口感会比较丰富。我在做菜的时候也比较了一下火蒙鞭笋，火蒙鞭笋是在鞭笋制作完了之后，最后撒上火腿末。有一点装饰和代表浙江特产的作用。那我在想，既然已经用了火腿原料，那么我就想在这道菜里面增加一些火腿的味道。所以我在烧鞭笋丝的时候，也用火腿汁来取味。这个火腿汁，我是将火腿的骨头和下脚料用小火炖出汤水来，有点像西餐里面取基础汤的意思。

戴桂宝：那么你为大家谈谈，就刚才这道菜的制作关键。

徐迅：我觉得最关键的，第一个取火腿的香味，要知道火腿这个食材，是一个陈年的食材，如果保存不当，那么它会有一些哈喇味，所以取材非常要紧，一定要取没有哈喇味的。第二个是吃鞭笋的嫩，鞭笋有比较粗的纤维，所以我们不能顺着切，要斜着切，主要的目的是让这道菜又嫩又香。

戴桂宝：谢谢徐老师为我们制作这道富有西餐元素的金丝鞭笋拌火腿泡沫汁。

五十六、虾子冬笋（传统名菜）

传承制作：沈军
现任杭州西湖国宾馆总经理

个人简介

　　虾子冬笋是一道用虾子干配冬笋的炒菜，可以说这二者是绝佳搭配，虾子干的鲜香融入脆嫩的冬笋之中，使原本就具有鲜味的冬笋鲜上加鲜，香鲜脆嫩妙不可言，是一道杭州传统的冬令时菜。

（一）故事传说

　　虾子冬笋这道菜，主料冬笋色泽白净，肉质脆嫩，清鲜爽口，素有"美味山珍""竹笋之王"的美誉。李渔在《闲情偶寄》中说笋是"蔬食中第一品也，肥羊嫩豕，何足比肩"。历代文人墨客也有不少咏笋的诗篇，如白居易《食笋》诗云："置之炊甑中，与饭同时熟。紫箨坼故锦，素肌擘新玉。每日遂加餐，经时不思肉。久为京洛客，此味常不足。且食勿踟蹰，南风吹作竹。"

　　有这样一个民间传说：清代中叶，东南沿海屡遭海盗侵扰，百姓痛不欲生。嘉庆三年（1798年），阮元出任浙江巡抚，他在任职期间大力打击海盗，还海疆以宁静，沿海军民对他颇为爱戴。有一年冬天，宁海将军来杭州看望阮元，他带来了几坛珍贵的虾子，说是当地渔民得知他要来杭州，一定托他给阮大人带点特产，他推脱不了，只得带了几坛。阮元被百姓的情意深深地感动了，仿佛又回到了和宁海将军携手抗敌、刀光剑影的前线，他抑制不住激情，吩咐厨房准备酒菜，他要与战友大喝几杯，还特意关照厨房用将军带来的虾子做个菜。厨房里顿时忙了起来，厨师在商量用虾子做什么时，正在剥冬笋的大嫂随口说道：大人最爱吃冬笋，不如就冬笋烧虾子。厨师听了连连点头，不一会儿，虾子炒冬笋就新鲜出炉了。阮元和将军尝后都连声称好，于是这道滋味鲜美又饱含情意的虾子冬笋，就成了阮元最喜爱的菜肴，并经常用来招待友人。这道虾子冬笋慢慢流传开来，成为杭州名菜。

（二）选料讲究

冬笋是冬季毛竹鞭（地下茎）上处于休眠状态的笋芽，因尚未出土，笋质幼嫩，产区为江浙一带。有句老农谚："两头尖中间弯，逢春烂成浆；上头细下头粗，来春成新竹。"笋形弯曲、基部呈尖状的笋，不能转化为春笋，可以采挖；基部丰满，根系发达，竹壳叶嫩而紧裹笋肉的，能转化为笋，不应该挖。而我们选购冬笋也正以两头尖的为宜，这样的笋肉多箬头小。

虾子又称"虾春"，是鲜虾卵加工成的干制品，色淡红色，富含营养，味甚鲜美，是烹调增鲜的珍贵原料。

主料：生冬笋肉　　400 克

辅料：干虾子　　　5 克

调料：绍酒　　　　10 毫升

　　　酱油　　　　25 毫升

　　　白糖　　　　10 克

　　　味精　　　　2 克

　　　白汤　　　　125 毫升

　　　湿淀粉　　　10 克

　　　芝麻油　　　10 毫升

　　　熟菜油　　　500 毫升（约耗 50 毫升）

注：与1977版《杭州菜谱》对比：干虾子二钱、味精5分，无白汤，余同。
　　与1988版《杭州菜谱》对比：相同。

（三）工艺流程

1.刀工处理

将剥壳冬笋洗净，切成 1 厘米见方、4 厘米长的条。

原料与工艺流程

2.加热成熟

（1）炒锅置中火上烧热，下菜油，至四成热时，倒入冬笋浸养 3 分钟倒入漏勺，沥去油。

（2）锅内留油 10 毫升，倒入虾子略炒，即放入冬笋，加绍酒、酱油、白糖及白汤，加盖，用小火加热 3 分钟，放入味精。

3.勾芡成菜

用湿淀粉调稀勾芡，顺锅边淋入芝麻油，颠动炒锅。

4.装盘点缀

离火出锅倒入平盘中，点缀。

（四）菜肴特点

此菜冬笋鲜嫩，配以虾子，干鲜味美、其味更佳。真可谓：脆嫩爽口、香鲜味美，咸淡适中、唇齿留香。

（五）技巧技法

虾子冬笋采用的是生炒技法，其是用旺火热油快速颠翻成菜的一种加工技法。但因其菜选用的是虾子，入锅时不能油温太高，以防虾子出现焦煳，所以比平时的生炒油温相对要小一点。最后调味勾芡，淋上明油。

（六）评价要素

冬笋条形一致、笋肉嫩黄，虾子分布均匀，观之色雅如玉，食之脆嫩爽鲜，回味口齿留香。

（七）传承创新

虾子冬笋的传承均是围绕着冬笋做文章，或丝，或块，或卷，特别是虾子冬笋卷，把冬笋批成长片，卷上 2 毫米粗的火腿丝装盘，再把炒好的虾子汁淋在上面蒸，此菜口感特别脆嫩，鲜香入味。

（八）大师对话

戴桂宝： 沈总，西湖国宾馆至今仍在供应虾子冬笋等传统名菜？

沈军： 我们酒店类似像虾子冬笋这样的杭州传统名菜有不少，我们专门有一个大类叫经典传承，在这个类别当中，有虾子冬笋这样的时令季节菜肴，也有西湖醋鱼、龙井虾仁、东坡肉等名菜，还做杭州传统菜肴，比如斩鱼圆、改良版的宋嫂鱼羹等。

大师对话

戴桂宝： 作为传承来说，西湖国宾馆做到位了，像虾子冬笋这样的菜肴已难得能吃到了。今天用的是干虾子，你们平时在用的虾子有哪几类？

沈军： 有干虾子，也有自己熬制的虾油，还有虾子酱，基本上用这三类来做菜。

五十七、虾子酿冬笋（创新菜）

个人简介

创新制作：沈中海

现任浙江旅游职业学院专业教师

　　在杭州名菜虾子冬笋的启发下，创新了这道虾子酿冬笋，提高了菜肴价值，提升了出品的美观度，是一款既适合大盆盛装，又适合各客位上的菜肴。

（一）主辅原料

（以下原料按四人用料量计算）

主料： 带壳冬笋　4 支（650 克）

辅料： 火腿　　　10 克

　　　　虾子干　　6 克

　　　　浆虾茸　　90 克

　　　　芦笋头　　4 根（40 克）

调料：　盐　　　　6 克

　　　　　味精　　　1 克

　　　　　干生粉　　30 克

　　　　　湿生粉　　10 克

　　　　　高汤　　　200 毫升

　　　　　色拉油　　750 毫升（实耗 20 毫升）

（二）工艺流程

1. 预热处理

（1）冬笋去除老头、剥去笋衣。

（2）置锅放水，加盐 5 克，将笋放入锅中煮 15 分钟左右。

原料与工艺流程

2. 刀工处理

（1）将冬笋修整为长约 6～7 厘米的统一形状，再在侧边薄薄切掉一片，使其可以放平于砧板上。

（2）分别将每支笋，剖 8 刀，刀深至 3/4 处，切至笋尖部断，笋尖置旁待用。

（3）在笋的中间用戳刀戳一个圆孔。

（4）将火腿切成 0.5 厘米见方、7 厘米左右的尖长条状，芦笋切 8 厘米的长段。

3. 拍粉嵌茸

（1）将剖过花刀的笋拍上干粉。

（2）将火腿条和芦笋一起穿过笋中圆孔，在花刀的空隙里塞入虾泥。

4. 加热成熟

（1）置锅下色拉油，至油温四成热时将笋放入油锅，小火至虾茸成熟，中途放入笋尖，倒出沥油。

（2）锅内下高汤，加盐 1 克、味精，用湿生粉勾芡，放入炒过的虾子干。

5. 装盘点缀

将虾酿笋放入盘中，小笋尖靠在边上，淋上虾干芡汁，加以点缀。

（三）菜肴特点

此菜造型别致，美观大气，香鲜脆嫩。真可谓：选料考究、造型别致，色雅自然、香鲜脆嫩。

（四）技巧关键

选用的冬笋大小要一致，去壳后，要小心刮去笋衣。剞刀前要选择笋身弧度小的一边，薄薄地削去一片，便于摆放造型。剞刀的深度要适中，以能填入虾茸笋不破散为宜。此菜采用的烹调技法为油浸，投入3～4成的油温中，使原料缓慢成熟。

（五）大师对话

大师对话

戴桂宝：下面请沈老师谈谈这道菜的创新思路。

沈中海：这道菜主要是形状上面有所改变。以前以小型原料为主。那今天展现的是相对整形的原料。然后就是更加适合位上。

戴桂宝：有造型，拿出来气势大一点。

沈中海：对，造型上面会有所改变。

戴桂宝：你跟大家说说在制作中间应该注意哪几点？

沈中海：因为整形原料相对而言不容易入味，那我们就是要在初步熟处理的时候去解决这个问题，即在高汤或者水里面加一定的调味料，去煮它，然后让它更加入味。

戴桂宝：那么最后在勾芡装盘中间有什么讲究？

沈中海：勾芡的时候就是加入虾子。制作的时候，穿插的芦笋和火腿有两个目的，一个就是让火腿的香味跟冬笋有更加融合的一种味道；另一个就是食用时筷子好夹一点，因为它这个东西相对比较圆滑，不容易夹起来，（芦笋）穿进去夹的时候相对会比较方便。

戴桂宝：我看到一个细节，就是你的笋尖嫩头没扔掉，还是留着。

沈中海：对对，因为觉得这个冬笋头应该是最鲜嫩的一个部位，把它丢弃了比较可惜啊。

戴桂宝：一起煮一起装盆。菜肴创新的时候讲究的就是不能浪费原料，冬笋嫩头是最鲜美的这一段，不能丢弃，仍旧加到菜里面去。

沈中海：又可以作为装饰，又可以食用。

五十八、糟烩鞭笋（传统名菜）

传承制作：凌祖泉
原浙江省公安厅警卫局业务指导处处长

个人简介

糟烩鞭笋选用香糟与鞭笋同烩，成菜糟香浓郁，鲜嫩脆爽，是杭州一款高档风味菜肴，也是一款传统的夏季时令菜。

（一）故事传说

糟烩鞭笋的由来传说和苏东坡有关。相传宋代，杭州孤山的广元寺附近有一片茂盛的竹林。寺内和尚很爱吃笋，却又不善于烹制，只会烧烧煮煮，口味单一。苏东坡出任杭州通判时，经常到寺里拜访，与僧人讲禅论文，也在寺内随喜素斋。他见寺里的僧人不善烹笋，便把他的"食笋经"传授给他们。僧人们按苏东坡传授的方法，用嫩鞭笋加上香糟，经过煸炒、烩制成的这道香味浓郁、富有特色的糟烩鞭笋，被端上了餐桌，方丈和寺院的几位和尚品尝后，果然十分入味，从此这道由苏东坡传授的素菜，就成了寺院笋菜的保留菜。后来，这一方法传到了酒

楼，经历代厨师的研制提高，糟烩鞭笋成为杭州一道有名的素菜。

佛陀教言："若依我为师者，不得饮酒，亦不与他饮。"传说中的僧人能否食糟，听过算过，权当故事。后来此菜不再是素菜馆的专利，无论是芝麻油还是鸡油都在淋浇，用油不再讲究，这倒是真的。

（二）选料讲究

香糟也称酒糟，是用小麦和糯米加曲发酵制作绍兴黄酒的副产品。它香气浓郁、甘鲜醇厚，在菜肴中能起到增香、增鲜、调节风味的作用。

主料： 鞭笋嫩段　300 克

调料： 香糟　　　　50 克

精盐　　　　5 克

味精　　　　2 克

湿淀粉　　　25 克

熟菜油　　　500 毫升（约耗 40 毫升）

芝麻油　　　10 毫升

注：与1977版《杭州菜谱》对比：精盐一钱五分、味精五分、熟菜油约耗一两，余同。

与1988版《杭州菜谱》对比：味精2.5克、熟菜油25克，余同。

（三）工艺与流程

1.初步加工

（1）鞭笋剥壳洗净，刮去笋衣，切去老头。

（2）将香糟放在碗内，加水 100 克搅散、捏匀，用筛子或纱布滤去渣子，留下糟汁待用。

原料与工艺流程

2.刀工处理

将鞭笋嫩头切成 5 厘米长（形似象牙尖），对剖，用刀轻轻拍松。

3.加热成熟

（1）将炒锅烧热，下熟菜油，至三成油温，放入鞭笋，用微火养 2 分钟左右，倒入漏勺。

（2）锅内留油 6 克，随即将鞭笋倒入炒锅，加入盐和水（250 克）烧沸。再放入香糟汁，加味精，用湿淀粉调稀勾芡，淋上芝麻油。

4.出锅装盘

取深盘一只，出锅装盘成菜。

（四）菜肴特点

此菜用酒糟烩制鞭笋，风味独特，形似象牙，香味浓郁。真可谓：糟香浓郁、鲜嫩爽口、色泽明亮、开胃时菜。

（五）技巧技法

此菜采用烩的技法，是将笋块放入锅内，加入鲜汤和调味品，用中火加热至沸，勾入宽芡的一种加工技法。此菜关键在于将冬笋用油浸或煸炒至熟透，去除笋的涩味，最后成菜汤汁宽长。

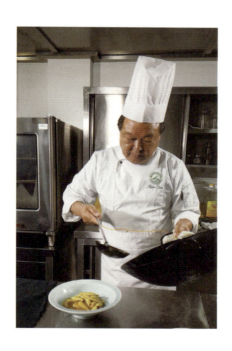

（六）评价要素

笋块均匀、无苦涩味，汤汁宽长、口味鲜香。

（七）传承创新

用酒糟制作的菜肴风味独特，但酒糟因酒精度低，加上菌力不足，在创新菜肴时酒糟腌制的冷菜要添加黄酒、白酒或者加热杀菌。或用糟直接创新制作的热菜，如荤菜有红糟仔鸡、糟熘鱼片等，素菜有糟毛豆、糟茭白等。

（八）大师对话

戴桂宝： 我们请凌师傅谈谈这道菜的选料和关键步骤。

凌祖泉： 大家好！糟烩鞭笋这道菜，我认为有几个方面要稍微注意一下，一个在选料上，十斤笋最多选一斤，选这么一个"象牙头"，就是这个笋最顶尖的、最嫩的，四五厘米长这么一段。一个在加工当

大师对话

中，也就是对剖，剖开以后要轻轻拍一下，这样制作的时候会更加入味一点。一个在烹制的时候，油温掌控很关键，一般在三四成油温要多浸一下，随后在炒制的过程中，加热时间适当短一点。再一个就是起锅前下的糟汁，采用绍兴的香糟汁比较好一点，下锅以后，跟进勾芡，这样糟汁的香味不容易跑掉，如果时间长的话，香味很容易跑掉。关键就这几点掌握了应该没有问题。

戴桂宝： 刚才凌师傅讲的"象牙头"，拍的时候不宜太重，太重的话要拍碎，轻轻一拍，拍松就可以。还有糟下锅的时候，就是要快速勾芡，假设时间长了，这个糟的香味要跑掉。

凌祖泉： 对对！

戴桂宝： 我们很感谢凌师傅为我们还原这个品质比较高、难得见到的糟烩鞭笋。

五十九、糟烩带壳鞭笋（创新菜）

创新制作：陆建红

现任杭州新州宾馆餐饮总监

个人简介

糟烩带壳鞭笋，采用冷菜浸渍技法中的熟糟，提前加工使鞭笋入味，需要时可快速加热食用，是一款冷热皆可食用的风味菜肴。

（一）主辅原料

主料： 鞭笋 750 克

调料： 香糟 250 克、红糟 100 克、酒酿 350 克、盐 50 克、味精 30 克

（二）工艺流程

1.预先处理

（1）鞭笋切除老箨头，剥去笋壳，冲洗干净。

（2）香糟用纱布包好。

原料与工艺流程

2.成熟浸渍

（1）置锅一只，加水1500克，放入香糟包和笋，加入盐30克，味精20克，大火加热至沸改小火，共20分钟离火，连水倒入大盆，浸泡2小时。

（2）再次倒入锅中，捡去酒糟包，放入酒酿、红糟，盐20克，味精10克，大火烧制10分钟，倒入大盆留原汤在锅内。

3.改刀加热

需食用时，将鞭笋去除头尾，切成长约12厘米的段，再一剖为二，与原汤汁一起煮沸加热。

4.装盘点缀

将笋的剖面朝上，放入盘中，浇上锅中的糟汁即可，或用绿色蔬菜点缀。

（三）菜肴特点

此菜与众不同之处在于带壳春笋用香糟、红糟、酒酿三种糟浸渍而成。真可谓：糟香四溢、脆嫩可口，冷热皆宜、别具风味。

（四）技巧关键

糟是将原料置于糟和盐的浸渍液中密闭入味增香的一种加工技法，使用的原料有生、熟之分。此带壳酒糟鞭笋冷热皆宜，如果冷食，则原汤中捞出可直接食用；如果是热食，则和原汤一起煮沸捞出，也可以采用烩菜技法勾一点薄芡成菜。因为此创新菜考虑的是在酒糟汁中已加入酒酿，汤汁比较浓厚，故没有勾芡。

（五）大师对话

戴桂宝：请陆师傅为大家讲一讲这道糟烩带壳鞭笋的创新思路。

陆建红：糟烩带壳鞭笋是由糟烩鞭笋改良过来的，主要是为了更加入味，另一个是为了增加食欲感。用的是嵊州的酒糟、金华的红曲和杭州拱宸桥酒酿，把它们融合到一起烧这个带壳鞭笋。在取料的时 候，鞭笋要取的嫩，时令很重要，如果迟一点的鞭笋就会变老，口感也不好。所以，我在创新的时候，就用那个鞭笋跟红曲烧在一起，用杭州传统方法融合味道，把它烧到里面，给它入味。第二个是怎么把这个鞭笋取出来而不变颜色，更加有食欲。

大师对话

戴桂宝：原先用的一个是糟，现在你不仅用了糟，还有红曲和酒酿。那么我问一下，就刚才你在烧的过程中间，先把糟烧好之后，浸泡两小时，这个目的是给它入味？（目的是给它入味。）在前面的时候剖了一刀，后来放上红曲和酒酿烧好之后再去改刀，这又是为什么？

陆建红：第一个就是保证这个味道在里面，不会有串味。第二个就是把这个酒酿跟红曲烧在里面，微微有一点甜味在鞭笋里面，所以说提前改刀就会改变颜色，这个笋也会走味。

戴桂宝：就是尽量在烧红曲的时候不去改刀。（对）但是烧好了，吃的时候可以改刀，也可以不改刀。（对）刚才改刀是为了什么？

陆建红：更加入味，更加有酒酿的味道。还有就是起到消毒的作用。

戴桂宝：实际上不改刀也不要紧，就是剥剥麻烦一点。

陆建红：做热菜要改刀上去，如果做冷菜，那我们更要精细。

戴桂宝：实际上这道菜做热菜也可以，做冷菜也可以。改良之后比以前的菜气势更大，大家更想吃啦！

六十、油焖春笋（传统名菜）

传承制作：金蔚昊（虎儿）
原杭州望湖宾馆餐饮部副经理兼总厨师长

个人简介

  油焖春笋家喻户晓，它采用多油、重糖手法烹制，笋肉鲜嫩脆口，既可佐酒又可下饭，是一道适合杭州人口味、让杭州人百吃不厌的传统春令风味菜肴。

（一）故事传说

  竹笋品种繁多，有春笋、鞭笋、冬笋，其中春笋特别鲜嫩味美，因而被誉为春天的"菜王"，唐代李商隐的笔下有"嫩箨香苞初出林，於陵论价重如金"的描述。他认为，竹笋是珍贵而难得的宝物，新鲜的竹笋，能跟黄金比价。春笋食用可追溯至唐朝，据说唐太宗就很喜欢吃笋，每逢春笋上市，总要召集群臣品尝"笋宴"，并以笋来象征国事昌盛，比喻大唐天下人才辈出，犹如"雨后春笋"。

  清代李渔的《闲情偶寄》赞笋曰："此蔬食中第一品也，肥羊嫩豕，何足比肩。""论蔬食之美者，曰清，曰洁，曰芳馥，曰松脆而已矣。不知其至美所在，能居肉之上者，只在一字之鲜。"春笋味道清淡鲜嫩，含有充足的水分，特别是纤维素含量很高，常食有帮助消化、防止便秘的功能。所以，春笋是低脂肪、低淀粉、多粗纤维素的营养美食。杭州人特别喜食春笋，故一直是人们餐桌上的美食。

唐代诗人陆龟蒙在《丁隐君歌》中写道："盘烧天竺春笋肥，琴倚洞庭秋石瘦。"充分表达了对春笋的向往之情。此处用宋代苏轼诗作结尾："蓼茸蒿笋试春盘，人间有味是清欢。"

（二）选料讲究

竹笋是杭州临安天目山的一大特产，杭州周边安吉、莫干山也是著名的竹笋产区，杭州民间有"雨前椿芽雨后笋"的说法，每年谷雨前后正是春笋最鲜美肥嫩的时候，这时的笋粗壮白嫩，是春笋中的上品。制作油焖春笋宜选用自然冒尖的嫩春笋作原料，短壮、皮薄、肉厚、质嫩无涩味的春笋为佳，地面覆膜提前成熟的春笋次之，钻出地面变成绿色或存放数日则笋老涩重，为下品。

酱油一般采用浙江本地的酿造酱油，如果采购不到浙江酱油，建议先入咸味和甜味，再用老抽调色。

主料：	生净嫩春笋肉	500 克
调料：	酱油	60 毫升
	白糖	40 克
	味精	1.5 克
	芝麻油	15 毫升
	熟菜油	60 毫升
	花椒	10 粒

注：与1977版《杭州菜谱》对比：酱油二两、白糖五钱、熟菜油二两，无花椒粒，余同。

与1988版《杭州菜谱》对比：酱油75克、白糖25克、熟菜油75克，余同。

（三）工艺流程

1. 刀工处理

笋肉洗净，对剖，用刀面将笋拍松成条，切成长度为 5 厘米左右的段。

2. 加热成熟

原料与工艺流程

将炒锅置中火上烧热，下菜油至五成热时，放入花椒，炸香后捞出，将春笋入锅煸炒至色呈微黄时，即加入酱油、白糖和水 100 毫升，用小火加热 5 分钟，待汤汁收浓时，放入味精，淋上芝麻油，出锅装盘。

（四）菜肴特点

油焖春笋多油重糖，色泽酱红油亮，汁水浓郁不勾芡，笋肉鲜嫩又脆口。真可谓：多油重糖、色泽红亮，鲜嫩脆口、甜咸适宜。

（五）技巧技法

在刀工处理时，先将笋对切，后用刀平拍，将笋拍松，拍的力度不易太重，防止笋嫩而破碎，最好使笋身纤维裂而不碎，这样既能入味，也能保持笋条的完整。如作冷菜使用，笋条略微要切小点（一般大小宜在 3.5 厘米 ×0.8 厘米），不建议刀拍，刀切相对能使笋条大小匀称。

此菜先要用油加热，为下步上色考虑，时间相对长一点，既使之成熟，又不能使之出现焦痕。采用技法为㸆，㸆是将原料经熟处理后，加入调味汁或汤汁，先用旺火加热至沸，再用中小火加热至浓稠入味成菜的一种加工技法，所以油焖笋也常叫油㸆笋。

（六）评价要素

观之笋条厚实匀称、色泽深红油亮、收汁浓稠无芡，食之松脆爽口、咸鲜而带甜味，为正宗功夫。有些用糖不足，不够红亮；有些酱油太多，颜色发暗；有些汁厚勾芡，味在表面；有些撒上葱花，画蛇添足；种种现象均非正宗。

（七）传承创新

油焖春笋咸甜鲜脆、人见人爱，所以当春季过后，为了吃到油焖笋的味道，常采用其他原料代替，出现了油焖毛笋、油焖冬笋、油焖茭白、油焖尖椒等。

（八）大师对话

戴桂宝：金师傅，刚才做油焖春笋的时候，您认为现在的酱油跟以前有什么不同？

金虎儿：现在的酱油超市中各式各样、五花八门都有，但我们杭州人一般来说烧油焖春笋用杭州酱油，包括西湖醋鱼都用杭州的米醋，外地的醋我们就烧不好了。油焖春笋用湖羊酱油相对适合一点，我们杭州人做菜用这个酱油比较多，比较普遍。至于说烧油焖春笋这个酱油没必要像菜谱上一样多。

大师对话

戴桂宝：因为现在的酱油颜色深。

金虎儿：这个笋的刀工处理，浙江菜谱和杭州菜谱上都讲到，长度5厘米左右，这个讲法也对的，但不要绝对，有时候一支笋，不可能一定能切到5厘米，不然的话一个笋头浪费掉了，允许有一定的宽松度。还有去笋老头都是一节一节去的，笋老头要去就去掉一节，感觉刀切不下去，说明老了，整节不要了。油焖笋吃出渣来是不应该的，小店等头上多留一节是有的。还有笋一定要白净，笋衣要打干净，包括梢头，不打干净，末末碎儿比较多，吃光以后盘底都是末碎了。在刀工处理方面，拍的力度要有区分，老头重一点，嫩的地方轻轻一拍，甚至有些梢头上不拍也不要紧。老头拍重一点，裂开来以后，然后你把它切成一条条，不要太宽，太宽不行。

戴桂宝：拍好之后，仍旧要改刀。

金虎儿：宽窄自己掌握，改好刀后，按等份切好。这点蛮要紧的，不要嫩头和后面一段都拍一拍，因为你后面拍重点它不会碎，嫩头拍重就要碎掉了。

戴桂宝：有些时候不拍也有的，如做冷菜、小碟，就要切很小，只有3厘米长。

金虎儿：冷菜的刀工和热菜的刀工肯定有区别，还有这个笋像我们酒店里做，都要油里拉一下，不拉也可以，用油煸一下。

戴桂宝：因为桌数太多，十桌二十桌用油拉，但桌数少还是用油煸出来好。

金虎儿：用油拉是节约时间，一桌二桌还是煸出来、小火爆出来的好。

戴桂宝：传统讲是重油重糖，假如我来做油焖春笋是重油、重糖、重酱油。

金虎儿：我的意思，重油是对的。相对来说比其他菜看重，菜不重油，这个色光绝对不好，也不叫油焖春笋了。

戴桂宝：糖不放多，红不起来了！

金虎儿：红是红得起来的，就是色泽没加糖多那么好，没那么漂亮。加糖有啥

好处？色泽上确实比较好，油焖春笋加点糖，燸到后来有光泽。

戴桂宝： 油焖春笋这道菜看似很简单，但外地人普遍烧不好，因为他们印象中没有放那么多糖。

金虎儿： 开始的时候，花椒油拉了以后，再煸炒一下，加好后再小火收，用小火把味道收进去，慢慢收浓，成自然芡盛出，吃好之后，盘底还有汤汁。假如烧过头，成一层油，不但汤汁没了，而且笋的口感也不一样了。这道菜看看蛮简单，烧好确实不容易。

戴桂宝： 这道菜是生命力很强的杭州传统名菜，也是我们杭州传统家常菜。

金虎儿： 实际上有些传统名菜也是逐步从民间收集来的。

六十一、尖椒油焖笋（创新菜）

个人简介

创新制作：俞斌

现任杭州紫萱度假村总经理

　　尖椒油焖笋也称尖椒油燜笋，是由杭州名菜油焖春笋演变而来的，是在油焖春笋的基础上添加了本地辣椒，使菜肴甜中不腻、微辣开胃，是一道符合新杭州人口味的创新菜。

（一）主辅原料

主料： 带壳春笋　　900 克

辅料： 去蒂杭椒　　70 克

调料： 酱油　　　　25 毫升

　　　　白糖　　　　75 克

　　　　黄酒　　　　30 毫升

老抽	5 毫升
米醋	3 毫升
味粉	3 克
麻油	10 毫升
色拉油	500 毫升（实耗 50 毫升）

（二）工艺流程

1.初步加工

将春笋切去老头，剥去笋壳，刮掉笋衣，对切后略拍，切成近5 厘米长的段。尖椒斜切为两段。

原料与工艺流程

2.加热成熟

置锅下入色拉油升温至 100℃，倒入杭椒，至七八分熟捞出，再倒入笋段，保持四五成油温略翻炒 40 秒，使笋成熟，连油倒入漏勺，再把笋放回锅内，利用余油翻炒笋段片刻，加入酒、糖、醋、开水 150毫升，加盖小火加热，7 分钟后揭盖，至汁微浓，倒入杭椒翻拌，加入老抽、味粉，麻油，颠翻出锅。

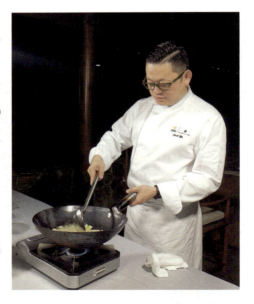

（三）菜肴特点

此菜与油焖春笋一样多油重糖，先咸后甜，既咸香又爽脆；加了杭椒既添色又增味，使菜肴甜中不腻，微辣开胃。真可谓：多油重糖、色泽红亮，鲜脆开胃、甜中不腻。

（四）技巧关键

首先，在刀工处理时，将笋拍松，让笋身纤维裂而不碎，爆制时使其容易入味。其次，主辅料的配比可根据使用者口味来定，但宜选择辣味较轻的杭椒。

（五）大师对话

戴桂宝： 下面请俞总为大家谈谈创作的思路。

大师对话

俞斌： 这道尖椒油焖笋，我们还是非常遵从传统的油焖春笋烹饪方法的，只是在原有的过程上面做了些微微的调整，以及在配料当中增加了杭式的尖椒（简称杭椒）。增加了杭椒，让整道菜的色泽比原来的更加鲜艳，因为有红色和绿色两种颜色的搭配，会感觉更加绚丽。而杭椒独有的既不是太辣，又带一点微微的辣味和脆爽的感觉，和春笋搭配会更加受年轻人的喜爱，所以我们创作了这一道尖椒油焖笋。

戴桂宝： 你在烹制的过程中间，增加了米醋，配料中增加了辣椒。你讲讲这道菜在烧制方面要注意哪些，醋应该什么时候放？

俞斌： 这道菜其实在整个烹制的过程当中，有这样几点我觉得是需要去注意的。第一个是春笋一开始需要去拉油，因为刚开始的春笋它有一点点的涩味，通过拉油，能减轻它的涩味。第二个是在处理春笋的时候，要用刀背去拍松，让它有小裂状，能够更好地入味，让味渗透到春笋里面去。第三个是刚才说到的在炒的过程当中，会提前烹一点点的米醋，那么在后来的小火慢慢煮的时间里面，醋酸味会基本上挥发掉，留下来的是一种香味，以及能除去笋的那种涩口。

戴桂宝： 就是跟纯糖、纯酱油烧的味道不一样。

俞斌： 对对！它其实不像是糖醋，因为它没有酸味，但是会有一种特殊的香味留在味道里。

戴桂宝： 那么你在拍的过程中也不是为了给它拍碎，而是为了给它拍松，使笋更入味。那我看烧制过程也比较长，刚好这卡式炉的小火能慢慢地烧。

俞斌： 其实油焖春笋是比较适合在家做的，用小火慢慢地去焐。那如果在酒楼里面，大家在烧制的过程当中，其实也是需要放在最小的火上面去慢慢炖（焐）个七八分钟，再拿到大火上来微微收汁，让他的汤汁收到稠浓就可以出菜。

戴桂宝： 那么这道菜的评价标准是什么？

俞斌： 我会看它炖煮的时间够不够长，要汤汁自然收稠，不是很宽。也不是用生粉去勾芡而成的，是自然收浓而成，这是第一个。第二个就是通过品尝，看它的涩味有没有被去掉？然后尖椒刚好味道进去了，又不是非常的软烂。

戴桂宝： 就是尖椒不能太软烂。所以你刚才拉油是分开拉的。

俞斌： 对，不用特别高的油温，一拉就拿出来，然后在出锅之前再倒入，因汁水自然收稠，它表面的味道还是会黏附在上面。

个人简介

六十二、红烧卷鸡（传统名菜）

传承制作：茅尧雄

原杭州望湖宾馆厨师长

红烧卷鸡也称杭州卷鸡，它选用杭州富阳泗乡腐皮、杭州临安天目笋干为原料，富有乡土风味，是一款实用性强、深受市民喜爱的菜肴。

（一）故事传说

卷鸡原名叫"古味香肠"。传说从前，杭州郊外有一小寺院，寺院里的大小和尚个个遵守佛门的清规戒律，唯独火工和尚偷吃荤食。一天，有位云游和尚来到该寺，受到热情款待，但该和尚面对丰盛的素斋却毫不动心，只是草草地吃了点，就踱步至寺后的密林深处。火工和尚觉得奇怪，便尾随其后。只见那云游和尚从上衣口袋里掏出铜板粗细的一段东西，蹲下身，大口大口地吃了起来。火工和尚看得真切，思忖着这人肯定是偷吃荤食。于是一个箭步冲上前去，一把夺过云游和尚正在吃的食物。仔细一看，原来是一卷用豆腐皮包着的干熟肉。火工和尚不由分说，拉着他要去见寺院的方丈。谁知，那云游和尚不急也不恼，笑嘻嘻地一面赔礼道歉，一面解释说："区区小事，何必认真。俗话说'酒肉穿肠过，佛祖心中留'。佛志假与真，事事靠心诚。"说着，便从袋内又拿出一小节，说："这叫古味香肠，味道好，又不招人注意，不信你尝尝。"火工和尚本来也喜欢偷荤，于是立马换了副脸色道："不瞒你说，我与你一样，也喜欢偷荤。"火工和尚回到寺院后，心生一计，他用豆腐皮包卷了荤、素两种香肠，荤的用豆腐皮包裹肉馅，素的用豆腐皮包裹咸菜香干笋干馅子，入锅油炸而成。荤的留着无人时自己偷偷吃，素的则供应寺众香客食用。这则故事无论是否真实，也无贬低火工和尚和云游和尚之意。

这道菜外传出来后，为适应诸多来杭的香客和素食者的需要，经过杭州厨师的研究与创新，以豆腐皮包笋干丝卷制成鸡卷状，"卷鸡"的名称不胫而走，"红烧卷鸡"成了杭州净素名菜。

（二）选料讲究

首选东坞山出产的泗乡豆腐皮，但没有制作脆炸响铃的腐皮选料要求那么高，只要含糖量少，厚度要求可以放宽一点。天目山笋干最好选粗细适中、青翠软嫩、炭火烘烤的笋干。

主料： 豆腐皮　　　8 张

水发笋干　　250 克

辅料： 熟笋片　　　50 克

水发香菇　　10 克

绿蔬菜　　　约 200 克（用量根据使用的时令蔬菜作调整）

调料： 酱油 25 毫升、白糖 15 克、味精 2 克、芝麻油 10 毫升、熟菜油 750 毫升（约耗 100 毫升）、素汁汤 250 毫升

注：与1977版《杭州菜谱》对比：豆腐皮二十一张、水发笋干四两、绿蔬菜五分，余同。

与1988版《杭州菜谱》对比：豆腐皮二十一张、绿蔬菜三克，余同。

（三）工艺流程

1.刀工处理

香菇批片。

原料与工艺流程

2.初步加工

水发笋干剪去老头，撕成丝，腐皮用湿毛巾润潮，撕去边筋。

3.制作成型

豆腐皮 2 张平摊在案板上，然后将笋干丝放在腐皮的下端排齐，随即从下向上卷紧，末端用水蘸湿粘住。把包好的 4 卷腐皮，切成 4～5 厘米的段，即成"卷鸡"段。

4.加热调味

（1）锅置旺火上，下菜油，烧至六成热时，放入卷鸡段，炸至金黄色时，用漏勺捞出待用。

（2）锅内留油 25 毫升，将熟笋片、香菇倒入锅内略炒，放入酱油、糖、素汁汤和卷鸡，用中小火加热 3～4 分钟。待汤汁剩 1/5 时，再加入味精、淋上芝麻油。

（3）绿蔬菜焯水后，用油翻炒，加盐、味精调味。

5.起锅装盘

先将炒好的绿蔬菜装盘，再有序将卷鸡排列装盘。

（四）菜肴特点

此菜全素制作，形似卷鸡，色黄油亮，麻香扑鼻，脆嫩兼顾，是素菜馆的当家菜肴。真可谓：色泽黄亮、麻香扑鼻，外软里脆嫩、有汁又有味。

（五）技巧技法

（1）笋干撕丝时，应先鉴定其咸分，如过咸，要延长其浸泡时间。

（2）在卷制时，笋丝要铺放均匀，要用巧劲使卷的成形粗细匀称，略紧不松，收口可用水将腐皮末端蘸湿或涂粉液黏住。

（3）下油锅应控制油温，以定形为目的，防止腐皮焦糊。

（4）也可以待汤汁略收后，直接放入绿色蔬菜颠翻，淋上芝麻油出锅。

此菜的加工技法为红烧，即将原料加入有色调味品，用中小火加热，收汁起稠成菜。

（六）评价要素

观之大小匀称，腐皮黄亮，不焦不糊，颜色适中；嗅之香气诱人、引人入口；尝之既软又有嚼劲，既入味又不厌其咸。

（七）传承创新

红烧卷鸡深受大家喜爱，虽然使用笋干特色明显，但对牙齿不好的老年人不太合适，所以厨师不断地进行创新改良，有减少笋干数量的，也有用其他蔬菜替代的。创新研制包裹蔬菜丝、菌菇丝的红烧素丝卷，包裹豆芽菜的杭州素卷。

（八）大师对话

戴桂宝：请茅尧雄师傅谈谈这道菜在选料方面的问题。

茅尧雄：第一个选料方面要选正宗的杭州临安天目山笋干，要当年的笋干、要比较嫩的。第二个要选择杭州富阳的泗乡豆腐皮，要手工制作的，东西一定要清爽，不能黏，一贴就是一贴。还有笋干浸泡之后要撕成丝。

大师对话

戴桂宝：你刚才用的是什么汤？

茅尧雄：这个叫做素菜高汤，因为蔬菜本身营养丰富，所以熬了蔬菜做汤，作为佐料放进去。

戴桂宝：这个素菜汤是由什么组成的？

茅尧雄：笋老头、香菇、黄豆芽，还有一个是笋干老头。这四样东西放在一起煮，一般都要煮一个小时以上，全素的。

戴桂宝：绿色蔬菜春季用豌豆苗，没有豌豆苗用青菜？

茅尧雄：根据季节，青菜、豆瓣、豆苗都可以用。

戴桂宝：刚才茅尧雄师傅已经说得很清楚了，就是这道菜的季节性问题和选料问题，还有一个是笋干浸泡的时间，不能太咸，也不能淡。假如浸水不到位就太咸了，假如淡了就没有香味、没有鲜味，这个是很关键的。

六十三、新杭州卷鸡（创新菜）

创新制作：方星

现任杭州望湖宾馆行政总厨

个人简介

　　新杭州卷鸡是杭州名菜红烧卷鸡的演变版，在原料腐皮包裹笋丝的基础上，加入鳕鱼丝和金针菇等，是一款荤蔬结合的创新风味菜。

（一）主辅原料

主料： 豆腐皮　　　6 张

辅料： 鳕鱼　　　　150 克

　　　　胡萝卜　　　50 克

　　　　金针菇　　　75 克

　　　　笋干丝　　　150 克

　　　　葱　　　　　15 克

　　　　姜　　　　　10 克

　　　　蔬菜（山药片、红菜头苗、香椿苗）适量

调料： 酱油　　　　40 毫升

　　　　老抽　　　　30 毫升

　　　　麻油　　　　25 毫升

　　　　糖　　　　　30 克

　　　　味精　　　　5 克

　　　　湿生粉　　　10 克

　　　　盐　　　　　2 克

（二）工艺流程

1.刀工处理

（1）鳕鱼切成8厘米长、0.5厘米粗细的丝。

（2）胡萝卜切成8厘米长的细丝。

（3）金针菇切去根部，用手撕开。

（4）姜切成细丝。

（5）葱切成4厘米长的段。

原料与工艺流程

2.焯水成熟

置锅加水，开后将胡萝卜、金针菇焯水。

3.拌料制卷

（1）将鱼丝盛入碗中，加入葱姜、盐2克，拌匀。

（2）将金针菇、笋干丝、胡萝卜丝、盐1克、糖2克、麻油10毫升拌匀。

（3）腐皮撕去边筋，用2张平铺案板上，放上1/3鱼丝，再放上1/3笋丝等，卷紧，并用湿生粉黏住边，用同样方法完成3卷，再切成4.5厘米长的段。

4.炸制定形

置锅一只烧红滑锅，下油1250毫升，至油温三四成时，改小火，放入腐皮卷，炸2分多钟，倒入漏勺。

5.加热调味

锅内下高汤150毫升，先后加酱油、糖，老抽，放入腐皮卷，用中小火加热，收汁后加味精，最后淋上麻油起锅。

6.装盘点缀

将腐皮卷横截面朝上放在盘中，上面盖上熟的铁棍山药片、蔬菜苗。

（三）菜肴特点

此菜入口既软又有嚼劲，既香又不失鲜嫩，有荤有蔬、老少皆宜。真可谓：荤蔬结合、香鲜软嫩。

（四）技巧关键

首先在卷制成形时粗细要匀称，在收口处可用生粉或蛋液粘黏，下油锅的目的是定形，所以应控制油温和时间，以防止腐皮焦糊。

（五）大师对话

戴桂宝：方总这道卷鸡，叫什么名字？

方星：新派杭州卷鸡。为什么？就是因为考虑到以前传统的是用单一的豆腐皮跟天目山笋干合在一起。那这次呢？随着人们对生活的要求越来越高，那我们就想通过新的一种手法，就是在那个卷鸡里面植入两种食材：一种是深海鳕鱼；一种是笋干、金针菇、胡萝卜，让这道菜更具可食性，同时也让膳食营养更均衡。

大师对话

戴桂宝：以前是一道素菜，现在变成了荤素菜。

方星：是，荤素搭配，然后在传统的菜肴上面，我们更需要担负的是传承与创新。所以我们在整个菜肴装盘上或者出品上，尽量去吸引不同年龄层的人来消费这一道菜。

戴桂宝：实际上这道菜就是把以前的原料的单一性现在变成了多样性。

方星：多样性，荤素搭配，这个是最重要的，特别符合现在的营养学要求。

戴桂宝：方总，请再谈谈这道菜在制作中应该注意哪些关键？

方星：这道菜制作的关键首先就是选料。现在因为外面的豆腐皮其实好坏参差不齐，所以我们一定是选用富阳的泗乡豆腐皮。第二个就是我们要选用天目山当年产的新笋干，因为它特别香，也特别鲜美。第三个就是我们选用的是深海鳕鱼，因为深海鳕鱼含有丰富的氨基酸、优质蛋白质，对人体是非常有帮助的。还有在烹饪过程当中，我个人认为最好用橄榄油去点制，因为橄榄独有股特殊的香味。

六十四、创意卷鸡（创新菜）

个人简介

创新制作：林金辉
现任杭州名人名家餐饮娱乐投资有限公司总监

　　创意卷鸡是由杭州名菜红烧卷鸡演变而来的，是从一款素菜改良成荤蔬搭配、口感多样的创意菜肴，是一款颜值较高的创新菜。

（一）主辅原料

主料：豆腐皮　　　　6 张
　　　水发笋干丝　　200 克
辅料：浆虾仁　　　　120 克
　　　豆苗　　　　　150 克
　　　鸡蛋黄　　　　2 只
　　　鱼子酱　　　　20 克

调料： 酱油　　10 毫升

　　　　盐　　　1 克

　　　　白糖　　5 克

　　　　味精　　1 克

　　　　黄酒　　10 毫升

　　　　生粉　　10 克

　　　　湿生粉　10 克

　　　　高汤　　150 毫升

　　　　色拉油　1000 毫升（约耗 150 毫升）

（二）工艺流程

原料与工艺流程

1.初步加工

将腐皮切去边筋。

2.制作成型

将两张腐皮平铺在案板上，然后将笋干丝和浆虾仁放在腐皮的下端排齐，随即从下向上卷紧，末边黏上蛋黄液，而后每卷切成 5 段，每段约 4.5 厘米。

3.拍粉炸制

（1）将卷段两头黏上蛋液和生粉。

（2）置锅放油，油温至四五成时，放入卷段，此时油温降至三成余，改用小火，加热约 4 分钟，至金黄色时，用漏勺捞出。

4.加热成熟

（1）锅内留油 50 毫升，高汤、糖、酒、酱油，放入卷鸡段，加热至沸后用湿生粉勾芡，淋亮油出锅。

（2）锅置旺火上，下油 10 毫升，放入豆苗，加盐、味精，快速翻炒出锅。

5.装盘点缀

装盘将豆苗垫底，上面放上卷鸡，用鱼子酱点缀，可集中装盘，也可分位装。

（三）菜肴特点

此菜腐皮黄亮，缀以豆苗和鱼子，色彩丰富，观之诱发食欲，入口柔软脆嫩，真可谓：色泽黄亮、荤素融合，成菜柔软、脆嫩浓香。

（四）技巧关键

为了防止虾仁漏出，在腐皮卷的两端黏上蛋液和生粉；在炸制时要把控火候和时间，约 4 分钟时，油温渐升腐皮呈金黄时出锅。

（五）大师对话

大师对话

戴桂宝：请林总来谈谈这道菜的创意思路。

林金辉：很高兴为大家做这道创意卷鸡。首先说创意，我们作为杭州老餐饮的传承，我们工艺不变、味道不变，选用的食材仍旧是杭州富阳的豆腐皮、天目山的笋干。在这个基础上，加了一些手剥的虾仁，千岛湖大鲟鱼的鱼子酱，加进去使这道菜的口味更加饱满、更有营养。1956 年的时候评选上名菜，那么经过几十年的变化、市场客户群体的变化，现在人们要身体健康，要瘦身、增肌。所以我们在这道菜当中加入了虾仁、鱼子酱。

戴桂宝：那么能谈谈应该注意哪些要点吗？

林金辉：这道菜的关键点就是在包豆腐卷的时候，松紧要适当，包的太紧，烧的汁水就很难进去；如果太松，烧的时间长了，外面的豆腐皮会碎掉，就不成形。

戴桂宝：那在炸的过程中间，油温和时间如何控制？

林金辉：这个也是做这道菜至关重要的一个点，我们先用上好的食用油，用中火把这个油烧到四成油温，一个一个按顺序放下去炸，炸的时候要开小火慢慢炸，因为不能一下子成形，一下成形有可能就是外面焦掉、里面还没炸透，所以在炸的时候大概用 120～130℃的油温。

戴桂宝：保持这个温度，刚才已经炸了有 3 分多钟了。

林金辉：对！炸 3 分多钟即可捞起，金黄色就可以了。

戴桂宝：最后收汁吗？

林金辉：炸好放在边上。然后我们就开始调这个汁，调汁的时候用常规的老酒、酱油，今天还加了一些高汤。这个高汤是比较好的，用火腿、骨头熬制，这个高汤加上去，能让这个汁水更浓、更香。

六十五、栗子冬菇（传统名菜）

传承制作：袁建国
现任浙江桐乡瑞豪酒店有限公司董事长

个人简介

栗子冬菇①为杭州传统名菜，是一款素菜的精品，它油亮诱人，加上板栗上市时间较短，所以是一款难得能品尝到的秋季时令菜。

（一）故事传说

栗子冬菇是一道地地道道的寺院菜。相传五代吴越时期的杭州寺庙林立、香火鼎盛，号称"东南佛国"。那时杭州南高峰山脚下的满觉陇有一座小寺院叫"圆兴院"，院内种植了很多栗树和桂树。每到秋季丹桂飘香就是板栗成熟之时，寺里就会收获不少的栗子。为此，寺里专门在后殿造了几间仓库来堆放栗子。面对打

---

① 栗子冬菇原名栗子炒冬菇，按习惯前辅料后主料，应该栗子在后，如果栗子和冬菇都是主料，也无可非议，偏偏栗子的数量远远大于冬菇。为什么会出现菜名前后错位，已无从考证，本书权当栗子、冬菇均为主料，称"栗子冬菇"。

下来堆积如山的栗子，当家师父却犯愁，不知该如何处理这些栗子。原来在当时栗子一般都是生食的，虽然有营养，但滋味寡淡，多吃又不容易消化，而栗子是木本粮食作物，浪费又是佛门一桩大罪过。

正在犯愁时，突如其来的一场大火把寺院烧着了。那年深秋天干物燥，可能寺内一时香火不慎，引燃前殿，风助火长，火势波及后殿。经寺内众僧和闻讯赶来的村民奋力抢救，火势才慢慢熄灭。只见断墙残垣，前殿全毁，后殿也仅留一角，当家师傅不禁面露悲色，低声念起佛号。这时，空气中传来一阵若有若无的香味，大家感到奇怪，就随香而去，越往后走，香气越浓郁，最终来到后殿，这里已被大火烧掉一半，香味正是从这里传出的。众人一起清理现场，当上面焦炭似的灰烬清掉后，下面就露出了被大火烧熟的栗子，正散发着香味。小和尚好奇地剥开栗子一尝，呀！软糯香甜，真的很好吃。当家师父也拿来尝了尝，原来栗子熟食这般好吃。于是，当家师傅马上组织众僧把栗子都抢出来。当晚，寺里就架起大锅，把栗子和仅存的冬菇同煮，不一会锅内飘出阵阵香味，周边的村民也过来和僧人一起分享栗子冬菇的美味。

圆兴院重建后，当家师父为了铭记火灾的教训，在每年老圆兴院焚毁的那天都会让寺里厨房烹制一大锅栗子冬菇，以提醒僧人小心火烛，牢记火灾教训。慢慢栗子冬菇开始流传于民间。

（二）选料讲究

板栗进入秋季成熟，但剥开毛刺后，栗子果皮有的是白白的，有的是深褐色油亮的。这白的就是没熟透的嫩板栗，深褐色的是成熟的老板栗。嫩的板栗水分多，生吃脆嫩口感好，但不易保存，所以市场上不常见。而老板栗水分少，相对易保存和运输，糖分也比嫩板栗高，适合做炒板栗、糖板栗，口感酥糯。

老《杭州菜谱》上的"栗子炒冬菇"菜肴的特点为"清爽美观、香酥鲜嫩"，用"鲜嫩"二字形容此菜，笔者觉得当时应该使用的是嫩板栗炒香菇。鉴于市场上很难采购到嫩板栗，此菜可根据实际情况灵活选用板栗，嫩板栗作为首选，老板栗作为备选。

主料：栗子　　　　300 克

　　　水发冬菇　　75 克

辅料：小青菜　　　300 克

调料：酱油　　　　20 毫升

　　　白糖　　　　10 克

精盐	1 克
味精	3 克
湿淀粉	13 克
芝麻油	10 毫升
熟菜油	40 毫升

注：与1977版《杭州菜谱》对比：栗子四两、水发冬菇一两、绿蔬菜五分、酱油六钱、味精三分、湿淀粉二钱，无精盐，余同。

与 1988 版《杭州菜谱》对比：绿色蔬菜3克、味精2克、湿淀粉10克，无蔬菜单独烹调记录、无精盐，余同。

（三）工艺与流程

1.初步处理

（1）栗子横割一刀（深至栗肉的 1/5）。

（2）冬菇去蒂洗净。

（3）菜心修蒂整形。

原料与工艺流程

（4）置锅一只，放入栗子水煮至外壳裂开，用漏勺捞出，剥壳去膜（如新鲜嫩栗应生剥去膜）。

2.初步热处理

（1）栗子肉放入容器中，加水放入蒸箱蒸10分钟至熟取出（如新鲜嫩栗免蒸）。

（2）置锅一只加水至沸，放入青菜焯水。

3.加热成熟

（1）炒锅置旺火上烧热，下菜油 3 毫升，放入青菜翻炒，加盐 1 克、味精 1 克、湿淀粉 3 克调稀勾芡，颠翻出锅待用。

（2）另置锅旺火烧热，下菜油，倒入栗子、冬菇略炒，加酱油、白糖和汤水 150 毫升，烧沸后，放入味精，余湿淀粉调稀勾芡，淋上芝麻油。

4.装盘围边

将菜心围在圆盘四周，中间盛入栗子冬菇（冬菇面多数向上）。

（四）菜肴特点

此菜色彩分明，油亮诱人，板栗酥糯（鲜嫩），香菇软香，咸甜适中，老少皆宜，真可谓：清爽美观，软糯（嫩）香甜。

（五）技巧技法

切板栗最好使栗子平躺在砧板上，在上面横剖一刀（或剖十字刀），刀深不超过栗肉的1/5，当然仅切破表皮更好，能保持板栗肉完整。

此菜采用加工技法为炒，炒有滑炒、爆炒、煸炒、软炒、生炒、熟炒之分，嫩板栗采用生炒技法，老板栗采用熟炒技法，是将小型原料不经上浆挂糊，直接用旺火热油快速颠翻成菜的一种加工技法。如是嫩板栗直接去壳剥膜，老板栗则用刀在壳上剖刀，沸水汆过后去壳剥膜，去膜后仍需再次加热至熟透，但为了不使板栗成熟破碎，最好采用带水蒸制。

（六）评价要素

板栗颗粒完整，入口酥糯（或脆嫩）；香菇块形适中，口感软香，整体油亮诱人。

（七）传承创新

板栗上市的时段短，喜食板栗顾客要在短暂的上市季节抓紧尝鲜，能吃上好吃的板栗菜肴，也是一种口福。相对嫩板栗而言，老板栗易保存，但也必须要存入冰箱，以延长板栗菜肴的供应时段。现在厨师们根据栗子炒香菇，衍生出香菇焗栗子、香菇栗子饭、香菇板栗羹等菜肴。

（八）大师对话

戴桂宝：请袁总谈谈板栗炒香菇这道菜的选料要求。

袁建国：这道板栗炒香菇是秋季的时令素菜，选料一定要是新上市的那种新鲜的栗子。

大师对话

戴桂宝：你的冬菇今天选的都一样大嘛！

袁建国：对！按照要求这个冬菇直径是2.5厘米，而且是没有沙子，质量比较好的，栗子一定要选刚刚新上市的。

戴桂宝：今天使用的是老栗，也可以使用新鲜嫩板栗？

袁建国：对！但是如果新鲜嫩板栗就不用蒸酥，老的剥开以后一定要蒸酥才能用。

戴桂宝：请为大家谈谈制作时要注意哪些要素？

袁建国：这道菜有几个关键点：一个栗子一定要横切，切开以后用水煮，煮的刚刚壳裂开以后马上现剥，如果提前剥好的话，要发黑；如果冷掉以后，就剥不掉这个衣。还有一个冬菇一定要泡透、洗干净。

戴桂宝：板栗煮的时候要多少时间？

袁建国：基本上就是烧开以后，过个几分钟就可以了。剥的时候先要等它裂开，裂开以后就好剥，但是不能冷，冷掉又剥不出来。

戴桂宝：剥出来之后，蒸多长时间？

袁建国：一般是蒸15分钟，它要带水蒸，不能干蒸，干蒸要变色。

戴桂宝：这道菜，假如说是鲜嫩板栗的话，那么就不用去蒸了，直接炒。因为今天是老板栗，一定要去蒸。

六十六、栗子焗小香菇（创新菜）

创新制作：袁建国
现任浙江桐乡瑞豪酒店有限公司董事长

个人简介

　　栗子焗小香菇是在杭州传统名菜栗子炒冬菇基础上通过创新而成的，以香菇为主料，成菜后使菜肴香味更足、口感更好，也是一道秋季的时令佳肴。

（一）主辅原料

主料： 水发去蒂小香菇　　200 克

　　　　带壳栗子　　　　　250 克

辅料： 洋葱 160 克、本芹 10 克、香菜 20 克、蒜头 5 克、青椒 20 克、红椒 20 克、葱 10 克、姜 10 克、青大蒜 30 克。

调料： 鲍鱼汁 10 毫升、蚝油 10 毫升、鸡汁 5 毫升、辣鲜露 5 毫升、酱油 15 毫升、冰糖 5 克、味精 2 克、黄油 5 克、色拉油 60 毫升、高汤 500 毫升。

（二）工艺流程

1.初步加工

栗子横割一刀，放沸水中煮至壳裂，用漏勺捞出，剥壳去膜。

原料与工艺流程

2.刀工处理

（1）将小葱、本芹、香菜切成 45 毫米的段。

（2）将大蒜、生姜切片，洋葱切丝，青红椒切末，青大蒜切粒。

3.加热成熟

（1）置锅一只，加入 20 毫升色拉油，放入洋葱 10 克、大蒜、香菜、本芹、生姜、小葱略煸熬出香味，加高汤 500 毫升，捞出固体原料。

（2）在汤水中倒入香菇，加入东古酱油 5 毫升、黄油、辣鲜露，加热 30 分钟取出沥干。

（3）另置炒锅于旺火上，加色拉油 40 毫升，倒入青红椒末，下香菇煸炒，加味精，出锅待用。

（4）取砂锅一只置于火上，放入黄油、洋葱，略翻炒，将刚刚炒好的香菇放于锅正中央，四周围上煮熟（需煮 15 分钟）的板栗，加入剩余的高汤。

4.点缀装饰

撒青大蒜点缀加盖，上桌点火加热，揭盖翻拌，即可食用。

（三）菜肴特点

香菇均匀入味，栗子完整酥糯，出品亮眼、香味浓郁，是一款秋季佳肴，真可谓：香味浓郁，酥糯入味。

（四）技巧关键

为了保持板栗完整，剥壳去膜后，采用带水蒸制成熟；此菜采用先煸炒后砂锅焗的加工技法；最后撒在上面的青大蒜可用小葱花替代，更能使大众接受。

（五）大师对话

大师对话

戴桂宝：今天袁总来为大家聊聊这道菜的创新思路。

袁建国：创新包括两个方面：一个是从烹调方法上面，原来是烧后勾芡，但是我这个是焗，焗就得用小砂锅。另一个是口味上面改变了，更复杂了，那小香菇前面已经卤了一下，就是把它卤入味，卤了将近半个小时。

戴桂宝：也就是说，上桌的时候香味更浓，在口味上面比以前的重，还有一个就是材料上面比较丰富。

袁建国：对对！而且上桌时用一个煲，下面点了蜡烛，整个包厢都能很香的。

戴桂宝：那么刚才我看到你用了将近一斤的汤水？基本上要给它烧干剩一点点水，不会烧焦？

袁建国：不会不会，因为下面有洋葱打底。上桌以后用公勺把它调匀，把板栗跟香菇的味道充分融合。

戴桂宝：刚才的板栗是淡的？

袁建国：板栗味道不是很重，但是上桌的时候，还要重新用公勺来把它拌匀以后才能食用。

戴桂宝：那在烧的过程中间还有什么要注意的？

袁建国：一个就是栗子，一定要煮透，香菇也是一样，上桌的时候香菇跟板栗的味道要充分融合，在堂作的时候会感觉更加香。

六十七、西湖莼菜汤（传统名菜）

传承制作：徐步荣
原杭州新新饭店董事长、总经理

个人简介

　　西湖莼菜汤，又名鸡火莼菜汤。它是用火腿鸡脯丝，同名贵的莼菜烧汤制成的。此汤莼菜翠绿，鸡丝火腿丝白中映红，是一款色、香、味、形俱佳的杭州传统名菜。

（一）故事传说

　　杭州西湖莼菜久负盛名，莼菜种植也有悠久历史，明代《西湖游览志》中就有"西湖第三桥近出莼菜"的记载。明代袁宏道在《湘湖》一文中考证道："蓴（chún 同莼）采自西湖，浸湘湖一宿然后佳。若浸他湖便无味。……其味香粹滑柔，略如鱼髓蟹脂，而清轻远胜。"

　　现在，杭州的三潭印月、花港观鱼等地都还有莼菜种植。待到春暖花开时，是采摘莼菜的最好季节。莼菜的收获期很长，从每年4月中旬至9月下旬，可每隔两三天采摘一次，7月产量最高。西湖莼菜自古就与松江鲈鱼齐名，《晋书》中就有"莼羹鲈脍"的记载。南宋诗人陆游寓居杭州多年，他在诗中写道："忽逢客釜莼羹美，遥忆山厨麦饭香"，抒发了自己的思乡之情。南宋诗人范成大也诗云："紫青莼菜卷荷香，玉雪芹芽拔薤长。自撷溪毛充晚供，短篷风雨宿横塘。"而明末清初美食大家李渔更是对莼菜赞不绝口："陆之蕈，水之莼，皆清虚妙物也。予尝以二物作羹，和以蟹之黄、鱼之肋，名曰'四美羹'。座客食而甘之，曰：'今而后，无下箸处矣！'"相传清乾隆皇帝六巡江南，每到杭州都必以莼菜调羹进餐，可谓对莼菜情有独钟了。

正是因为莼菜汤有着深厚淳挚的思国、思乡的寓意，所以近年来一些国外侨胞及华裔友人来杭游览，也常乐于点食这道菜，以此来表达他们对祖国和故乡的深情。

（二）选料讲究

莼菜是多年生水生宿根植物，又名马蹄菜。产在湖里，叶片呈椭圆形，色暗绿，嫩茎和叶背部都有胶状透明物质，采摘食用部分是沉没在水中尚未展开的新叶，很早以前就是我国的一种珍贵水生食品，一度成为皇家贡品。它含有丰富的蛋白质、维生素和微量铁元素，营养价值很高。在我国杭州西湖和湘湖、江苏太湖三地出产的最为有名，其中尤以西湖三潭印月出产的莼菜最为肥嫩。

火腿选用金华产火腿，用中锋上面的瘦肉切丝为最好。

主料： 西湖鲜莼菜　　　　175 克

辅料： 熟火腿　　　　　　25 克

　　　　熟鸡脯肉　　　　　50 克

调料： 精盐 2.5 克、味精 2.5 克、熟鸡油 10 毫升、鸡肉火腿原汁汤 350 毫升

注：与1977版《杭州菜谱》对比：鲜莼菜三两，余同。

　　与1988版《杭州菜谱》对比：相同。

（三）工艺流程

1. 刀工处理

将鸡脯肉、火腿均切成 6.5 厘米长的丝。

原料与工艺流程

2. 加热成熟

（1）锅内放水 500 毫升，置旺火上烧沸，放入莼菜，立即用漏勺捞出，沥去水，盛入汤盘中。

（2）把原汁汤放入锅内，加精盐烧沸后加味精，浇在莼菜上。

3. 装盘点缀

在莼菜上摆上鸡丝、火腿丝，放上熟鸡油冻，或淋上热鸡油。

（四）菜肴特点

此菜在翠绿的莼菜之中，放上红白相映的鸡丝、火腿丝，色彩鲜艳。真可谓：色彩鲜艳、滑嫩清香，汤纯味美、营养俱佳。

（五）技巧技法

（1）使用的鸡肉火腿原汁汤是采用鸡壳和鸡块加上少量火腿块，再加水蒸制或小火炖制而成。汤汁清澈无杂质、口味清鲜无异味。

（2）此菜采用汆的加工技法，汆是将原料投入沸水中，短时间加热，或采用沸水淋冲，使其碧绿。

（3）制作此菜时最后可淋热鸡油，但放鸡油冻最为美观，预先将熬好的鸡油放入冰箱冷藏，用勺挖球一枚，放在火腿丝中间。

（六）评价要素

莼菜碧绿，叶芽细小匀称；鸡丝洁白，刀口平整光洁；火腿丝深红，纤细稍长；整体排列整齐，加以鸡油色彩艳丽；入口汤汁鲜美，与鸡丝和火腿丝同嚼层次分明。

（七）传承创新

由莼菜做成的菜肴格外鲜美，如"莼菜黄鱼羹"，红白苍绿，色泽悦目，莼菜清香，鱼羹鲜嫩。"虾仁拌莼菜"，虾仁鲜嫩，莼菜清香，润肺滋肾，食之爽口。"莼菜鱼圆汤"，鱼圆洁白，莼菜碧绿，滑嫩清鲜，老少皆宜。又如"莼菜兰花笋""莼菜莲蓬汤"等，深受食客的追捧。

（八）大师对话

戴桂宝： 请徐师傅谈谈西湖莼菜汤的选料和制作关键。

大师对话

徐步荣： 莼菜是我国七八个省的特产，相比较也各有特色，但西湖的莼菜特色明显，它的特色在哪里？特别长，然后到了5月特别肥，口感特别好。所以西湖莼菜，加上一个好的汤，配上鸡丝跟火腿丝，鲜香加上清香，再加上火腿丝跟鸡丝的点缀陪衬作用，这道菜就非常有特色。

这个莼菜实际上是睡莲科，是水上的草本植物，营养非常丰富，它主要的营养成分是蛋白质、维生素C以及氨基酸。这些对人体都非常有好处。浙江人，特别是杭州，自从南宋以后，人们懂得吃、想着法子吃、会吃，而且吃出了健康。这道菜经过了几千年，我们历史上查证，食用莼菜已有3000年历史，1500多年前就开始种植这个莼菜，所以西湖的莼菜作为杭州的传统名菜，经久不衰。

这个莼菜有个讲究，就是讲究季节性的。你买来了以后要会保存，要会制作，它有一点难度，但不是太难，只要用心做，就一定会让大家真正品尝到这道中国美食——杭州的风味。

这道菜我们今天来重新制作它，按照过去传统的文化概念、传统的技法，返璞归真来做它，实际上是很有意义的。我们讲要传承经典的传统文化，这就是其中的一个方面。所以我们要弘扬中国饮食文化。我们杭州的厨师、浙江的厨师，要从自己的身边做起，发现好的原料，通过合理的烹调，让我们的百姓充分分享。

戴桂宝： 刚才我在看你汆西湖莼菜的时候，动作很快啊，你跟大家讲讲这些环节。

徐步荣： 西湖莼菜因为它长在西湖水深大概一米五的地方，当然这里要求是水比较清，然后要肥沃，它的生长就会更好。但是我们在制作这个莼菜的时候，一定要注意下锅的时候方法要得当，今天我们的方法是清水烧开，火要大，烧开以后，这个莼菜直接放下去，快速汆一下。这个过程，一为了保持它的新鲜，另一个莼菜它很薄很嫩，时间一长它可能会变形，还有一个它的颜色会发黑。所以我们鉴定这个莼菜，水里面汆的时候方法得不得当，就看它的汤，如果汤到后面是发黑的，说明它这个方法是有问题，或者说过水的时间过长。有的人不知道直接扔进去了，那是大错特错。所以我们瞬间解决问题，捞起来以后马上放到盘子里，千万不要把它再浸在汤里面，浸的时间太长也不行。这道菜要快做快吃，它的营养价值就会更高。

戴桂宝： 刚才最后的时候你放上鸡油，一般都是淋鸡油，但是你放的是冻鸡油，这肯定也有道理？

徐步荣： 这个鸡油放上去，我们是从两个方面考虑：第一，好的鸡油能冻起来，不好的鸡油很难成冻。第二，这个莼菜是绿的，我们又放上了切得很细的鸡丝，加上红的金华火腿丝，那除了奇香真味以外，就是它这道菜实际上是很清香的，那么这个鸡油放上去以后呢？让它增加了一种滑嫩的感觉。绿的、白的、红的三种颜色，再把黄的鸡油放在中间，使它的颜色层次感非常鲜明。

如果我们想象这道菜，鸡油给它化冻以后淋上去的话，层次感就不清楚，会影响到它的色，所以鸡油冻起来放在中间，有一个好处：出品干净、清爽，有层次感。而且中间这么个黄亮的，实际上就像夜明珠一样，很好看。这也是我们传统菜肴，当时前辈们在制作这道菜肴时也是动了不少脑筋，所以我们今天来做这道菜，要这样来进行点缀，也觉得很有意思。前辈们很有智慧，而且很有审美观念！

六十八、珍珠蟹粉莼菜汤（创新菜）

创新制作：王丰

现任浙江商业职业技术学院中西餐专业负责人

个人简介

　　珍珠蟹粉莼菜汤是在杭州传统名菜西湖莼菜汤基础上进行创新的，用鱼珠和蟹粉配以莼菜，使菜肴口感更为柔绵滑嫩，是一道很适合用于宴会上的位上菜肴。

（一）主辅原料

（以下原料按四人位用料量计算）

主料：莼菜　　　　260 克

辅料：鲢鱼泥　　　200 克

　　　湖蟹（母）　2 只 280 克

调料：生姜 10 克、黄酒 10 毫升、酱油 3 滴、米醋 2 毫升，盐 3.5 克、色拉油 200 毫升（约耗 20 毫升）、鸡清汤 400 毫升。

（二）工艺流程

1.初步加工

（1）将湖蟹煮熟，剔除蟹壳，取出蟹黄约 40 克和蟹肉 50 克待用。

（2）将鲢鱼泥加水 20 毫升，加盐 2 克搅拌上劲成茸。

原料与工艺流程

2.刀工处理

将蟹肉切碎、生姜切片和末各一半

3.初步成熟

（1）锅一只置冷水，用匙柄取鱼茸成珍珠状，逐粒放入冷水锅中，焐至成熟后取出待用。

（2）锅置火上，放入色拉油 20 毫升，放入姜片，微火稍待，生姜上无气泡时倒入碗中。

（3）锅中留油 10 毫升，放入姜末 1/2 炒香，放入蟹黄，加料酒 1/2、酱油、米醋 1/2，炒熟出锅待用；用同样手法将刚才熬好的姜油入锅，放入姜末 1/2 炒香，放入蟹肉，加料酒 1/2、米醋 1/2、盐 0.5 克，炒熟出锅待用。

（4）将清鸡汤烧沸后，加盐 2.5 克调味待用。

4.成熟装盘

置锅一只加水，待水沸后下莼菜快速氽一下捞出，分别盛入 4 只小碗内。每只小碗加入调好味的鸡汤。在碗边四周放上鱼珠，莼菜中间先放蟹肉，盖上蟹黄。

（三）菜肴特点

此菜白、绿、黄相映，软糯的鱼珠、鲜香的蟹粉，与翠绿的莼菜色彩分明，入口柔绵加嫩滑。正可谓：清香鲜美、柔绵嫩滑。

（四）技巧关键

（1）鱼茸要搅打上劲，加水量要略少一点，便于鱼珠成形。

（2）此菜采用的加工技法为氽，氽水的动作尽量要快，或采用沸水淋冲莼菜，使其碧绿。

（五）大师对话

戴桂宝： 下面请王丰老师介绍一下改良这道菜的出发点和创新思路。

王丰： 我今天做的是珍珠蟹粉莼菜汤，是以传统的杭州名菜西湖莼菜汤为基础改良的，里面用了蟹粉、鱼茸做的小珍珠和最基本的鸡汤与莼菜。这道菜其实做法不是非常复杂，还是保留了传统莼菜汤的清新淡雅，但又增加了蟹的鲜味，然后用洁白的小鱼珠衬托了这个汤的色彩。

大师对话

戴桂宝： 你今天用的三样东西，都是湖里的？

王丰： 对，都是湖里面的。然后我想现在菜系的发展，它需要有一些新的，既继承传统又有改良的一批菜出来，更加丰富消费者的消费需求，所以今天我做了这道菜。

戴桂宝： 这道菜不仅是形式上有变化，实际上加上蟹粉以后，菜的品质也有所提高。

王丰： 因为传统的蟹粉有些单独做羹，有些与豆腐、蹄筋一起做羹，还有单独的炒蟹粉，但蟹粉做在汤里面，炒好的蟹粉做汤是比较少的，蟹粉的味道不会去抢那个莼菜的鲜味。

戴桂宝： 莼菜的清香还是留着。那你刚才在炒的时候，把蟹黄跟蟹肉分开炒，这个出于什么目的？

王丰： 这个炒制加的调味料，蟹肉去加盐，如果加酱油的话这个颜色就不好看了。蟹黄加酱油能让这种黄色更加透出来，更加有食欲。酱油是发酵的，它这种香味和盐的口味完全不一样，只要慢慢品的话，吃到蟹肉和吃到蟹黄两个味道是可以区分开来的。

戴桂宝： 很关键的就是为了把蟹黄突出来，蟹粉下面垫底，又增加了工艺，又增加了美观度。

王丰： 它是炒蟹粉炒好以后用勺子给它慢慢搅拌，搅匀之后，其实蟹肉和蟹黄是连着的，然后吃进去的口感是有层次感的。

戴桂宝： 希望你再跟大家介绍一下，有些菜别人在用蟹黄的时候是整块蟹黄，但是你今天是切碎炒的，那请你讲讲是什么用意？

王丰： 我觉得这个和烹调方法有关，我们这道菜看是汤菜。汤菜需要有一些比较细小的原料，较短时间里面比较容易入味，然后可以把汤里面的这些食材，一

399

勺入口后就能够体现出来，所以它可能会比较小一些，然后像一些扒菜，它可能比较大气，可能要加热煮的时间也比较长，所以需要大块一些。我们这道菜在鸡汤里面要把蟹融合在一起。

戴桂宝： 开始是分开的，在吃的时候再拌匀。虽然炒了炒，但放入汤里是没加热的，所以你把它切碎（注：为了使蟹肉和汤的温度一致）。你对这道菜已经很用心了。

六十九、番虾锅巴（传统名菜）

传承制作：叶杭胜
原浙江赞成宾馆副总经理

个人简介

番虾锅巴，是番茄虾仁锅巴的简称，甜酸可口，能增进食欲。此菜临食浇汁，爆裂声声，备受大众喜爱，是一道声、色、趣、味相融的传统特色名菜。

（一）故事传说

番虾锅巴，原名"番茄虾儿锅巴"，是杭州名菜中的后起之秀。此菜既可作点心，又可作菜肴，临食浇汁，爆裂声声入耳，酸甜香味四溢，色娱目，趣悦心，味扑鼻，满坐开怀品尝，别是一番滋味。此时此景，过去有人形容为"平地一声雷"，以此作为此菜的别名。

锅巴菜肴散见在全国各大菜系之中，并不为杭帮菜所独有。番虾锅巴追根溯源，可一直追溯到北京菜系中的"桃花泛"。"桃花泛"就是将锅巴油炸后，浇上番茄汁，缀以虾仁而成，因成菜色彩艳丽，犹如一朵朵盛开的桃花故得名。从"桃花泛"到"番虾锅巴"，可以明显地看出杭帮菜兼收并蓄、引进各地菜肴并集多种菜式于一体的发展脉络。

粳米饭锅巴在鱼米之乡的杭州颇为常见，人们在日常生活中早已创造了多种多样的食用方法。但把它引入名菜佳肴之列，赋予声、色、趣、味于一菜，是杭州厨师引进创新的结果。据说抗日战争时期，杭州厨师还把这道菜改名为"轰炸侵略者"，寄托自己对侵略者的憎恨。此菜一经推出便受到了食客的欢迎，人们纷纷上餐馆点食这道菜肴，以示同仇敌忾。

（二）选料讲究

锅巴，杭州人称其为"镬焦"，锅巴质量的好坏直接影响菜肴的质量，锅巴无论厚薄，讲究的是在油炸后是否膨松，口感是否脆松。在淋上芡汁后，锅巴不立刻回软，还能保持一段时间松脆的为上品。

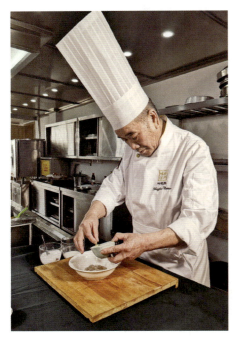

主料：大河虾虾仁　175 克

　　　米饭锅巴　　 100 克

调料：番茄沙司　　125 克

　　　鸡蛋清　　　1 个

　　　绍酒　　　　15 毫升

　　　白糖　　　　10 克

　　　精盐　　　　4 克

　　　味精　　　　2 克

　　　醋　　　　　10 毫升

　　　湿淀粉　　　50 克

　　　菜油　　　　1250 毫升

　　　　　　　　　（约耗 100 毫升）

　　　熟猪油　　　400 毫升

　　　　　　　　　（约耗 35 毫升）

注：与1977版《杭州菜谱》对比：味精三分，余同。

　　与1988版《杭州菜谱》对比：相同。

（三）工艺流程

1.码味上浆

将虾仁在冷水中洗至白净，挤干水分，放入碗中，加精盐 1.5 克拌匀，放入鸡蛋清，用筷搅拌至有黏性，加湿淀粉 25 克搅匀，浆透待用。

原料与工艺流程

2.刀工处理

锅巴切成直径 4～5 厘米的菱形块，入烤箱烘至干脆。

3.加热成熟

（1）置炒锅烧热，冷油滑锅后，下猪油至四成热时，倒入虾仁，用筷子划散至玉白色时，倒入漏勺，沥去油。

（2）将原锅置中火上，放菜油 820 毫升，先倒入番茄沙司炒制，加水 300 毫升，加精盐 2.5 克和绍酒、白糖、味精，待汤烧沸时用醋和湿淀粉 25 克调匀淋入，勾薄芡，然后将虾仁入锅，略为搅拌，即起锅装碗。

（3）锅洗净，下菜油，旺火烧至八九成热时，倒入锅巴，用漏勺翻动，炸至松脆捞出，盛在荷叶碗里。

4.出品场景

快速将番茄虾仁汁和炸好的锅巴同时送上餐桌，将番茄虾仁汁倒在荷叶碗的锅巴上面，即发出吱吱的爆裂声。

（四）菜肴特点

此菜临食浇汁，爆裂声声，气雾升腾，碗中是玉白鲜嫩的虾仁、金黄松脆的锅巴、红润酸甜的番茄汁，色泽艳丽，鲜美开胃，呈现的是声入耳、香扑鼻、色悦目、味乐口、趣盈桌，平添食兴。真可谓：鲜嫩松脆、酸甜可口，色声俱佳、平添食兴。

（五）技巧技法

（1）虾仁在码味上浆前要挤干水分，最好用纱布助吸后再上浆，以免脱浆。

（2）锅巴在使用前要刮净饭粒，如果是包装锅巴则要保证锅巴干燥，保证锅巴在油炸时脆松。

（3）此菜采用的加工技法为熘，即将原料用旺火热油加热使之松脆，淋上卤汁的一种加工技法。

（六）评价要素

虾仁饱满，芡汁油亮，锅巴松脆，口味酸甜带咸。

（七）传承创新

多数杭州人喜食酸甜的菜肴，醋鱼、糖排都是杭州人的最爱。所以，厨师创新研制了一系列的茄汁菜肴，如茄汁虾仁油条、茄汁酿油条、番虾吐司、柠檬茄汁鱼排等。

（八）大师对话

戴桂宝：下面请叶师傅谈谈这道菜肴最明显的特点。

叶杭胜：这道菜是传统名菜，它好在色、香、味、形、声俱全。声，就是声音，锅巴炸好之后，把虾仁番茄汁调好，到客人的面前倒在锅巴上发出声音，称"平地一声雷"。虾仁洁白如玉，锅巴香脆，酸甜可口，十分开胃，老少皆宜。

大师对话

戴桂宝：刚才做这道菜用的是什么锅巴？

叶杭胜：以前全都是家庭柴灶锅巴，现在基本是现成买来的，如水晶锅巴、糯米锅巴，但还是柴灶锅巴最好。

戴桂宝：那个时候柴灶烧饭，饭烧好后把饭盛出，饭粒刮干净，下面送一把火，这时候锅巴与锅底脱开，要吃甜的撒上糖，要吃咸的撒上盐。菜谱上写的是把饭粒刮干净，指的就是柴灶锅巴。

叶杭胜：对对。

戴桂宝：现在有好多种改良的方法，今天使用的是手剥虾仁，其他还有哪些改良方法？

叶杭胜：现在大众喜欢的口味多了，有牛肉的、鸡肉的、鱼肉的，但方法都是传统的，原料在换，但烹调方法没换，说明传统菜肴的影响力非常大。

七十、汉堡锅巴（创新菜）

创新制作：钟立
现任杭州晚秋餐饮有限公司总经理及执行股东

  汉堡锅巴是由杭州传统名菜番虾锅巴创新而来的，是移植了番虾锅巴中的虾仁和锅巴，把虾仁制成虾饼用汉堡夹食，更显新意，是一款深受年轻群体喜爱的菜肴。

（一）主辅原料

（以下按六人位用料量计算）

主料： 黑汉堡   6 只（90 克）

    虾仁   200 克

    锅巴（蟹香蛋黄味）50 克

调料： 盐　　　　2 克

橄榄油　　5 毫升

酱汁　　　48 克

自制酱料原料：（以下原料制酱，可供 60 只汉堡使用）

番茄　　　300 克

青椒　　　75 克

白洋葱　　75 克

番茄沙司　20 毫升

盐　　　　4g

黑胡椒　　1g

橄榄油　　5 毫升

（二）工艺流程

1.酱料制作

（1）刀工处理：洋葱切成小粒，青椒去蒂切粒，番茄去蒂去皮后切成粒。

原料与工艺流程

（2）调制酱料：切好的洋葱粒、青椒粒、番茄粒混合，加入盐 4 克、橄榄油 5 毫升、番茄沙司、黑胡椒搅匀待用。

2.制泥成饼

（1）虾仁去掉虾筋拍扁剁成泥，加盐 2 克搅拌上劲。

（2）将虾泥均匀分成 6 份，制成饼状。

3.加热成熟

（1）将黑汉堡和锅巴放入 180℃的烤箱加热 2～3 分钟。

（2）置平锅预热至 150℃，加入 5 毫升橄榄油，放入虾饼，煎至金黄色后翻面，至成熟后取出置旁。

4.装盘跟碟

将两片黑汉堡，夹上虾饼、锅巴，用竹签固定，上桌跟上调好的蘸酱。

（三）菜肴特点

此菜用黑汉堡夹以松脆的锅巴和鲜嫩的虾饼，加上插的竹签小旗，别有一番意境。真可谓：锅巴松脆、虾仁鲜嫩，口味酸甜、造型别致。

（四）技巧关键

此菜采用加工技法为煎烤结合。汉堡和锅巴加热时间要把控好，主要目的是使汉堡热、锅巴脆，防止加热时间过长使汉堡发干。最好在煎虾饼接近完成时，同时加热汉堡，趁热装盘，趁热食用。

（五）大师对话

大师对话

戴桂宝： 下面请钟先生谈谈这道汉堡锅巴选料的关键。

钟立： 我觉得杭州是世界的，那么我们的美食也是世界的。我是一个西餐从业人员，所以我做了一款汉堡锅巴，就是用西式的、年轻化的成品展现，里面的口味还是我们传统的老杭州的味道，再加上有机的番茄，还有一些橄榄油、白洋葱，烹饪手法是轻煎，慢慢地用时间来做出一个家的味道。

戴桂宝： 那么你刚才这个汉堡的材料，这个黑是怎么来的？

钟立： 用了一点竹炭粉，加在面粉当中。

戴桂宝： 刚才我看到你在煎的过程中间、在调虾仁的过程中间，基本上不调味，放了少许的盐，这有什么讲究？

钟立： 因为我们还是想选用现在流行的一种地中海烹饪手法，它的概念就是少盐、少油、少糖，尽量体现出食材本身的口味。

戴桂宝： 在烹制的过程中应讲究什么？

钟立： 第一点选材上要新鲜，第二点是在制作当中尽量用小火去轻煎。

戴桂宝： 请跟大家聊聊，就是在这道菜出来之后，用什么方法食用？

钟立： 是这样的，汉堡是用于拿的，把汁酱倒到这个汉堡当中混合在一起吃。

戴桂宝： 假如说我这个汉堡有个旗帜插着了，那我抓的时候，这个旗子先拔掉，咬一口，第一口吃原味，等会再把酱汁混在上面和着吃，也可以蘸着酱吃。刚才这个青椒、洋葱、番茄跟番茄酱混合拌和，这个酱是生的？

钟立： 数完以后要腌半个小时，但会非常地入味。

戴桂宝： 还有什么调料也可以采用？

钟立： 普通的番茄酱，包括一些英式的芥末酱，都是可以配的。

戴桂宝： 刚才你放在烤箱里面大概温度是多少？

戴桂宝： 是 180℃，我们烤三分钟，汉堡和锅巴一样。

戴桂宝： 今天钟先生讲得很详细了，希望给大家带来了新的东西。

七十一、干炸响铃（传统名菜）

传承制作：董顺翔
现任杭州饮食服务集团有限公司副总经理、杭州知味观
味庄餐饮有限公司总经理

个人简介

　　杭州名菜干炸响铃，选用的豆腐皮薄如蝉翼，菜肴入口脆如响铃，食时辅以蘸酱风味尤佳，是一道杭州的风味特色菜肴。

（一）故事传说

　　干炸响铃这道菜最初出现时并不是现在这种形状，也不叫这个名字，它的得名还与南宋抗金名将韩世忠有关。当年岳飞被害后，韩世忠义愤填膺，赶来责问秦桧："莫须有，三字何以服天下？"结果被解除了兵权。韩世忠痛感收复中原无望，于是心灰意冷，干脆解甲归田，自号"清凉居士"，在杭州城内闲居。他经常头戴一字青巾，骑一挂着响铃的毛驴，浪迹于西湖山水之间，以此排解心中的不

平和苦闷。后来画家以"韩蕲王骑驴图"作为素材创作，一度成风。

一天，韩世忠慕名到郊外的一家酒店用餐，不巧的是招牌菜油炸豆腐皮，因原材料刚刚用完，无法做成。而韩世忠却非常想吃这道菜。店老板只得以实情相告，并再三说明，豆腐皮的原料是在杭州郊外泗乡定制的，若要品尝，只得等候明日再来。韩世忠听后立即起身，骑上响铃毛驴，一阵铃响，不到一个时辰，便亲自将豆腐皮取了来。正在炒菜的厨师为之感动，当得知眼前这位好汉便是大名鼎鼎的韩世忠时，就特地将菜形做成了卷状，以此来表示对韩世忠的敬佩和感激。韩世忠吃到如此美味的菜，自然也十分高兴。又因豆腐皮炸好后特别松脆，吃起来"哗哗"作响，加上故事说豆腐皮是韩世忠骑着响铃毛驴去取来的，后人便称此菜为"干炸响铃"。

据说，干炸响铃也很受俞平伯、王世襄等名家的喜爱。近代知名散文家、红学家俞平伯在《中国烹饪》的《略谈杭州北京的饮食》一文中记述："我曾祖来往苏杭多年，回家亦命家人学制醋鱼响铃儿。醋鱼之外如响铃儿，其制成后以豆腐皮卷肉馅，露出两头，长约一寸，略带圆形如铃，用油炸脆了，

图为韩蕲王湖上骑驴图，李砚农作于1942年

吃起来哗哗作响，故名响铃儿，……小时候喜欢吃，故至今犹未忘耳。"文物专家、学者王世襄自幼便爱吃"楼外楼"的响铃儿，以后每到杭州，必上"楼外楼"重温"响铃旧梦"。他还在北京家中撰写了一副楹联："葛岭丹成抱朴子，洪楼盘荐响铃儿。"由此可见他的响铃儿情结。

（二）选料讲究

豆腐皮是熬煮豆汁时，在豆汁表面因冷却而结的一层薄皮，用细杆捞起晾于竹竿之上而成。它薄如蝉翼，油润光亮，软而韧，落水不糊，清香味美，柔滑可口，是制作各种素食名菜的高档原料。最为有名的豆腐皮产自杭州富阳，现在的

东坞山豆腐皮就是原来的泗乡豆腐皮[①]。20世纪八九十年代的豆腐皮较薄，一般三张为一贴，实为两张中间夹一张破碎或不完整的，所以也称两张半。正因为这样，在老版《杭州菜谱》上，写着的数量为5贴。但现在东坞山出产的豆腐皮略比以前厚，但与其他产地的比，它含糖量少，厚度薄，还是首选。一卷响铃用一张就足够了。

主料： 泗乡豆腐皮　5张

辅料： 鸡蛋黄　　　1只

　　　　　猪里脊肉　　50克

调料： 精盐　　　　1克

　　　　　绍酒　　　　2毫升

　　　　　味精　　　　1.5克

　　　　　熟菜油　　　750毫升

　　　　　（约耗90毫升）

随碟蘸料： 葱白段　10克

　　　　　　　花椒盐　5克

　　　　　　　甜面酱　50克

注：与1977版《杭州菜谱》对比：豆腐皮15张、鸡蛋黄1/4个、绍酒二分、葱白段二分、无花椒盐，余同。

与1988版《杭州菜谱》对比：泗乡豆腐皮15张（5贴）、鸡蛋黄1/4个，余同。

（三）工艺流程

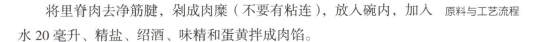

原料与工艺流程

1.制馅调味

将里脊肉去净筋腱，剁成肉糜（不要有粘连），放入碗内，加入水20毫升、精盐、绍酒、味精和蛋黄拌成肉馅。

2.裹卷成形

（1）豆腐皮润潮后去边筋，修切整齐。

---

① 泗乡豆腐皮产自东坞山村（东坞山村原属杭县上泗区长寿乡，现归属杭州市富阳区银湖街道）。

（2）先取豆腐皮 1 张，取肉馅 1/5 份，放在豆腐皮的一端，用刀口将肉馅平塌成约 3.5 厘米宽馅料区，再放上切下的碎腐皮（边筋不用），卷成筒状（卷时不宜太松或太紧）。卷合处蘸上清水使之黏牢。

（3）如此做成 5 卷后，再均等切成 5 段（长约 5 厘米），直立放置。

3.加热成熟

炒锅置中火上，下菜油烧至三四成热时，将腐皮卷放入油锅，用手勺不断翻动，慢慢地炸至黄亮松脆，时长约 6～8 分钟，用漏勺捞出，沥干油。

4.装盘跟碟

装盘上席，随带葱白段、甜面酱、花椒盐蘸食。

（四）菜肴特点

腐皮薄如蝉翼，成品色泽黄、口感松、味香美，入口即脆如响铃，辅以甜酱蘸食其味更佳。真可谓：色泽黄亮、鲜香味美、里外松脆、声如响铃。

（五）技巧技法

（1）肉馅采用猪里脊，便于成泥。

（2）腐皮不能启封太早，避免风干导致破碎。

（3）裹卷时末边采用清水黏合，如果效果不好，可采用热水或蛋清等。

（4）卷好的半成品不宜叠压，宜竖立保持形状。

（5）下锅时控制好油温，过高容易发生焦煳，过低会使腐皮卷扁平不蓬松。

（6）此菜实际采用了浸炸技法，因原料特殊，在炸制时需控制油温，只有通过长时间低油温炸制，才能达到里外松脆。

（7）在起锅前适当提升油温，使成品不"坐油"。

（六）评价要素

成品色泽老黄、表皮起泡松酥，入口松脆无苦味，卷芯不软不"坐油"。

以前鉴定响铃松酥，有个简单诀窍：入口用舌尖顶响铃于上颚，全碎为佳，现在一张腐皮的厚度相当于以前一"贴"的厚度，所以很难做到这一点。

（七）传承创新

1.流程创新

大批量制作时，可把豆腐皮间隔 3.5 厘米，叠成一长溜，用刀统一均匀地涂上

肉馅，再分别裹卷。有些反向裹卷，用肉馅端作为末端来黏合，这样虽然能加快制作速度，但成品色泽不如前者。

2. 口味创新

用牛肉、鱼肉或土豆泥来替代猪肉，制作的响铃适用于接待清真和全素人群；也有用苔菜末或芥末来调制鱼泥馅，别有一番风味。

（八）大师对话

戴桂宝：干炸响铃最主要是选料，下面请董总为我们讲讲。

董顺翔：干炸响铃的食材是非常重要的，我今天选用的是富阳豆腐皮。富阳豆腐皮制作方法跟其他一些地区的豆腐皮有差异，它形成成品之后特别松脆，观感也特别好。

大师对话

戴桂宝：这道干炸响铃关键是油温，与大家聊聊油温怎么掌控？

董顺翔：首先你要达到一个产品的观感度，其次下油锅的时候基本上先是三成油温，温度在 70～80℃，中途时油温有个提升，经过一段 100～120℃ 油温炸制，相对的就是要在时间上面控制好，主要是控制它的火候，使整个卷由内而外都能达到一个松脆的口感。

戴桂宝：假如说油温太高的话，它外面焦了，里面不脆，所以一定要保持一定的油温，炸的时间比较长一点。

董顺翔：恒定的一个油温，经过一定时间的炸制以后，既保证它的颜色慢慢转变，应该说是鹅黄色带一点点的金黄。然后就再炸透，那么这个炸透温度不能太高，太高了外焦了，里面还没到位，还不松脆。

戴桂宝：假如火太旺它会焦，外面焦了里面不脆，但油温太低会导致什么？也跟大家说说。

董顺翔：油温太低一部分会粘连、会变形，油温过高，可能会过火，那么它会有点焦，一焦以后它里面还炸不到位，短时间捞出来以后，里面你咬下去它会有一点韧性，外面可能会有点苦。所谓的干炸响铃其实到最后就两个字"响铃"，就是你嚼在嘴里的时候要发出的声音，就像马的脖子上面那个铃，很清脆的那种脆脆的声音，然后由嘴里面传到你的心里，你会有这么一种感觉。

戴桂宝：刚才董总已经说得很详细了，假设油温太低的话，响铃就会扁掉，形状不好看。假设油温太高了，就外面焦了，里面还不脆，甚至都咬不动。响铃响铃，就是从外脆到里，吃的时候能发出很清脆的声音。

七十二、双味响铃（创新菜）

创新制作：赵再江

现任杭州杭帮菜博物馆餐饮文化有限公司副总经理

个人简介

双味响铃是杭州名菜干炸响铃的衍生款，选用苔菜粉既增加了色彩，也提升了风味，适合大多数人的口味，是一道适用于商务宴请的菜肴。

（一）主辅原料

主料： 豆腐皮	6 张	
辅料： 猪肉	50 克	
鸡蛋黄	1 只	
苔菜粉	10 克	
调料： 精盐	0.3 克	
色拉油	1000 毫升	
	（约耗 100 毫升）	
随碟蘸料： 花椒盐	10 克	
甜面酱	40 克	
番茄酱	40 克	
辣椒酱	40 克	

（二）工艺流程

1. 初步加工

将里脊肉去净筋腱，剁成肉糜，放在碗内，加入精盐、蛋黄搅拌成馅。

2. 刀工处理

豆腐皮撕去左右边筋，取肉馅 1/6，放在豆腐皮圆面一端，用刀口将肉馅摊开，卷成直径 2.5 厘米的筒状，卷合处蘸上蛋黄使之黏牢。以此做成 6 卷，再用

原料与工艺流程

刀切掉两端的毛头，切成 5.5 厘米长的段
30 只。

3. 加热成熟

（1）置锅一只，倒入油，烧至近四成
热时，将一半腐皮卷放入油锅，用手勺不
断翻动，炸至黄亮松脆用漏勺捞出沥油，
待装盘。

（2）待油温降低至四成，再把一半腐
皮卷放入油锅，用同样方法炸制松脆捞出
沥油，在炸好的响铃段的一头沾（撒）上
苔菜粉。

4. 装盘点缀

两种口味的响铃分别装盘，上席时随
带花椒盐、甜面酱、番茄酱、辣椒酱蘸食。

（三）菜肴特点

双色双味，装盘美观，里外酥松，香脆别致。真可谓：酥脆松香、别具风味。

（四）技巧关键

（1）裹卷时也可一半用猪肉馅，一半用鱼肉馅。

（2）炸制时，如馅相同，可用大锅一次炸成，再对半分，分别撒上苔菜粉。

（3）此菜采用浸炸技术，应保持油温，缓慢炸制，在起锅前适当提升油温，
使成品不"坐油"。

（五）大师对话

戴桂宝： 请赵总谈谈双味响铃的改良思路。

赵再江： 大家都知道干炸响铃是杭州的传统名菜，那么这道双味
响铃我们是怎么来的呢？ 2016 年，杭州举办了 G20 峰会，这次国宴
是由杭州菜组成的，我们就想把这道响铃放到国宴上去。一个响铃，
光是一种味道，我们感觉比较单一了，于是我们就想能不能把响铃做出另外一个
味道？因为国宴都是位上的，数量又不能太多，所以经过大师们的反复斟酌，后
来我们决定，再搞一个大家现在都比较喜欢的苔菜，我们把苔菜末放到响铃上去

大师对话

了，这个双味响铃就是这么来的。

戴桂宝：一边仍旧是传统，一边是苔菜响铃，这是苔菜响铃的制作关键。

赵再江：苔菜响铃的制作关键就是那个苔菜，其要经过先烤制，然后给它碾成粉，烤的时候火不能太大，因为容易焦。还有就是要保持它的翠绿色，如果你火一大的话，它颜色就很容易发黑，就焦掉了。这个是最难的，既要保持苔菜的绿，又要吃起来有苔菜的鲜味。

戴桂宝：刚才说G20会议上的装盘和配伍是怎样的？

赵再江：就是一个传统的干炸响铃配一个苔菜响铃，是位上的。配在龙井虾仁旁边，因为那个时候要求是位上的菜要组合菜，所以在龙井虾仁边上配一个响铃，响铃放一个太少，而两个又是同一个味道的话，又感觉没有新意。所以单独设计了苔菜响铃。

戴桂宝：刚才赵总讲得很清楚，设计这道苔菜响铃的目的，实际上是用于G20会议上面，为了丰富龙井虾仁这一道位菜，增加两只响铃，两只响铃同一个品种又不好，所以加了苔菜丰富一下口味。那么现在你们在用的时候，就把苔菜响铃跟干炸响铃合并装盘？

赵再江：对，就是双味响铃，就是在传统的技术上我们又有了创新。给客人的感觉，一个从视觉的效果上、装盘的造型上都是比较有新意，都是比较精致的，包括现在的盛器都是比较好的；另一个是客人又能吃到不同口味的响铃。

七十三、生爆鳝片（传统名菜）

传承制作：金继军
现任浙江旅游职业学院厨艺学院专业教师

个人简介

　　生爆鳝片是杭州传统名菜，它蒜香四溢、外脆里嫩，是一款深受杭州市民钟爱的轻糖醋菜肴。

（一）故事传说

　　鳝鱼骨少肉厚，味道鲜美，营养价值高，并具有较高的药用价值，从古至今人们都喜食黄鳝。有个传奇故事说，三国时，"医圣"华佗被曹操打入死牢，临死前，他可惜自己一身医术未能传人，极为不安。后来一位好心的看管人答应帮助他，将一本医书带给华佗夫人。不想走漏风声，传书人被杀，书也被烧成灰烬。这些灰烬扔到水田里，恰恰被黄鳝吃了，因而黄鳝变得特别命大。因此，人们认为黄鳝可以祛除百病，免遭灾难。这虽然是一个传说，但黄鳝确实具有补气、养血、增力、温阳益脾、滋补肝肾、祛风通络等功效。端午节杭州人的风俗吃"五黄"辟邪保健康，黄鳝就是"五黄"之一。

杭州人吃鳝鱼一般以红烧鳝段为主，也有武林熬鳝、宁式鳝丝、清蒸鳝段等。有一年，城里一家知名饭庄请了一位北方大厨。大厨听说杭州人爱吃鳝鱼，便想在鳝鱼上下功夫，打响"鳝鱼牌"。他特地选用新鲜大鳝鱼，去骨，并采用北方"蒜爆"和南方"炸熘"相结合的方法，创作出这道杭州人爱吃的"生爆鳝片"。

（二）选料讲究

鳝鱼，也叫黄鳝、长鱼等，生活在溪河、池塘、河渠、湖泊、水库和稻田中，全国大多水域均产。鳝鱼体型似蛇，色泽黄褐，腹黄者为佳。春末初夏是黄鳝的上市旺季，小暑前后最为肥美，此时鳝鱼肥壮、结实，故有"小暑黄鳝赛人参"之说。

主料：大鳝鱼	2条（重500克）	
辅料：大蒜头	10克	
调料：绍酒	15毫升	
酱油	25毫升	
白糖	25克	
精盐	2克	
湿淀粉	50克	
面粉	50克	
米醋	15毫升	
芝麻油	10毫升	
熟菜油	750毫升	
	（约耗100毫升）	

注：与1977版《杭州菜谱》对比：酱油六钱、精盐五分、醋二钱，余同。

与1988版《杭州菜谱》对比：相同。

（三）工艺流程

1.宰杀去骨

将鳝鱼摔死，在额下剪一小口，剖腹取出内脏，用剪刀尖从头至尾沿脊骨两侧厚肉处各划一长刀，再用刀剔去脊骨，斩去头、尾，

原料与工艺流程

417

将鳝鱼肉洗净。

2.刀工处理

将鳝鱼肉剖面朝上平放在砧板上，间隔7～8毫米排刀（刀深为鱼肉厚度的1/3），然后批成菱形片。

3.上浆拍粉

鳝片盛入碗内，加精盐、绍酒5毫升拌捏，加湿淀粉40克，撒上面粉轻轻拌匀。

4.勾兑碗芡

将蒜头拍碎切末，放入碗中，加酱油、白糖、醋、绍酒10毫升，湿淀粉10克，与水50毫升调成碗芡。

5.加热成熟

锅内放入菜油，旺火烧至七八成热时，将鳝片分散迅速放入锅内，炸至外皮结壳时，用漏勺捞起，待油温再升至七八成热时，再次将鳝片下锅，炸至金黄松脆时捞出，盛入盘内。

6.淋芡装盘

锅内留油25毫升，迅速将碗中的芡汁调匀倒入锅中，用手勺推匀，淋上芝麻油，浇在鳝片上即成。

（四）菜肴特点

此菜上桌时首先闻到的是一股蒜香醋香交融的味道，加上色泽诱人，顿时馋涎欲滴，食欲大增。真可谓：色泽黄亮、外脆里嫩，蒜香四溢、酸甜可口。

（五）技巧技法

（1）鳝鱼全身只有一根三棱刺，所以在粗加工时，要巧妙地剔除鱼骨。

（2）在鳝鱼肉上排刀（不是剞花），目的是码味时容易入味，避免在加热时卷曲。

（3）采用蒜爆和炸熘结合的加工技法，拍粉时将面粉撒上后，要轻轻拌匀，以防脱壳。在炸鳝鱼时要分两次加热，第一次使原料成熟，第二次复炸是确定色泽，保证质地松脆。在复炸前可掰开粘连、剔除碎屑。最后采用芡汁浇淋在鳝鱼上面。

（六）评价要素

鳝鱼色泽金黄匀称，块与块之间无粘连，芡汁油亮，蒜香浓重，入口外脆里嫩，糖醋味相对较轻。

（七）传承创新

生爆鳝片是杭州名菜，而虾爆鳝背可谓是它的兄弟姐妹菜，用虾爆鳝背做面的浇头，称虾爆鳝面，当时也被评为杭州名点。两款爆鳝同时上了名菜名点榜，也是趣闻，从中可以看到杭州人对此口味的钟爱。类似的蒜爆黄鱼、蒜爆鱼条穷出不尽。

（八）大师对话

戴桂宝： 下面请金老师谈谈生爆鳝片的选料有什么讲究？

大师对话

金继军： 我们传统的做法是选用半斤一条的鳝鱼，然后两条鳝鱼做一份。当然了，也可以用那种小的鳝鱼做，小的鳝鱼切片的时候，片稍微切大一点。

戴桂宝： 还有跟大家说说这个拍粉有什么讲究？

金继军： 在拍粉以前，一定要把那个鳝鱼片用盐腌渍一下，腌渍好以后，再加上湿淀粉搅拌均匀。搅拌均匀以后，再把干的面粉均匀地拍在鳝鱼表面，就可以了。

戴桂宝： 那么在制作过程中间，有什么需要注意的？

金继军： 在制作过程中间，一个是鳝鱼炸两次，为什么呢？因为第一次炸的时候是为了成熟。第二次油温升高到七成时，把鳝鱼投下去炸制表面金黄松脆，然后放到盘子里面装盘。在锅里面放下兑汁芡，我们传统也叫碗芡，打好芡汁以后直接淋在上面。这样做的目的是：虽然表面没有全部淋上芡汁，但它保持了鳝鱼的脆度；另一个是淋上芡汁的地方是透亮的，没淋到芡汁的地方是金黄色的，增加了色感；而且味道是酸甜、轻糖醋，回味是咸味。

戴桂宝： 刚才金老师谈了这道生爆鳝片质感是脆的，口味是轻糖醋的，是带蒜泥的轻糖醋。

七十四、脆熘鳝条（创新菜）

个人简介

创新制作：许祖根

现任杭州欣彤食品有限公司总经理

　　脆熘鳝条是由杭州名菜生爆鳝片演变而来的，裹上脆炸糊的鳝鱼外壳更为松脆，形状更为美观，加上一鳝二吃，既不浪费原料，又多了一种口味，是一道青年群体较喜爱的菜肴。

（一）主辅原料

主料： 净鳝鱼肉　　350 克

辅料： 姜片　　20 克　　　　葱段　　15 克

　　　　葱花　　5 克　　　　　蒜末　　5 克

　　　　红椒末　5 克

调料： 绍酒　　8 毫升　　　　生抽　　20 毫升

　　　　老抽　　8 毫升　　　　醋　　　50 毫升

白糖	30 克	精盐	2 克
味精	2 克	干淀粉	15 克
湿淀粉	30 克	椒盐	0.5 克
色拉油	750 克（约耗 75 克）		

脆炸糊原料： 面粉 150 克

干淀粉	25 克	吉士粉	8 克
泡打粉	9 克	盐	4 克
鸡粉	2 克	味精	1 克
蛋清	50 克	水	130 克
色拉油	40 毫升		

（二）工艺流程

1.刀工处理

（1）将鳝鱼肉洗净，平放在砧板上（背朝下）排上几刀，然后切成长 120 厘米、宽 15 厘米的条。

（2）将余下的鳝鱼肉切成 15 厘米见方的小丁。

原料与工艺流程

2.码味制糊

（1）将鳝鱼盛入碗内，加精盐 2 克、味精 2 克、绍酒 8 毫升、葱段 15 克、姜片 20 克，干淀粉 15 克码味上浆待用。

（2）取碗一只将面粉 150 克、干淀粉 25 克、吉士粉 8 克、泡打粉 9 克、盐 4 克、鸡粉 2 克、味精 1 克、蛋清 50 克以及水 130 毫升调成糊，再加入色拉油 40 毫升一起搅匀。

3.挂糊加热

锅内放入油，烧至四成热时，将鳝条、鳝丁裹上糊逐个投入锅内，炸至外皮结壳，用漏勺捞起，待油温升至六七成时，再将鳝条鳝丁下锅，炸至金黄松脆时捞出。

4.调味勾芡

（1）置锅一只，放入水 100 毫升、生抽 20 毫升、老抽 8 毫升、白糖 30 克、醋 50 毫升和蒜末 2 克，加湿淀粉 30 克，加热调芡。

（2）另取锅一只，滑锅后留有底油，放入余下的蒜末、红椒末、葱花炒香，

随后放入鳝鱼丁、撒入椒盐翻拌出锅。

5.淋芡装盘

将炸好的鳝条放在盘中主位，淋上芡汁，椒盐鳝鱼丁堆在旁边，或加以点缀。

（三）菜肴特点

此菜特点为一鳝二吃，物尽其用，既有椒盐鳝丁，椒香味美；又有脆熘鳝条，条状丰满，里嫩外脆。真可谓：椒香扑鼻、醋蒜诱人，外脆里嫩、人见人爱。

（四）技巧关键

刀工处理时鳝鱼条不能切太细，避免加热时弯曲。挂糊时尽量裹糊均匀，使鳝条大小一致。

（五）大师对话

戴桂宝：下面我们请许总谈谈这道菜的创新思路。

许祖根：我是在生爆鳝片基础上进行的创新，因为生爆鳝片整个造型与口味和糖醋里脊很相似，看上去不是很大气，然后我想到一个脆鳝，用脆炸糊来改良，比例调得恰当的话，这个鳝条非常美观。而且黄鳝的边角料，也采用椒盐的手法拼在鳝条边上。整个菜肴既大气，又不浪费原料。

戴桂宝：一鳝二吃。的确以前生爆鳝片拿出来，客人吃完了还当是糖醋里脊。你刚才采用的是竹签穿的办法，假如不穿，用什么办法？

大师对话

许祖根：也可以用筷子将黄鳝两头夹住，油炸时鳝鱼条也不会弯曲。

戴桂宝：假如不穿，不一定切12厘米长，切得略短一点。

许祖根：可能8厘米就够了。

贰、杭州传统菜与创新

一、蟹酿橙（传统菜）

个人简介

传承制作：董顺翔
现任杭州饮食服务集团有限公司副总经理
杭州知味观味庄餐饮有限公司总经理

　　蟹酿橙以蟹黄蟹肉为主料，是南宋一道酿制菜肴，早在宋时《山家清供》中就有所记载。现结合当今新技法和新调料制作，是一款口感和形状均为上乘的仿南宋菜肴，深受各层次人群喜爱。

（一）故事传说

　　《山家清供》，作者林洪，南宋晚期泉州晋江人，擅诗文，对园林、饮食颇有研究。此书著录了大量宋代的菜谱，描述了山居人家清淡饮食的清雅韵致，里面的用料尽管平常，但由于烹饪方法的讲究、制作的细致，许多菜肴别出心裁，独具一格，不仅可窥见当时烹饪水平，也反映南宋时期的饮食生活。所记载的蟹酿橙："橙用黄熟大者截顶，剜去穰，留少液，以蟹膏肉实其内，仍以带枝顶覆之，入小甑，用酒醋水蒸熟，用醋盐供食，香而鲜，使人有新酒菊花、香橙螃蟹之兴。因记危巽斋（稹）赞蟹云：'黄中通理，美在其中；畅于四肢，美之至也。'此本诸易，而于蟹得之矣，今于橙蟹又得之矣。"

　　1984年杭州八卦楼厨师和林正秋教授联手，挖掘和仿制了这道南宋菜蟹酿橙。1993年董顺翔对蟹酿橙作进一步改良，与另一道南方鳜鱼一起参加第三届全国烹饪大赛，获热菜金牌。现在一吃到蟹酿橙，就会想起菊花盛开、蟹肥酒香、把酒临风的场景。此菜中的醋橙削减了螃蟹的腥味，姜酒冲散了蟹的寒气，盐糖丰富了口味的层次。这道集橙香、酒香、菊香、醋香于一身，加上口味多样、层次丰富、形状美观的菜肴，深得海内外宾客的赞誉。怪不得南宋诗人危稹要用"畅于四肢，美之至也"来赞美。早在八九百年前就创造出如此精致时尚的菜肴，即使用现在的眼光来看也是上乘之作。

（二）选料讲究

　　"秋风起，蟹脚痒"，中秋后湖蟹特别肥胖。又说"九月团，十月尖"，农历九月蟹黄鲜香，油脂细腻，宜吃圆脐母蟹；十月膏白黏嘴，口感丰腴圆润，宜食尖脐公蟹。此菜宜选用蟹黄似金的团脐蟹，成菜后有一层黄亮的油脂。

　　橙剥皮鲜食味佳者为上，做菜时宜选黄熟匀称、表皮无斑的甜橙和香橙。

（以下原料按六人位用料量计算）

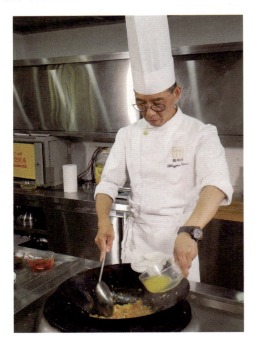

主料：现剔蟹粉　　120 克

　　　　现剔蟹黄　　48 克

　　　　应季鲜橙　　6 只

辅料：生姜末　　　18 克

　　　　杭白菊　　　18 朵

　　　　桃花纸　　　6 小张

调料：盐　　　　　1.8 克

　　　　糖　　　　　36 克

　　　　蟹油　　　　72 毫升

　　　　香雪酒　　　90 毫升

　　　　干淀粉　　　13 克

　　　　米醋　　　　84 毫升

注：1988版《中国名菜谱（浙江风味）》载：大河蟹1500克、黄熟大甜橙10只，姜末6克、白糖5克、醋110克、香雪酒265克、白菊花10朵、芝麻油50克。（此为十人份的完整

原料单）

2013版《杭州南宋菜谱》载：大河蟹1500克、黄熟大甜橙10只、白菊花10余朵、白糖5克、香雪酒265毫升、芝麻油60毫升、上等米醋110毫升、精盐3克、姜末少许、湿淀粉10毫升。（此为十人份的完整原料单）

（三）工艺流程

1.鲜橙雕刻

（1）鲜橙表皮刻上花纹，顶部开口，剜去部分橙肉，橙顶作盖，橙身为器。

（2）剜出的橙肉，除去筋膜，留橙肉（170克）和橙汁（140克）待用。

原料与工艺流程

2.蟹粉炒制

锅置火上，放入1/2蟹油，加入蟹粉、蟹黄、姜末，用中火煸香，烹入香雪酒60毫升，放入橙肉橙汁，加入盐、糖、1/2米醋，用淀粉调稀勾芡，再加入余下的1/2蟹油。

3.盛装蒸制

（1）瓷盅内平均放入杭白菊，倒入余下的香雪酒和米醋。

（2）将炒好的蟹粉分成6份，装入橙身，盖上原配的橙子顶。

（3）将橙子放入盅内，加盖后用桃花纸封口，上笼旺火急蒸约10分钟。

4.出笼点缀

将蒸好的橙子取出，垫上底盘。

（四）菜肴特点

此菜有橙之香、无橙之苦，有蟹之鲜、无蟹之腥，形状精巧，酸甜鲜醇，六香（酒香、菊香、橙香、姜香、醋香、蟹油香）合一。真可谓：色艳形美、菊香蟹肥，口感酸醇、香鲜互补。

（五）技巧技法

首先要确保蟹肉、蟹黄不夹带蟹壳和其他杂质。其次在剜橙肉时，既要把中间的肉剜去，又要在橙皮壁上留有一定的橙肉，所以在开口的橙子上，要用锋利

425

小刀沿着橙口先刻一圈，再行取肉，这样能使橙肉刀口平整，不失汁水，增加橙香，更重要的是阻隔了橙皮的苦味，使其不渗入蟹肉之中。

（六）评价要素

橙子个头要一致，上下原配没色差；咸酸带甜无腥壳，鲜香醇厚加绵稠。

（七）传承创新

蟹酿橙当下也算是一道网红菜，所以各店家相继推出此菜，或类似的蟹酿菜肴，如橙粒蟹粉羹、蟹酿百香果等。也有的厨师在蟹肉上做文章，用批量的公蟹肉和母蟹肉混合炒制填酿，为了节约成本和提高菜肴品质大家脑洞大开。

（八）大师对话

戴桂宝：我们请董总谈谈蟹酿橙的选料。

董顺翔：蟹酿橙主要是选择应季的螃蟹、应季的橙子，还有一些辅料，比方杭州的杭白菊、浙江的玫瑰米醋、绍兴的香雪酒。

戴桂宝：那么在制作中间要注意什么？

大师对话

董顺翔：制作的过程中，首先蟹一定要好，现在用阳澄湖的大闸蟹，其次就是橙子，我们现在选择的是新奇士橙，因为它的整个形状均匀，成形的时候口感、口味比较平稳。

戴桂宝：早在 30 年前，我们杭州就有八卦楼餐馆，还有杭州花港饭店的风味厅，大家都在研究、挖掘这道南宋蟹酿橙，但是制作出来（口味）不太融合，因为蟹粉炒的是干的，放到橙子里面去蒸，蒸不融合。自从你们味庄有了这道蟹酿橙之后，我就改变了对蟹酿橙的看法，因为这个比较融合，它放在容器里面蒸，又可以蒸的时间长一点，它又是带水带汤的，使橙的味道和蟹的味道更容易融合。那你再说一下这个方法的好处。

董顺翔：是这样啊，那个蟹酿橙在南宋的《山家清供》里面有记载，它事实上就是用应季的橙子，把肉挖掉做成器皿，然后把熟的蟹肉放到橙子里面。这种吃法，在古代我们觉得它还是可行的。

戴桂宝：已经创新了。

董顺翔：对！已经很创新了。你刚才说到的那个改革开放以后，我们有前辈厨师对这道菜进行了挖掘，那么在炒制的过程当中可能由于当时的一些消费者的口味，或者是一些前辈客观上对这道菜的认知，它只基本恢复了一个原状。那我去比赛的时候，我将蟹、橙子、肉、蟹肉、蟹黄，还有蟹膏，包括绍兴的香雪酒，都让它们融合在一起。再初步调味炒制以后，装入那个橙子里面，再用 105℃的蒸汽，经过蒸制，确保它里面的温度达到 100℃，这样它既可以去腥、解腻，关键是这道菜有了这么一个温度以后，有一种体温的感受（能体现出这个香的效果）。我为什么说它是一个非常美好的菜。我们中国烹饪里面的烹调办法，有单一味和复合味，那么这复合味我的理解，它就是多种食材和调味品充分交融。有蟹的香、醋的香，还有香雪酒的香、杭白菊的香、橙子的香，所以它是几种香味合在一起，再通过蒸制和炒制，能让各种香味和口味充分融合在一起，我觉得它是烹饪里面非常典型的一个复合味，那么这种复合味事实上也暗喻了我们中国有一个非常和谐的文化。当然，它的底蕴还以橙汁的味道为主线所延伸出来的蟹肉的味道、醋香的味道、酒的甜味，就是微微的那种甜味和酒的那种香味，所以我说这道蟹酿橙是自古以来就有很多美好在里面，我觉得是特别美好的一道菜。

戴桂宝： 蟹酿橙实际上在《山家清供》早有记载，但是通过厨师的挖掘改良，我认为在挖掘菜肴和改良菜肴中间，这道蟹酿橙是做得比较突出的，又体现了当时前辈的这种创新方法，也同时融合了现代人的口味。这道菜我感觉我们挖掘成功了，因为挖掘不能百分之百照搬，在挖掘的过程中间还要有很多改良和创新。

二、宋嫂鱼羹（传统菜）

个人简介

传承制作：张国前
原杭州大华饭店总经理助理兼餐饮总监

　　宋嫂鱼羹原名"宋五嫂鱼羹"，是一道源于北宋，盛行于南宋的菜肴，南宋《梦粱录》卷十三"铺席"载"杭城市肆各家有名者，钱塘门外宋五嫂鱼羹"。它成菜后味似蟹羹，故又称"赛蟹羹"，知名度不亚于其他名菜，是一道闻名遐迩的杭州传统菜。

（一）故事传说

　　据《武林旧事》卷七记载：淳熙六年（公元1179年）3月15日，宋高宗赵构登御舟闲游西湖，至聚景园小歇，又行至珍珠园附近，高宗命内侍买湖中龟鱼放生，并宣唤在湖边买卖等人，内侍用小彩旗招引，时有一卖鱼羹的妇人叫宋五嫂，自称是汴梁（今开封）人，随皇上南迁到此，在西湖边以制鱼羹为生。高宗命其上船，吃了她做的带有浓浓北宋家乡风味的鱼羹，勾起了赵构的思乡之情，十分赏识，又念其年老，赐予金银绢匹，还多次请她到后宫制作鱼羹。从此，宋嫂声誉鹊起，宋嫂鱼羹也就成了驰誉京城的名肴，富家巨室争相购食。据《武林旧事》卷三"西湖游幸"载："宋五嫂鱼羹，尝经御赏，人所共趋，遂成富媪。"当时曾有人作诗曰："一碗鱼羹值几钱？旧京遗制动天颜。时人信值来争市，半买君恩半买鲜。"人们纷纷来品尝，不仅因为皇帝曾经吃过，主要是它本身的鲜味确实勾人。

（二）选料讲究

鳜鱼，杭州人习惯称鳡花鱼，是一种淡水鱼，在我国各大水域均有分布，是淡水鱼中较贵的鱼类，以 3 月和 9 月产最佳。唐代张志和在《渔歌子》中有"西塞山前白鹭飞，桃花流水鳜鱼肥"，桃花开时正是鳜鱼繁殖前非常肥美的时候。宋代陆游在《思故山》中也留下诗句："船头一束书，船后一壶酒，新钓紫鳜鱼，旋洗白莲藕。"所以在初春和入秋吃鳜鱼羹最好。

醋不宜选用陈醋，一定要用新酿造的玫瑰浙醋、大红浙醋。

主料： 新鲜鳜鱼 　　1 条（约重 600 克）

辅料： 熟火腿 　　　10 克

　　　　 熟笋肉 　　　25 克

　　　　 水发香菇 　　25 克

　　　　 鸡蛋黄 　　　3 只

　　　　 葱 　　　　　26 克

　　　　 姜 　　　　　8 克

调料： 清汤 250 毫升、绍酒 30 毫升、酱油 25 毫升、精盐 1.5 克、味精 3 克、醋 25 毫升、湿淀粉 30 克、熟猪油 50 毫升、胡椒粉一碟

注：与1977版《杭州菜谱》对比：菜名"赛蟹羹"，鸡蛋黄二只、葱段五钱、姜末三分、姜片二钱、精盐五分，无胡椒粉，余同。

与1988版《杭州菜谱》对比：葱结+葱段25克、姜5克、葱丝+姜丝适量，余同。

（三）工艺流程

1.刀工处理

（1）将鳜鱼剖肚洗净，去头，沿背脊骨批成两片，鱼皮朝下放

原料与工艺流程

入盘中。

（2）将火腿、笋、香菇、葱1克、姜3克，分别切成1.5厘米长的细丝；余下的葱15克切段、10克打结、姜10克切块。再将蛋黄打散。

2. 加热去刺

在鱼肉上放葱结、姜块、绍酒15毫升，上笼用旺火蒸约5分钟至熟取出，去掉葱、姜，鱼汁滗入碗中，鱼肉用竹筷拨碎，捡去鱼皮、骨刺，将鱼肉倒回原汁中。

3. 烹制调味

锅置旺火上烧热，下猪油15毫升，放入葱段煸至有香味，加入清汤和水（约750毫升）。

第一次沸起，捞出葱段，加绍酒15克，放入笋丝、香菇丝。

第二次沸起，将鱼肉连同原汁入锅，加酱油、精盐。

第三次沸起，撇去浮沫，加味精，用湿淀粉勾薄芡，倒入蛋黄液搅匀。

第四次沸起，加入醋，并浇入八成热的猪油35毫升。

4. 起锅装盘

起锅盛入汤盆中，撒上火腿丝、葱、姜丝，撒上胡椒粉或上桌时跟碟。

（四）菜肴特点

宋嫂鱼羹无刺无骨，汤鲜味美，可口开胃，柔滑的滋味可比蟹羹。真可谓：配料讲究、芡汁透亮、鲜嫩滑润、味似蟹羹。

（五）技巧技法

（1）1977版《杭州菜谱》标注是"将火腿、笋、香菇均切成5分长的丝"，后来1988版及以后的菜谱都标注为"切成1.5厘米的细丝"。数十年以来经多方考证，确为半寸短丝，"短丝配碎肉"符合此菜的口感。

（2）鳜鱼或鲈鱼肉蒸熟后要去净刺骨，入锅烹制，按序下料，不用加盖停顿。

（3）根据经验烧制时宜选用清汤加清水，四沸成羹。一沸加辅料，二沸加主料连调味，三沸勾芡加蛋液，四沸加醋淋猪油。动作要快不宜久沸，保持羹清透亮不浑浊。

（4）此菜采用烩为加工技法，芡汁要宽，但芡不宜太厚，以能悬浮原料即可。醋宜勾芡后再加，防止醋味挥发。

（六）评价要素

芡汁透亮、厚薄适中，火腿、葱姜丝不结团，鱼肉成不规则的条片状，入口嫩滑，无刺无骨、汤鲜可口，类似蟹羹。

（七）传承创新

传统的宋嫂鱼羹放的是酱油，色泽黄亮，现在也有作改良版的鱼羹，如青柠鱼羹，在制鱼羹时不放酱油只放盐，只加青柠汁不加醋，再把蛋黄换作蛋清，清爽嫩滑，也别有一番风味。

（八）大师对话

戴桂宝：下面请张先生给大家谈谈宋嫂鱼羹的选料。

张国前：大家好！宋嫂鱼羹的选料主要用鳜鱼或鲈鱼。

戴桂宝：那今天用的是鳜鱼，那在没有的情况之下呢？

张国前：笋壳鱼也可以，高档一点。

大师对话

戴桂宝：那么请再为大家详细介绍一下，就刚才你在烧的过程中间，主要讲究什么？

张国前：宋嫂鱼羹是一道传统的名菜，在制作中配料十分讲究，要无骨、无刺，芡汁透亮、厚薄适中，鲜、嫩、滑、润。

三、清汤鱼圆（传统菜）

个人简介

传承制作：方卓子
现任杭州酒家行政厨师长

杭州名菜清汤鱼圆是杭州一带的传统风味菜肴，以洁白细嫩而著称，制作要求高、难度大，但成品色泽分明，滑嫩鲜美，深受大家喜爱，是一款老少皆宜、春宴常用佳肴。

（一）故事传说

清汤鱼圆是杭州老底子的风味菜肴，家喻户晓，老少喜爱。如果说斩鱼圆是一款酒店的高端菜，那么清汤鱼圆则是一款市民菜，过年过节家家户户都要上一碗清汤鱼圆，或上一盆有鱼圆的全家福，鱼圆在菜市场也有成品出售，可见普及程度之广。

清汤鱼圆也成了杭州检验厨师基本功的菜肴，在等级考核或技能比武中经常作为必做的指定菜肴，也经常在全国赛事中出镜，优于其他地区的鱼茸菜肴而获胜。它以白鲢为原料，鱼泥中除加入盐和姜汁水以外，不添加蛋清和生粉等原料，纯是通过工艺使其黏稠凝固，做成的鱼圆不仅洁白细腻，口感滑嫩，而且形状圆、颗粒大，故而取胜。

（二）选料讲究

白鲢分布广泛，在我国各大水系中随处可见，是我国淡水养殖的"四大家鱼"之一。它不仅肉质白净细嫩、吸水大、黏性足，而且性价比高，所以成了制作清汤鱼圆的首选材料。

主料：白鲢鱼 1 条（约 1000 克）

辅料：熟火腿　　3 片（10 克）

　　　　水发香菇　1 朵（15 克）

　　　　青菜心　　3 朵（25 克）

调料：精盐　　　15 克

　　　　味精　　　2.5 克

　　　　姜汁水　　10 毫升

　　　　熟鸡油　　1 毫升

注：与1977版《杭州菜谱》对比：菜名"清汤鱼丸"，鲢鱼泥六两、熟火腿末一钱、葱段一钱、葱末一钱、姜末一分、绍酒一钱、精盐五分、熟猪油二钱、熟鸡油二钱，无青菜，余同。（熟火腿末、姜末、葱末、绍酒、熟猪油在鱼茸搅拌上劲后加入搅匀，最后成菜撒上葱段）

　　与 1988《杭州版菜谱》对比：鱼泥300克、熟火腿10克、绍酒10克、葱段5克、精盐10克、姜汁水5点、熟鸡油 10 点，余同。

（三）工艺流程

1.分档取料

将宰杀后的净鱼放在砧板上，从尾部沿脊骨批取出两爿鱼肉，去掉腹部肚档。

原料与工艺流程

2.刮鱼剁泥

（1）将鱼皮朝下，在鱼肉处自尾向头，用刀刮下鱼肉（刮至近鱼皮细骨处），

再刮下脊椎骨上的鱼肉。

（2）将鱼肉放置砧板上用刀背排数遍，剔去细骨。

（3）在砧板上垫张鲜肉皮，放上鱼泥，用双刀排剁至鱼泥起黏性，排剁过程中把鱼泥翻面数次。

3.搅拌上劲

取盛器一只，放入鱼泥（300余克），加水200毫升，搅开后再加精盐（13克）和姜汁水一起搅匀，第二次加清水200毫升，顺一个方向搅拌，第三次加水200毫升，搅拌至鱼泥起均匀小泡成茸，取茸一小撮，放入水中检验鱼茸是否上劲浮起，如已上劲，静置10分钟，让其涨发。

4.加热成熟

炒锅中舀入冷水2000毫升，将900余克的鱼茸挤成大于乒乓球的鱼圆20颗，开中火至水温到90℃，改用中火焐10分钟，中途逐个翻身，使鱼圆泛白成熟。

5.调味装盘

（1）取碗一只，加入盐（2克）和味精，舀入鱼圆及原汤。

（2）在锅中加入香菇、青菜使其成熟。

（3）鱼圆上间隔放上菜心、火腿片，中间摆香菇，淋上熟鸡油。

（四）菜肴特点

洁白细嫩、形圆粒大，衬以火腿、香菇、菜心，色彩鲜艳。真可谓：洁白细嫩、汤清汁鲜，色泽鲜艳、老少皆宜。

（五）技巧技法

首先在取肉和成泥过程中要剔去细骨（也可直接用刀剁碎成泥，或机器粉碎）。其次搅拌鱼茸时要讲究手法，即慢慢地把空气融入鱼茸中，使鱼茸产生均匀的小气孔为佳，气孔偏大或大小不匀的次之。加盐要恰到好处，过少不上劲，过多太咸或起皮。加水可根据口感的需要，控制在鱼泥的1.5～2倍。最后入锅采用的加工技法为"焐"，是将原料放入冷水中，用中小火加热，并保持水温在90℃以上，保持不沸，使之成熟，也有人称其为"养"。

（六）评价要素

色白无杂质，形圆尾不留，细腻有弹性，夹碎未散开，嫩滑无粗感，清鲜味不腥。

（七）传承创新

清汤鱼圆是杭州的代表菜肴，充分体现了杭帮菜选料精细、做工讲究的特点。所以杭州的酒店餐馆不仅常推此菜，并在此菜基础上不断创新，研制出双色鱼圆、翡翠鱼珠、蟹粉鱼球、芙蓉蟹黄蛋和一批象形鱼茸菜。

（八）大师对话

戴桂宝： 下面请（方总）谈谈清汤鱼圆的选料。

方卓子： 戴老师好！清汤鱼圆，一般我们杭州人都比较爱吃，选料体现了我们杭州厨师的文化和功底。选什么鱼都可以做，但我们选的是白鲢，白鲢有个特性，就是鱼肉吃水率强、黏性足，营养也特别好，价格便宜，大众实在。

大师对话

戴桂宝： 做出来的鱼圆反而比其他鱼白。

方卓子： 这鲢鱼吃水力强，所以鱼圆弹性好，与各地的鱼圆都不一样，我们这个洁白细嫩，跟西湖的"白娘子"一样。

戴桂宝： 下面跟大家说说取鱼肉、打鱼茸的方法。

方卓子： 我们一开始要先刮，要把鱼肉给它刮下来，新鲜的鱼可能不太好刮。我们用急冻的方法，这样营养不流失、急冻过之后再来刮，先刮后排，排的时候把里面的鱼筋、鱼刺要去干净，然后再剁排，把它做细腻。

戴桂宝： 刚才按照传统方法在肉皮上剁，酒店日常供应，那肯定不会用这种传统方法，那用什么方法？

方卓子： 现在人工也贵，这时候要提高效率，我们直接批成鱼条、鱼片，漂洗干净，然后用搅拌机打，这筋膜用网筛给它过滤掉，这样子效率就提高了。

戴桂宝： 原先用肉皮，最主要是不给砧板的木屑上来，那么现在假设肉皮没有的话，就用塑料砧板也是可以的；不刮，直接切成鱼片，直接在砧板上剁也是可以的；还有刮下来更细、鱼刺更少；另一个就是用机器打。那么你刚才在制作过程中间，打鱼茸的这个过程请讲一讲。

方卓子： 打鱼茸我们一开始先加水捣开，先慢后快，再加盐，水要分三次加，盐要一次性加，但你要分两次加也可以。以前我们厨师都是凭感觉，厨师功力好不好，就看一把盐抓得准不准。现在按照比例来加盐，这样子不容易失败。

戴桂宝： 刚才你是 300 克鱼泥，加了 13 克的盐，加了 600 克的水。因为方总是老厨师，所以他加水吃了很足，实际上按他的意思还可以加水。但是大家在家里做，或者平时小饭店里做，不加 600 克，加个 500 克也就差不多了。

方卓子：也可以的。

戴桂宝：你要是熟练了，我们600克以上，650～700克都可以。

方卓子：但要做到极致，那么水加得多它的嫩度更好，就看你的功底怎么样。

戴桂宝：对，所以刚才你的手指印一点都没有。厚了就会有手指印，薄了手指印就没有。

方卓子：对！结鱼圆的时候手势很重要，老厨师直接用手结，现在有很多酒店里面都是用冰淇淋勺子直接挖，大小匀称，也是可以的。

戴桂宝：那么你再说说看，刚才是冷水下锅，用焐的方法成熟。

方卓子：这个烧鱼圆，跟其他煮鱼煮什么都不一样，一个要冷水下锅，而且一定不能烧开，一直保持在90℃以上的水慢慢地焐熟。

戴桂宝：假说要开的时候加点冷水，保持在90℃以上。那今天我们采用的是不是原汤？

方卓子：对，原汁原汤嘛！鱼释放出来的鲜味都在水里面，这样子我们吃得更健康，就是要少盐，而且是原汁原味。

戴桂宝：假设鱼圆不浮起来会是什么原因？

方卓子：一个是鱼肉、水、盐的比例，还有一个就是你打制的时候，有没有打过头。如果你盐加多了肯定不行，盐加多之后是上劲的，但一做之后它没筋骨，它是会散掉；盐少了它也上不了劲，也是浮不起来的。

戴桂宝：而且吃起来比较粗。

方卓子：对，起渣。要细嫩、滑口那才好吃。

戴桂宝：假设在制作的时候盐没放准（没浮起来），那么我们搞只小碗，再加点盐，再试试打一打，假设加盐可以的，上劲了，放在水里能浮起来，那么我们在整个大锅里面再加盐，作适当调整。

方卓子：气泡均匀、大小一致，说明这个鱼圆打得好。还有一个就是起泡有两种：有一种你盐放得太多，它也可能发白，气泡发白了可能就是这个盐分过多了。

戴桂宝：第一次打不要打得太猛，打得太猛就会气泡太大，等会气泡出来不匀称，最好就是小气泡很多、很匀称。

方卓子：这样做的鱼圆肯定更加光洁。

四、芙蓉菱角（创新菜）

创新制作：陈利江
现任杭州开元名都大酒店有限公司总经理

个人简介

　　芙蓉菱角是以清汤鱼圆和芙蓉鱼片为原型，通过仿真制作工艺创新而成，形似水菱、洁白嫩滑，是一道精致的鱼茸炖盅菜肴。

（一）主辅原料

（以下原料按四人位用料量计算）

主料：花鲢鱼茸　　350 克
辅料：鲟龙筋※　　300 克
　　　　莼菜　　　　80 克
　　　　清鸡汤　　　1300 毫升
调料：盐　　　　　5 克
　　　　味精　　　　5 克
工具：菱角琼脂模具 4 副、牙签 24 根

　　※鲟龙筋是鲟龙鱼脊骨内的骨髓，与其他动物不同，鲟鱼骨髓就像一根透明的软体胶棒一样，晶莹剔透，并且弹性十足。在清朝专供皇帝享用，现今随着国内鲟鱼养殖基地的建设，有许多人工养殖的鲟鱼可以提供给我们日常享用，鲟龙筋也上了百姓餐桌。

（二）工艺流程

1. 主料入模

原料与工艺流程

将上劲鱼茸装入裱花袋，挤入预先制好的菱角模具中，用牙签将模具固定。

2. 加热成形

取锅一只加水烧开，放入菱角模具，微火加热使琼脂模具溶化，呈现凝固的鱼茸菱角，保持水不沸腾，菱角泛白成熟捞出。

3. 调味装盆

另取锅加入鸡清，汤烧沸后加盐、味精调味，加入鲟龙筋、菱角及莼菜，再现微沸即刻离火，盛入炖盅内。

（三）菜肴特点

仿真的水菱栩栩如生，鱼茸洁白细腻嫩滑，汤汁清澈鲜美。真可谓：洁白嫩滑，汤清味鲜。

（四）技巧关键

第一，鱼茸与制作清汤鱼圆的鱼茸相同，但稠度稍稠，也就是说加水量控制在 1∶1 之内。第二，在灌入模具时要沿边填实，以防成形后出现气泡和孔洞。第三，采用水浸技法，菱角模沸水入锅，保持水温 90℃以上，使其慢慢成熟溶化，保证鱼茸的嫩滑。

（五）大师对话

戴桂宝： 大家好！上次开元名都大酒店陈总为我们做了芙蓉菱角，当时因时间紧没有录制对话，只聊到此菜为什么用花鲢做？陈总介绍说，因鱼头在酒店使用量较大，常常留下很多花鲢鱼尾，所以此菜使用花鲢肉制作，也算就地取材，物尽其用。大家能看到制作菱角的鱼茸比较厚，今天我们问问陈总，这鱼茸与清汤鱼圆的鱼茸有啥不同？

大师对话

陈总好！制作菱角的鱼茸比制作清汤鱼圆的鱼茸要厚，其他有啥不同的地方？

陈利江： 象形菱角与清汤鱼圆的鱼茸还是有区别的，制作清汤鱼圆的加水量是 1∶2，300 克鱼泥加 600 克水；象形菱角鱼泥和水的比例是 300 克鱼泥，加 210 克水，是 1∶0.7，同时加了 6 克盐、3 克生粉、一个鸡蛋清和 15 毫升色拉油。

戴桂宝：将鱼茸挤入模具中成形，这模具是怎么做的，和大家说说。

陈利江：先选形状好的老菱角，埋入蒸化的琼脂中，待凝固后对剖，取出菱角，就制成了一副模具。如蘑菇、羊肚菌等象形的都可以做。

戴桂宝：也就是说，除菱角外，想做什么形状都可以？那在制作此菜时有哪些环节要注意？与大家说一说。

陈利江：制作象形老菱要注意几点，第一，要将鱼茸从模具的底部挤入，不要在模具内留有空隙；第二，打制鱼茸时气泡不能太多；第三，放入水中要中火慢慢地让琼脂溶化，使鱼茸成熟，这样的鱼茸更嫩、更细腻。

戴桂宝：谢谢陈总为我们制作精美的芙蓉菱角，并为我们解说。

　　琼脂模具的制作：琼脂加水蒸化，倒入平底容器至 1.5 厘米厚，待凝固后放上洗净的老菱，再倒入琼脂水盖过老菱 1.5 厘米，等冷却凝固后，按老菱只数分割成块，然后按中线用小刀剖开，取出老菱，即成模具。

五、芙蓉鱼片（传统菜）

个人简介

传承制作：陆礼金
原杭州大华饭店总经理助理兼餐饮部经理

　　芙蓉鱼片用淡水鱼制成，缀以火腿和豆苗，美如出水芙蓉。它洁白细嫩，入口欲消，诱人食欲，是一款老幼皆宜、体现厨师功底的传统风味佳肴。

（一）故事传说

　　芙蓉有木本芙蓉和水芙蓉两种。木本芙蓉是一种锦葵科木槿属植物，花初开时白色或淡红色，后变深红色。水芙蓉就是荷花（莲花）的别名。战国时期楚国诗人屈原的《离骚》中有："制芰荷以为衣兮，集芙蓉以为裳。"虽然现在称荷为"芙蓉"的不多，但人们用"娇艳如出水芙蓉"比喻美貌的女子，还是常见的。

　　正因为"芙蓉"具清新、自然、高雅的内涵，洁白、细嫩、娇艳的外形，也就常被聪明的厨师用来为美馔命名。清人童岳荐撰的《调鼎集》中就有不少以芙蓉命名的菜肴，如"芙蓉鸡""芙蓉蛋"等。发展至今，以芙蓉命名的菜肴已成为一个有特色的门类，主要为两种：一种是用鱼茸、鸡茸制成各种形状后，或蒸，或煎，或烩，以及软炒的芙蓉菜；另一种是蛋清铺底，上辅以配料映衬，也称芙蓉菜。芙蓉菜的基本特点是洁白无骨、鲜美滑嫩、老少皆宜，深受人们喜爱。

杭州名厨陆礼金师傅的拿手秘技，就是制作芙蓉鱼片、芙蓉鸡片，别的厨师都望尘莫及，要在他身上学到这门技术是有一定门槛的。陆师傅很想通过大赛得到认可，所以积极报名参赛，功夫不负有心人，在第三届全国烹饪技能大赛上，陆师傅制作的芙蓉鱼片，洁白如玉，细腻嫩滑，得到了评委的一致好评，获得了金奖，圆了陆师傅的梦。

（二）选料讲究

白鲢是常见的淡水鱼，因肉质较白，是制作鱼茸的首选。选择白鲢鱼的肉制成鱼茸，不仅肉质白净细嫩，而且吸水大涨性足，同时性价比也高。

主料：鱼茸　　　　300 克
辅料：熟火腿片　　　15 克
　　　水发香菇片　　15 克
　　　豌豆苗　　　　25 克
调料：绍酒　　　　　2.5 毫升
　　　精盐　　　　　1.5 克
　　　味精　　　　　1 克
　　　湿淀粉　　　　20 克
　　　熟鸡油　　　　10 毫升
　　　白（清）汤　　150 毫升
　　　白净熟猪油　　1000 毫升
　　　　　（约耗 100 毫升）

注：与1977版《杭州菜谱》对比：湿淀粉三钱，无白汤，余同。
　　与1988版《杭州菜谱》对比：相同。

（三）工艺流程

1.刀工处理

火腿切片，香菇剞花，豆苗取嫩芽。

2.搅拌上劲

将预先制好的鱼茸，再次搅拌确定上劲。

原料与工艺流程

3.鱼片成形

炒锅置中火上烧热滑锅，下猪油烧至三成热时，用手勺将鱼茸分多次连续地、成片形舀入油锅，油温应始终保持在三成左右，如油温升高时，可将炒锅端离火口，待全部下锅后浸约 20 秒钟，即逐渐浮起成鱼片，翻身后再浸 20 秒钟左右，使鱼片保持白净，然后用漏勺捞起沥去油，用热水冲去表面余油待用。

4.调味勾芡

锅内留油 25 毫升，放入绍酒、白汤、香菇、精盐、味精，用湿淀粉调稀勾成薄芡。

5.加热成菜

将漏勺中的鱼片倒入锅中，放上火腿片及洗净的豆苗，将鱼片轻轻地翻身，包上芡汁，淋上熟鸡油。

6.凹盘装盘

出锅，倒入微凹的深盘。

（四）菜肴特点

鱼片白净，火腿胭红，豆苗翠绿，素雅清丽，美如出水芙蓉，食时柔滑鲜嫩，入口欲消，老幼皆宜，诱人食欲。真可谓：洁白如玉、细腻嫩滑，素雅清丽、老幼皆宜。

（五）技巧技法

（1）将鱼肉剁碎，加盐、加姜汁水搅拌上劲后，加入蛋清一只和湿生粉 50 克，加起泡蛋清，行话称"活芙蓉"；加入不起泡的蛋清，行话称"死芙蓉"。笔者认为"死芙蓉"有失大雅，建议称"沉芙蓉"为好，也有沉鱼落雁之意。"活芙蓉"鱼茸入油锅漂浮在上面，不易黏锅，但容易使鱼片发胖，导致成品气孔较粗；

"沉芙蓉"鱼茸放入油锅自然下沉，成形后细腻光滑，一般制作时多采用后者。

（2）炒锅要洗净烧红，用油滑锅，以防下鱼茸时黏锅；鱼茸要用小火慢慢浸熟，起锅后用清水冲去表面油层。

（3）此菜用白汤烩之，如果为了使汤汁清澈也可以采用清汤烩之，勾芡宜薄稍长，宜用凹盘盛装。

（六）评价要素

片状一致不碎断，洁白细腻少气孔，芡汁薄亮无杂质；入口嫩滑有弹性，芡汁清透有光泽，咸淡适中得好评。

（七）传承创新

芙蓉鱼片是一道费工费时的功夫菜，经常出现在职业技能鉴定的菜肴之中，能检验厨师的技能水平。所以，厨师也乐于尝试此菜的制作和开发，细长版的蟹粉鱼柳、加长版的水焐鱼白、小小的橄榄鱼球等层出不穷，丰富了菜品市场。还有现在的厨师在搅拌时会加一点色拉油，能使鱼茸更加细腻油润，做出来的鱼片光泽更好，但油不宜多加，多了会影响口感。

（八）大师对话

戴桂宝：陆师傅今年78岁，他在退休前是大华饭店的餐饮部经理，是我的老前辈，曾经在1990年就亲自教我做菜。陆师傅请谈谈当学徒时，学做芙蓉鱼片的情况。

大师对话

陆礼金：我在大华饭店做了42年。当时主要是做一些杂活，打打下手、干干杂活、捅捅煤炉，当时是烧煤块的，每天很早起来生炉子。干了两年以后，师傅看我这个人比较勤快，逐步教我做菜了。我们大华饭店在"文化大革命"之前，是规格是相当高的，是内部招待所。做得菜虽然是普通的鱼、普通的鸡，但一定要精细，这样才能让领导吃得满意。当时有一个师傅做芙蓉鱼片，有一位师傅做芙蓉鸡片，我在旁边偷偷看，学了一点。

戴桂宝：其实他们不是亲自教你，是你偷偷看着学。

陆礼金：等他们下班的时候，我去学学做做，经过一次次试做，学了一段时间，最后做出来的成品也几乎差不多了，他们也认可了，后来我就上手了。

戴桂宝：我看您今天做的稍微有点厚。我记得您上次去参加大赛的时候，就是全国烹饪技能大赛，那时候还要薄。

陆礼金：是的。因为你要得到好名次，做出来的成品必须要超过人家。一般的

话，得不到奖。（当时）这道芙蓉鱼片，经过反复试做，满意了，就定下来，所以那次参加全国烹饪大赛拿到金奖。

戴桂宝：所以靠这道传统菜取胜，那是了不得的事。

陆礼金：当时在苏州比赛，比赛评委陈善昌师傅，他跑出来时就第一个跟我讲：你做的这菜是功夫菜，确实做得好！

戴桂宝：我记得你好像在后面还参加了一个国外的比赛也获了奖？

陆礼金：那是 1997 年，参加曼谷举行的亚洲烹饪大赛，也是做这道菜得了金奖。

戴桂宝：您好像是第三届烹饪大赛芙蓉鱼片拿了金奖，1997 年亚洲烹饪比赛又拿了金奖，所以说陆师傅是芙蓉菜双金牌得主。

六、新派芙蓉鱼片（创新菜）

创新制作：邵文辉
现任邵老爹老杭州白切鸡总经理

个人简介

新派芙蓉鱼片是由传统芙蓉鱼片创新而来的，是在传统的鱼片基础上，加入辣椒、蒜泥，使菜肴口感微辣，半汤半水，是一道适合年轻人口味的时尚菜肴。

（一）主辅原料

主料： 鲢鱼　　　　一条（取鱼泥 150 克）

辅料： 绿豆芽　　　200 克

　　　　香菜　　　　30 克

　　　　鸡蛋清　　　1 只

　　　　小米椒　　　55 克

　　　　大蒜头　　　75 克

　　　　生姜　　　　35 克

	葱	5 克
调料：	鸡汤	150 克
	味精	2 克
	盐	20 克
	料酒	20 克
	生粉	15 克
	调和油	1500 克（实耗 60 克）

（二）工艺流程

1.初步加工

鲢鱼从尾部入刀分档取肉，洗去血水。

2.刀工处理

（1）生姜切末 15 克，切片 20 克（泡汁水 150 克）。

（2）蒜头切末；小米辣切 2 毫米的段；葱切寸段。

原料与工艺流程

3.刮肉成茸

（1）将鱼（皮朝下）放在砧板上，用铁钉固定带皮鱼肉，用刀刮下鱼肉碎。

（2）将刮下的鱼肉碎用刀背轻剁成泥，再剔除白色筋膜。

（3）取成品鱼泥 150 克，放在大碗中，加 15 克盐，搅散打匀，加姜汁水 150 毫升搅打，搅打时最好有节奏，打入小气泡，至上劲黏稠，而后加入蛋清、生粉搅拌均匀成鱼茸，置于冰箱涨发片刻。

4.加热烹制

（1）置锅一只，烧红滑锅，锅中加油 1500 毫升，油温升至 2 成、拿马勺沿着碗口舀出片状鱼茸，逐片投入锅中，待到鱼片慢慢浮起来，用漏勺捞出鱼片，将油倒出。

（2）此锅加入生姜、大蒜末、小米椒、葱段略炒，再加入鸡汤、盐、味精、料酒，放入鱼片。

（3）另起一锅，加入水适量，将黄豆芽快速焯水，捞出放于荷叶碗中垫底。

（4）将烧好的鱼片，盛在豆芽上面，上盖香菜 30 克，淋入 40 毫升热油。

（三）菜肴特点

此菜鱼片洁白，入口滑嫩，加上辛辣口味平添食欲。真可谓：鱼片洁白滑嫩，口味辛辣鲜香。

（四）技巧关键

此菜在制作时采用沉芙蓉工艺和油浸之技法，加入鸡汤后是一道微辣的半汤菜肴。要注意的是，加入的蛋清要先打散，若出现泡沫则撇除。炒锅要烧红后用油滑锅，以防下鱼茸时粘锅。鱼茸要用小火慢慢浸熟，如有个别先浮起来也可逐块捞出，以免过老。豆芽焯水要快速，防止过熟变黄。

（五）大师对话

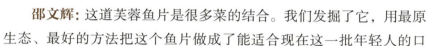

大师对话

戴桂宝：请邵师傅谈谈这道菜创新的思路是什么？

邵文辉：这道芙蓉鱼片是很多菜的结合。我们发掘了它，用最原生态、最好的方法把这个鱼片做成了能适合现在这一批年轻人的口味。我们这道菜不加任何添加剂，它的口感打破了传统的杭州菜的口味。因为我们杭州菜是不吃辣的，那么它又运用了类似于沸腾鱼，川菜里面的很多的手法。所以说它这个口感是你百吃不厌，也不会腻。我们不用汤，就是用清水。现在要绿色食品，要吃得健康，它能够这么多年来在我们店里生存下来，确实是靠它的味。

戴桂宝：你的创新与一般厨师的创新不同，是为了迎合顾客的口味来提高自己的经营状况。

邵文辉：这个戴老师你夸奖了，因为这个倒不是说我们想创新，是逼着我们去这样做。我们做餐饮的，像我们自己做事业的人就是不进则退，因为逼迫你要有好的东西去呈现。

戴桂宝：杭州传统名菜芙蓉鱼片改良到这个程度，那这种创新方法、改良方法就是我们传承到位了，传承就是要把好的传下去，但也要结合每个时代的不同，有可能你这道新派芙蓉鱼片，过若干年之后又有新的厨师来传承这道菜了。

邵文辉：有承上启下的作用，其实我们的担子非常重，我一直再说我们这些传统的东西，如果再不去挖掘，再不保护会失传。

戴桂宝：做得好的也有，但是有好多没留下来。

邵文辉：就是因为"教会了徒弟，饿死了师傅"，确实好多东西没有传下来。

戴桂宝：所以这个出发点，趁现在老的一辈还在，把老的好的菜留下来，这不一定为学校做，也是为社会做。

邵文辉：这个传承是我们最希望看到的。

七、芙蓉鸡片（传统菜）

传承制作：陆礼金
原杭州大华饭店总经理助理兼餐饮部经理

个人简介

芙蓉鸡片和芙蓉鱼片制作工艺类似，细腻滑嫩，洁白如玉。但两者的难度不同，如按鱼片的方法照搬制作，鸡片会呈灰色，口感粗老，所以它是一道体现厨师技能水平的高难度菜肴。

（一）故事传说

芙蓉鸡片是一道传统的经典名菜，在浙菜、鲁菜等菜系中均有收录，与鸡豆花等齐名，传说中的吃鸡不见鸡，说的便是此菜。

芙蓉鸡片民国时期就有，2017年北京保利春拍中，有一张毛笔书写的"菜单"拍出52万元人民币。为何一张菜单竟能拍出如此的高价？因为是与张大千齐名的书画家溥心畲书写的菜单。溥心畲，原名爱新觉罗·溥儒，初字仲衡，改字心畲，是道光皇帝的曾孙，末帝溥仪的堂兄。他除书画外，还酷爱美食，有客聚会还自己点菜，菜单上写着："鱼翅（排翅）、鸡粥（加火腿）、拌猪脑（酱瓜、蒜）、糟煨笋尖、烹虾（小块，多加葱、蒜）、酱焖鸡丁、炸丸子（要大，不要芡粉）、芙蓉鸡片、糟蒸鸭肝、炸山药（拔丝）、烤鸭（三吃）、汽水（冰）。心畬订"。菜的后面还有要求和备注。这张菜单不仅仅有书画艺术的价值，其中也深含着饮食文化的内涵，足见溥心畬会吃、懂吃，也看到了店家对芙蓉鸡片制作已趋成熟，不用宾客重点嘱咐了。虽然菜单没有年代落款，根据溥心畬（1896—1963）生卒年份，可知菜单的时间跨度是中华民国时期和中华人民共和国成立初期。

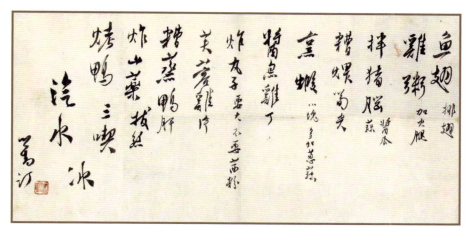

图为溥心畬书写的菜单（摘于雅昌艺术网）

（二）选料讲究

此菜选取鸡胸骨边上最嫩的鸡芽子为最佳，鸡脯肉次之，但不能选用煺毛时烫熟泛白的鸡脯肉。

（1）主辅原料

主料： 鸡柳（芽）　150 克

辅料： 香菇　　　1 朵

　　　　青菜心　　4 只

　　　　番茄　　　1 只

　　　　蛋清　　　2 只

调料： 黄酒 20 毫升、精盐 10 克、味精 1 克、生粉 30 克、湿淀粉 20 克、鸡汤

200 毫升、熟鸡油 5 毫升、熟猪油 750 毫升（约耗 110 毫升）

（三）工艺流程

1.刀工处理

番茄去皮去籽切成小片，香菇切片，将菜心蒂削尖。

原料与工艺流程

2.刮鱼剁泥

（1）将鸡柳放在墩头上，左手按住鸡柳，右手用刀口轻轻刮下鸡肉，使鸡肉和筋膜脱离，筋膜弃之。

（2）将刮下的鸡肉，用刀和刀背剁排成细泥。

3.搅拌上劲

取盛器一只，放入鸡泥（100 余克），加水 300 毫升，再加精盐 7 克一起搅匀，第二次加清水 200 毫升，顺一个方向搅拌，加蛋清、生粉，搅拌至鸡泥布满均匀的细泡，静置 10 分钟，使其涨发。

4.鸡片成形

炒锅置中火上烧热滑锅，下猪油烧至两成热时，用手勺将鸡茸分多次连续地、成片形舀入油锅，待油温升至三成左右，将炒锅端离火口，慢慢使其浮起并成熟，即成鸡片，随后用漏勺捞出，用热水冲去表面余油待用。

5.调味勾芡

原锅留油 20 毫升，放入绍酒、鸡汤、番茄、香菇、精盐 3 克、味精，用湿淀粉调稀勾成薄芡。

6.加热成菜

将漏勺中的鸡片倒入锅中，放入菜心（另锅汆熟），晃动锅子并颠锅，将芡汁包上鸡片，淋上熟鸡油。

7.凹盘装盘

出锅，倒入微凹的深盘。

（四）菜肴特点

此菜色洁白似瑞雪，形娇羞如芙蓉，入口滑嫩，口感饱满。真可谓：形如芙蓉、素雅如玉，光润饱满、鲜美滑嫩。

（五）技巧技法

在搅打鸡茸上劲时，加水要加足，一般在 5 倍以上，上劲后近似流质。此菜采用沉芙蓉工艺，采用油浸技法，鸡片入锅可用手勺舀入油锅，也可用勺边、盘边、或特制工具舀入，这时火要小，使其慢慢浸熟，上浮的速度要慢。宜用清鸡汤烩制，勾芡宜薄宜宽。

（六）评价要素

色泽洁白光润，质地细腻无孔，入口饱满滑嫩，回味清爽鲜美。

（七）传承创新

鸡柳做成芙蓉菜无骨、不腥，适合人群广泛。现在做的芙蓉鸡片也在不断创新，为了增加层次感，茸中加细粒，如火腿粒、菌菇粒、干贝末。为了增加风味，辅以鱼肚、蹄筋、菌菇、豆泥等，做成盅、煲，甚至做成石锅、砂锅。

（八）大师对话

戴桂宝：今天很高兴请到陆师傅来为我们做菜。我只记得，您在 20 世纪 90 年代初期教我做这道芙蓉鸡片，那时候外面的人几乎很少有人知道怎么做。

陆礼金：有些师傅根本没有在这方面下功夫。做这道菜主要还是为了做得比较精细一点，假如是整条鱼整只鸡看上去比较粗，做成芙蓉的话，碰到年纪大的首长来，就容易消化。

大师对话

戴桂宝：在当时像这种精细的菜很了不得的，以前花色菜比较少的，这道菜又老少皆宜。我一直认为芙蓉鸡片是我们陆师傅的，陆师傅做得最好，芙蓉鸡片做到芙蓉鱼片那么白，几乎是认不出来，以假乱真的这种形态，所以陆师傅在我心目中是芙蓉菜做得最牛的师傅。

陆礼金：也不能这么说，做得好的也是有的。

戴桂宝：现在做得好的是很多，但是他们很多都不是按照传统方法做的。现在他们在做时都是加色拉油，或加其他东西做出来的，没有原味。像今天您用的是猪油，最后淋的是鸡油，像这种传统的做法已经没有了，鸡油酒店里面也找不到了，猪油平时也很少用的。

陆礼金：所以现在大家口味也在变，有些讲究美观，这也是趋势。但传统的东西，一定要有传统的做法，这样菜才能传承下去。

戴桂宝：陆师傅比我大 16 岁。所以按照辈分来说（七八年算一辈的话），你要长我两辈了。陆师傅真的谢谢您，今天为我们做了两道菜。

参考书目

1. 林正秋. 杭州历史文化研究[M]. 杭州：杭州出版社，1999.

2. 杭州市政协文史委. 杭州文史丛——经济卷[M]. 杭州：杭州出版社，2002.

3. 林正秋. 杭州饮食史[M]. 杭州：浙江人民出版社，2011.

4. 林正秋. 杭州古代城市史[M]. 杭州：浙江人民出版社，2011.

5. 浙江省饮食服务公司. 浙江饮食服务商业志[M]. 杭州：浙江人民出版社，1991.

6. 杭州市地方志办公室. 民国杭州府志[M]. 北京：中华书局，2008.

7. 杭州市饮食服务公司. 杭州菜谱[M]. 杭州：浙江科学技术出版社，1988.

8. 周鸿承. 一个城市的味觉遗香——杭州饮食文化遗产研究[M]. 杭州：浙江古籍出版社，2018.

9. 戴桂宝，金晓阳. 烹饪工艺学[M]. 北京：北京大学出版社，2014.

10. 杭州杭菜研究会. 杭菜文化研究文集[M]. 北京：当代中国出版社，2007.

11. 戴宁. 至味杭州——百年老号知味观[M]. 北京：当代中国出版社，2013.

12. 董顺翔. 杭州传统名菜名点[M]. 杭州：浙江人民出版社，2013.

13. 梁建军. 百年老号知味观[M]. 杭州：浙江古籍出版社，2014.

14. 沈关忠，张渭林. 品味楼外楼——名士佳肴[M]. 2008.

15. 《杭州日报·城市周刊》，杭州餐饮旅店业同业公会. 新杭帮菜108将[M]. 杭州：杭州出版社，2007.

16. 吴仙松. 杭州名菜名点百例趣谈[M]. 杭州：浙江科学技术出版社，2006.

17. 袁枚. 随园食单[M]. 广州：广东科技出版社，1983.

18. 李渔. 闲情偶寄[M]. 沈阳：时代文艺出版社，2001.

19. 周密. 武林旧事[M]. 哈尔滨：黑龙江人民出版社，2003.

20. 徐珂. 清稗类钞[M]. 北京：中华书局，1986.

21. 杭州市地方志编纂委员会. 杭州市志[M]. 北京：中华书局，1995.

特别鸣谢

在杭州菜传承和创新活动中得到了大家的支持和参与。在此对参与菜肴制作的大师老总们由衷地表示感谢,你们的无私奉献将在杭州菜的发展历史中抹上浓重的一笔。在活动中也得到工作室成员的帮助与付出,在此一并表示感谢!

参与菜肴制作人员(按年龄排序):

陆礼金	罗林枫	吴顺初	金虎儿	吴伟国	束沛如	胡忠英	冯州斌
叶杭胜	凌祖泉	张建雄	徐云锦	徐步荣	徐建华	戴桂宝	张国前
茅尧雄	李柏华	吴黎明	方黎明	王政宏	杨吾明	董顺翔	伊建敏
章乃华	袁建国	金晓阳	姚 晖	李红卫	方 明	吴 强	屠杭平
金小明	金继军	邵文辉	李 畅	吴俊霖	徐 迅	朱启金	许祖根
谢 军	陈建俊	夏建强	沈 军	王剑云	方卓子	高征刚	唐延胜
任越华	陈利江	俞 斌	赵再江	方 星	孙叶江	张 勇	钟 立
王 丰	蔡高锋	沈学刚	赵小伟	陆建红	林金辉	沈中海	刘海波
施乾方	张守双	韩永明	程礼安	盛钟飞			

厨艺传承工作室成员(按年龄排序):

戴桂宝	金晓阳	吴 强	王清明	金继军	陈颖忠	沈中海	王玉宝
韩永明	程礼安	吴忠春	戴国伟	华 蕾	周法剑	万振雄	王玉陶